作者简介

沈赤兵，1968年生，湖南常德人。1998年国防科技大学火箭发动机专业毕业，获工学博士学位，2006～2007年在英国曼彻斯特大学做访问学者。现为国防科技大学空天科学学院高超声速冲压发动机技术国防科技重点实验室研究员、博士生导师。已发表学术论文100余篇，其中SCI论文18篇，获得国家技术发明奖二等奖一项，省部级科技进步奖一、二、三等奖各一项，发明专利的授权24项，军队院校育才奖银奖一次。主要从事火箭及其组合推进技术、推进系统燃烧理论与燃烧诊断技术研究。

国防科技大学学术著作出版资助专项经费资助

液体火箭发动机非线性静特性与响应特性

沈赤兵　著

科 学 出 版 社
北 京

内 容 简 介

本书通过静、动态特性非线性数学模型分析干扰因素对泵压式液体火箭发动机性能的影响，试验验证模型的准确度；建模分析空间小推力高压燃烧室推进系统的响应特性；对电动气阀、气动液阀等阀门组件建立非线性数学模型并分别进行响应特性分析；对液氧/煤油/气氢三组元模型发动机系统进行建模仿真和系统稳定性分析。本书是作者长期从事液体火箭发动机理论与试验研究工作的总结，结合非线性动力学等新兴学科，从一个全新的视角来研究液体火箭发动机系统，对液体火箭发动机系统的建模、性能分析和试验研究有参考价值。

本书可作为液体火箭推进技术领域及相关专业的师生和科技人员的教材或参考书。

图书在版编目(CIP)数据

液体火箭发动机非线性静特性与响应特性/沈赤兵著. —北京：科学出版社, 2019.1

ISBN 978-7-03-060496-5

Ⅰ.①液… Ⅱ.①沈… Ⅲ.①液体推进剂火箭发动机-研究 Ⅳ.①V434

中国版本图书馆 CIP 数据核字(2019) 第 019468 号

责任编辑：刘凤娟 郭学雯 / 责任校对：彭珍珍
责任印制：吴兆东 / 封面设计：无极书装

科学出版社出版
北京东黄城根北街 16 号
邮政编码：100717
http://www.sciencep.com

北京凌奇印刷有限责任公司印刷
科学出版社发行 各地新华书店经销

*

2019 年 1 月第 一 版 开本: 720 × 1000 1/16
2019 年 1 月第一次印刷 印张: 12 插页: 1
字数:227 000

POD定价： 79.00元
(如有印装质量问题，我社负责调换)

前　言

液体火箭发动机是火箭的核心部件与心脏，研究分析液体火箭发动机的非线性静特性与响应特性，对提高火箭的性能与可靠性具有极其重要的意义。本书介绍了采用理论分析、数值仿真和试验研究等手段对液体火箭发动机非线性静特性与响应特性所开展的研究工作。

作者结合非线性动力学来研究复杂的液体火箭发动机系统的稳定性，得到发动机系统工作的稳定性极限，揭示出系统的动力学本质，为发动机系统分析，特别是寻找各种参数的稳定性边界提供新的方法和手段，为改进发动机设计和试验提供理论指导，为深入研究系统稳定性和响应特性这一理论和工程上的难题提供一种新的思路和手段。本书是作者长期从事液体火箭发动机理论与试验研究工作的总结，既有理论建模，又有试验验证，对液体火箭发动机系统的建模和性能分析有重要的指导意义和应用价值。

全书共 7 章。第 1 章讨论液体火箭发动机静特性和响应特性研究的背景和意义，对国内外有关研究工作进行综述。

第 2 章用静特性非线性数学模型分析干扰因素对某泵压式液体火箭发动机性能的影响。这是全书的重要工作之一，本章基于非线性模型的干扰因素分析和随机仿真等方法，可用于试车前的发动机性能参数预估和试车后的数据分析，以及液体火箭发动机性能参数的可靠性评估和飞行器弹道的精确计算，亦有助于发动机故障阈值的确定。

第 3 章采用动态特性非线性数学模型分析干扰因素对某泵压式燃气发生器循环的液体火箭发动机性能的影响，仿真发动机的过渡过程，并且通过试车数据检验发动机非线性模型的准确度。

第 4 章为推进剂利用系统对液体火箭发动机性能的影响分析。通过非线性数学模型分析推进剂利用系统调节阀控制的燃料流量对发动机性能的影响，并将计算结果与用小偏差方法的计算结果进行对比。

第 5 章为小推力液体火箭发动机启动、关机等过程响应特性的分析研究，本章的分析方法可用于小推力推进系统的方案对比与优化设计。

第 6 章为电动气阀、气动液阀和杠杆式气动液阀响应特性的建模分析与试验研究。

第 7 章介绍三组元模型发动机试验系统及其非线性数学模型，对该系统进行仿真计算，并与试验结果进行比较，最后分析系统的稳定性。

特别感谢国际宇航科学院院士陈启智教授多年来的悉心指导和培养，感谢国防科技大学学术著作出版资助专项经费资助，感谢作者所在的国防科技大学空天科学学院高超声速冲压发动机技术国防科技重点实验室的大力支持，同时感谢科学出版社对本书出版给予的帮助。

液体火箭发动机非线性静特性与响应特性研究方向涉及的内容范围较广，由于作者水平有限、经验不足，书中难免存在不妥之处，恳请读者批评指正。

作　者

2018 年 3 月于长沙

目　录

前言
第 1 章　绪论 ········ 1
1.1　引言 ········ 1
1.2　液体火箭发动机非线性静特性和响应特性研究的用途 ········ 1
1.3　国内外研究工作的评述 ········ 2
1.3.1　大型液体火箭发动机非线性静特性与响应特性研究工作评述 ········ 2
1.3.2　小推力液体火箭发动机非线性静特性与响应特性研究工作评述 ········ 10
1.4　本书的主要内容 ········ 13
第 2 章　用非线性模型分析干扰因素对液体火箭发动机性能的影响 ········ 16
2.1　引言 ········ 16
2.2　描述发动机静特性的非线性数学模型 ········ 19
2.3　发动机性能参数对干扰因素的敏感度分析 ········ 27
2.3.1　计算方法 ········ 27
2.3.2　计算结果及分析 ········ 28
2.3.3　小结 ········ 32
2.4　内部干扰因素对液体火箭发动机性能影响的随机仿真 ········ 33
2.4.1　随机仿真的计算方法 ········ 34
2.4.2　计算结果及分析 ········ 41
2.4.3　小结 ········ 47
2.5　发动机静特性数学模型的验证及随机仿真的应用 ········ 48
2.5.1　发动机静特性数学模型验证的意义 ········ 48
2.5.2　基于随机仿真的验证方法 ········ 48
2.5.3　验证的结果及分析 ········ 51
2.5.4　小结 ········ 62
2.6　结论 ········ 62
第 3 章　干扰因素对液体火箭发动机性能影响的过渡特性研究 ········ 64
3.1　引言 ········ 64
3.2　描述发动机动态特性的非线性数学模型 ········ 65
3.3　单干扰因素对发动机性能影响的动态仿真 ········ 69
3.3.1　计算方法 ········ 69

3.3.2 单干扰因素对发动机性能影响的动态仿真结果 …… 70
3.4 发动机动态特性数学模型的验证 …… 71
3.4.1 验证模型的方法 …… 71
3.4.2 验证的结果及分析 …… 72
3.5 结论 …… 76
第 4 章 推进剂利用系统对液体火箭发动机性能的影响分析 …… 77
4.1 引言 …… 77
4.2 发动机的非线性数学模型 …… 78
4.3 计算方法 …… 83
4.3.1 Broyden 法 …… 83
4.3.2 小偏差方法 …… 83
4.4 计算结果及分析 …… 84
4.5 结论 …… 87
第 5 章 小推力推进系统响应特性的分析 …… 88
5.1 引言 …… 88
5.2 系统方案的设定 …… 88
5.3 系统各部件的数学模型的建立 …… 90
5.3.1 管道模型 …… 90
5.3.2 电动气阀的准稳态方程 …… 91
5.3.3 喷注器的准稳态方程 …… 92
5.3.4 燃烧室模型 …… 92
5.4 计算结果及分析 …… 93
5.4.1 燃烧时滞对高压系统响应特性的影响 …… 93
5.4.2 高、低压系统响应特性的比较 …… 97
5.5 结论 …… 99
第 6 章 阀门组件响应特性分析 …… 101
6.1 引言 …… 101
6.2 电动气阀响应特性分析 …… 101
6.2.1 电动气阀概况 …… 101
6.2.2 电动气阀的数学模型 …… 103
6.2.3 数学模型的非线性特点 …… 105
6.2.4 电动气阀的计算结果及分析 …… 106
6.2.5 小结 …… 113
6.3 气动液阀启动特性分析 …… 114
6.3.1 气动液阀的数学模型 …… 114

6.3.2 计算结果及分析 …… 117
6.3.3 小结 …… 130
6.4 杠杆式气动液阀响应特性分析 …… 131
6.4.1 阀体结构和基本假设 …… 132
6.4.2 基本方程 …… 133
6.4.3 响应特性分析 …… 138
6.4.4 电动气阀和气动液阀联立计算 …… 145
6.4.5 小结 …… 152
第 7 章 模型发动机试验系统仿真研究 …… 154
7.1 试验系统介绍 …… 154
7.1.1 供应系统 …… 154
7.1.2 测控系统 …… 156
7.1.3 推力室组件 …… 156
7.2 系统模型 …… 157
7.2.1 液体管路模型 …… 157
7.2.2 气体管路模型 …… 158
7.2.3 阀门模型 …… 159
7.2.4 文氏管模型 …… 159
7.2.5 三组元发动机燃烧室模型 …… 160
7.3 试验系统动态特性分析 …… 161
7.3.1 仿真结构 …… 161
7.3.2 试验系统动态过程仿真 …… 162
7.4 稳定性分析 …… 165
7.4.1 特征值分析 …… 165
7.4.2 波特图、奈奎斯特曲线 …… 165
7.5 结论 …… 167
参考文献 …… 168
附录 小推力推进系统数学模型的求解 …… 174
A.1 特征线法求解 …… 174
A.2 定步长四阶龙格–库塔积分法 …… 177
A.3 求解过程 …… 178
彩图

第1章　绪　　论

1.1　引　　言

液体火箭发动机静特性和响应特性的研究是发动机及其各元件工作过程研究的重要组成部分。基于导弹与航天技术发展的需要，多年来，液体火箭发动机静特性与响应特性的研究工作一直是重要、活跃但又相当艰难的课题，并且，液体火箭发动机静特性与响应特性的理论研究进一步与试验研究相结合，取得了许多成果。液体火箭发动机静特性与响应特性的研究仍然在不断地发展和完善。

1.2　液体火箭发动机非线性静特性和响应特性研究的用途

在液体火箭发动机的工作过程中，当干扰因素发生变化时，发动机参数便平衡在一个新的稳定状态。液体火箭发动机静特性就是研究在各个稳定状态下，发动机各参数之间或者发动机各参数与各干扰因素之间的关系。液体火箭发动机静特性研究的用途很广，包括：分析内外干扰因素对发动机性能及其元件参数的影响，并将这些结果用于飞行器的弹道计算；对液体火箭发动机系统进行精确调整计算以补偿内外干扰因素的影响并提高火箭的入轨精度 [1~3]；确定在正常的干扰因素影响下发动机性能参数的变化范围，并以此范围来评价发动机试车是否正常 [4]；预估发动机设计改变时对发动机性能的影响；由于发动机地面试车时测量的参数是有限的，而且火箭飞行时发动机参数的遥测数据更少，所以通过液体火箭发动机静特性研究可以评价那些不可测参数对发动机性能的影响；为评定发动机性能可靠性提供参考；利用液体火箭发动机静特性的数学模型进行液体火箭发动机的稳态故障仿真 [5]；由于液体火箭发动机静特性反映发动机主要性能与内、外部的控制和扰动作用之间的关系，所以静特性的研究对于解决调节问题有重要意义 [6]。随着液体火箭发动机技术的发展，液体火箭发动机静特性研究的用途将更加广泛，其内容也将不断地得到丰富和完善。

响应特性研究是液体火箭发动机动态特性研究的重要组成部分，响应特性涉及发动机系统的启动、转级、关机、出现故障等过渡过程，还涉及发动机各元件的响应过程，响应特性就是在上述过程中随时间而变化的发动机各参数之间的相互关系。响应特性的研究可用于以下几个方面：研究控制发动机过渡过程的系统简图，例如，控制部件的类型和数量，以及它们动作的顺序和时间；评价各种可能的干扰因素及其对过渡过程的影响；评定发动机元件在过渡过程的响应特性和相互影响，例如，燃烧时滞对发动机元件响应特性的影响；避免发动机长期在系统或推力室出现不稳定的状态下工作。液体火箭发动机响应特性的研究对小推力液体火箭发动机的设计非常重要，这是由小推力液体火箭发动机的任务和工作特点所决定的。例如，在美国的战略防御计划 (SDI) 中，动能拦截器的动力系统是高精度控制系统的快速执行系统，该动力系统是由 8 台小推力液体火箭发动机组成的。拦截器对轨控发动机和姿控发动机提出的要求是质量轻、响应快 (响应能力为 5ms)、脉冲小 (冲量为 0.02kg·s)，能否大幅度地、全面地减轻整个动力系统的重量，并提高其快速响应能力，已成为美国 SDI 动能拦截器能否成功的关键。虽然 “SDI 计划” 已被改名为 “弹道导弹防御 (BMD) 计划”，该计划的目标不断降低，经费逐减，但是动能武器却越来越受到重视，研究经费占总经费的比例也逐年增加，并成为 BMD 计划的主要武器 [7,8]，其原因是，动能武器技术原有的基础好，并且近几年又取得了突破性的进展。我国一直在关注国外小推力液体火箭发动机的最新进展，并将发展质量轻、响应快、脉冲小的轨控发动机和姿控发动机技术作为液体火箭发动机的重要研究方向，从理论和试验方面、软件和硬件方面、发动机元件和系统方面开展了大量的研究，并已取得了较大进展 [9,10]。尽管如此，我国的小推力液体火箭发动机技术与国外先进的小推力液体火箭发动机技术相比较，还存在较大的差距，还需要继续做大量的工作，因此，开展小推力液体火箭发动机响应特性的研究有极大的工程实用价值，有重要的理论意义。

1.3 国内外研究工作的评述

1.3.1 大型液体火箭发动机非线性静特性与响应特性研究工作评述

国外对于大型液体火箭发动机静特性和响应特性的研究工作一直很重视，从 20 世纪 80 年代初以来，发表了大量的研究报告。这方面的研究工作一般是从建立发动机静特性和动态特性的数学模型开始，分析干扰因素对发动机性能的影响，分析发动机参数的响应特性，而数学模型的准确度将直接影响特性分析结果的准确度，最终将影响飞行器的性能和可靠性；另外，如果将基于模型的特性分析过程设计成实用性强、通用性好的软件，那么，就可以高效快速地获得计算结果，从而节省了大量的时间和经费。从大量的文献来看，国外在进行大型液体火箭发动机静特性和响应特性的研究时，在验证数学模型和增强特性分析仿真软件的通用性两个方面做了大量的工作，下面将分别对国内外在这两个方面的研究工作进行评述。

1. 关于模型验证的文献评述

对于同型液体火箭发动机而言，发动机的静特性分析和动态特性分析应该基于同一数学模型, 只不过是在不同场合采用不同的形式，例如，在动态特性分析时采用微分方程组的形式，在静特性分析时采用代数方程组的形式。国外在对发动机数学模型进行验证时，将静特性和响应特性的计算结果准确度的检验分开进行 [10~16]，其中的检验方法值得借鉴。

美国 Christian Brothers 大学 Michael Santi 教授自 1990 年以来，在航天飞机主发动机 (SSME) 静特性数学模型的验证方面做了大量的工作。他在 1992 年提出，研究一种先进的基于试验数据的 SSME 稳态性能的数学模型 [11]，模型根据自变量数目的不同分为三种，每种模型又分为一阶模型和二阶模型，模型的影响系数由 Rocketdyne 公司研制的功率平衡模型 (PBM) 导出，文献 [11] 中又称这些模型为增益模型。当增益模型的影响系数被确定后，可再用 PBM 模型来检验增益模型的准确度。这种增益模型仍属于线性模型的范畴，用 PBM 的预估值来检验增益模型的准确度，还存在 PBM 的预估值是否准确的问题。因此，文献 [11] 中建议：应扩展增益模型的应用范围以覆盖实际飞行过程中可能出现的工况；在计算模型的影响系数时，要发展结合技术试验台 (TTB) 程序试验结果的统计方法，这种方法不断地为模型提供资料并且更新模型。文献 [11] 中提出的 “用试验数据与增益模型预估值进行比较、不同增益模型的准确度进行比较” 的思想，值得后续研究工作借鉴。

事实上，Santi 教授早在 1990 年就已怀疑 SSME 的 PBM 预估值的准确度 [12]。他认为，引起 PBM 预估值不准确的原因是：①PBM 源代码中使用了大量的包含流量、压力和温度的经验关系式作为系统总的性能参数 (如推力水平) 的函数，而这些经验关系式在流动过程、网络分析中没有明确的物理基础；②PBM 模型子程序之间存在计算上的不一致性；③逻辑程序设计复杂，文档不完备。为了量化与 PBM 计算有关的流量和能量不平衡度，对发动机各子系统进行了基本的物理意义上的分析，具体的分析方法是用后处理器 VOLUME 确定发动机每个子系统的质量和能量的不平衡度，在 VOLUME 中加入调用专利技术 PROP05 软件包的语句以确保 VOLUME 判断 PBM 各子程序不平衡度的准确性。由普拉特 • 惠特尼 (Pratt & Whitney) 公司研制的 PROP05 软件包可提供准确的压力、温度和有关 H_2、O_2、水蒸气、燃气混合物的热力特性关系式。对 65%~109%额定功率水平 (RPL) 之间的 7 个功率水平进行的分析结果表明：质量流量的不平衡度较小，高压子系统功率的不平衡度很大，尤其是高压燃料子系统。在分析高压燃料子系统的不确定度时，Santi 教授认为：SSME 高压燃料泵 (HPFP) 预估功率的不确定度范围是 ±3%，高压燃料涡轮 (HPFT) 预估功率的不确定度范围是 ±10%，后者较大是因为燃烧模型与真实混合气体成分均不准确，从分析结果来看，在发动机功率水平发生变化时，考虑了不确定度的 HPFT、HPFP 功率变化范围的预估值没有重叠区，这表明已存在涡轮泵功率不平衡的可能性。Santi 教授在文献 [12] 中指出：PBM 预估值没有充分地满足能量守恒的要求，发动机的质量流量、温度和压力的预估值的准确度是不可信的。文献中建议：①改进 PBM，综合试验、飞行数据，解释流动的物理过程；②研究一种独立的数据协调模型以接近与基本流动的物理过程有关的试验数据综合结果，缩小在 PBM 数据综合以前的差距；③为了减小模型内的物性参数范围的不确定度，要将最好的可得到的物性数据输入到 PBM 中。Santi 教授在该文献中对不确定度的分析虽然是粗略的，但这是他在以后进行这方面深入研究的基础；由于 PBM 的不准确，发展一种数据协调方法是非常有必要的，它将缩小模型预估值与测试数据之间的差距。

Santi 教授发表的文献 [10] 和文献 [11] 有相同的题目，但前者是最终报告，后者是阶段报告，从文献的内容看，文献 [10] 是在文献 [11] 的基础上发展而成的。文献 [10] 与文献 [11] 相比较，前者采用了 SSME 液氢路主系统稳态特性的非线性数学模型，在每个代数方程中考虑了残差项，残差项就是代数方程的不平衡度，将残差与残差不确定度比值的平方和的最小值作为非线性模型优化计算的目标函数。由于文献 [10] 中没有说明如何给定残差及其不确定度，也没有将其计算结果与 TTB 试验数据相比较，所以模型的准确度如何，模型的应用范围多大，并不清楚，但是，文献 [10] 中提出的 “在非线性模型中考虑残差及其不确定度” 的思想值得借鉴。

文献 [13]、文献 [14] 针对 RL10A-3-3A 发动机进行了稳态和瞬态特性的仿真，这种发动机是闭式、膨胀循环的发动机。文献 [13] 指出，稳态、瞬态特性分析时基本上使用同一个数学模型，不同之处是：在进行稳态特性分析时，令模型中关于时间的导数项为零，并且冷却套的传热计算基于试验数据；而进行瞬态特性分析时，令积分修正项的误差为零，且冷却套的传热计算用到了复杂的理论计算，将上述仿真过程与火箭发动机瞬态仿真软件 (Rocket Engine Transient Simulation, ROCETS) 的系统分析程序结合起来，形成了适合于 RL10 发动机的仿真软件。为了检验模型的准确度，将稳态特性分析的计算结果与 Pratt & Whitney 公司提供的 5 次不同工况的试车数据相比较，得知所有参数的计算结果与试车数据的差距在 ±4%的范围内，大多数参数的计算结果与试车数据的差距在 ±1%的范围内。因此，用模型进行稳态特性分析的结果是足够准确的，产生误差的原因是未测量涡轮旁通阀 (FTBV) 和混合比控制阀 (MRV) 的实际开度。将启动过程的计算结果与某次飞行时的遥测数据进行比较，二者差别较大，计算出的发动机参数的时间历程曲线与遥测数据的曲线形状不同，稳态值有一定差别，且前者总是出现滞后。引起曲线形状不同、滞后的原因是：发动机在高室压下用气动伺服控制系统打开 FTBV 时，在模型中没有包含伺服控制的瞬态过程。引起稳态值差别的原因是：在启动过程仿真时，没有考虑推力水平的闭环控制。由上可见，文献 [13] 在验证模型时，验证方法是简单的，但是，对于误差来源的分析是详细的，文献 [13] 指出，要对瞬态分析模型进行改进，将在以下三个方面开展研究并且将研究结果用于模型中：①涡轮泵的性能图；②泵叶片与涡壳出口交界处的流阻；③冷却阀的流动过程的数学模型。文献 [14] 介绍了 RL10A-3-3A 发动机的改进模型，该文献用同一个模型仿真发动机的启动过程和稳态特性，而用另一个模型仿真关机过程。这两个模型均存在误差，其误差来源是：①硬件特性的误差，例如，燃料泵冷却阀的流量系数误差、涡轮泵的阻力矩误差；②发动机的启动和关机过程是由阀的响应特性所决定的，而在发动机模型中用到了 Pratt & Whitney 公司提供的阀的“典型”动作时间，这个时间存在误差；③初始条件的误差，一些假设条件也会带来误差；④点火延滞的误差，现用的模型中没有包括点火过程。文献中用一台发动机的某次试车的五个工作点的测试数据和一台发动机的五次试车的稳态值测量数据与用模型预估的结果进行了比较，并解释了引起差别的原因。用六次地面试车数据和三次飞行遥测数据检验启动过程仿真的结果，可知启动时间的实测值与仿真值的差别在 230ms 以内，可见模型比较准确地预估了发动机的启动过程；测得的发动机参数的时间历程曲线有微弱的波动现象，这是由推力控制阀 (TCV) 伺服机构的振动引起的，但是，模型中并不包含对作动器的动态过程的描述，并假设 TCV 的开度是室压的线性函数，因此，仿真出的室压值没有波动，并且超过了实测值。氧化剂控制阀 (OCV) 的响应特性也将影响发动机的启动过程，由于在模型中没有描述 OCV 伺服机构的动态过程，所以也将会引起仿真响应特性曲线与实测曲线的差异。用两次地面试车关机过程的数据与模型预估值进行了对比，结果是比较准确的，燃料泵冷却阀的开启过程、主燃料管路断流阀的关闭过程控制着发动机的关机过程。文献 [13]、文献 [14] 的模型相比较，在分析发动机稳态特性方面，前者的准确度较高，在分析发动机瞬态特性方面，后者的准确度较高，这两篇文献详细介绍了计算结果与实测结果差别的来源，对于误差来源的分析将有助于改进模型，从这两篇文献还能看出，分析阀的响应特性对于提高发动机模型的准确度以及对于提高发动机的响应特性具有重要意义。

SSME 是大型的、复杂的动力系统，这个系统的稳定性分析受到动力学模型误差、各种子系统和元件相互联系的不确定度的影响，美国 Marshall 航天飞行中心 (MSFC) 研究出用于 SSME 实时稳定性分析的模型 [17]，此模型能足够准确地预示 SSME 各元件的动态特性，在实时分析时对模型进行了一定程度的简化。文献 [17] 指出，在建模过程中考虑了模拟的动态过程引起的误差和非线性的影响，涡轮泵的模型极大地依赖于发动机的试验数据，因为涡轮和泵的性能不能用一种有效的方法来模拟。建立 SSME 实时稳定性分析模型的目的是在主级工作时提供足够准确的发动机动力学模型，为了减少实时工作时状态的数量，极大地简化了对启动、关机过程的模拟，显然，这将导致该模型仿真启动、关机过程的准确度较差，但这并不影响稳定性分析，因为，关于一个稳态工作点的频率响应的计算将会自动地排除启动、关机等瞬态过程。仿真结果与试车结果的对比表明：启动过程中，在控制回路闭合以前即 3.6s 以前，发动机参数的仿真结果与测试结果有明显的差别，3.6s 以后，二者在主级工作过程中吻合得很好。该文献的模型验证方法比较简单，并且未提及模型的具体简化过程。该文献还指出了 SSME 阀门的作用，例如，氧化剂预燃室氧化剂阀 (OPOV) 控制主燃烧室的压力，燃料预燃室氧化剂阀 (FPOV) 控制发动机的组元比，主氧化剂阀 (MOV) 和主燃料阀 (MFV) 控制发动机的推力，推力室冷却剂阀 (CCV) 的开度是发动机功率水平的函数。由此可见，这些阀门是 SSME 控制系统的重要组成部分，对阀门进行动态特性分析极为重要。

由联合技术公司 (United Technologies Corporation，UTC)、Pratt & Whitney 公司和 Government Engine Business 联合研制的 ROCETS 能有效地预示液体火箭发动机的瞬态性能 [18]，可以进行发动机的稳态调整平衡计算、瞬态工作点的计算、线化处理，该系统利用现代化的方程解算器进行有效的仿真，该软件可以为仿真其他推进系统的稳态、瞬态特性提供一个模块化、通用化的框架，该软件已应用于 RL10A-3-3A、SSME、空间运输主发动机 (STME) 等发动机系统的仿真之中 [13]。文献 [18] 指出，在验证该软件时，将其技术试验台发动机 (TTBE) 模型与 SSME 的数字瞬态模型 (DTM) 的仿真结果相比较，结果是吻合的，而且前者更节省计算时间，如果 DTM 和 TTBE 模型能够与试车结果相比较，并且能够详细地分析、解释计算结果，则更有利于确定模型的准确度，将为进一步改进模型提供依据。

文献 [16] 分析了日本 H-Ⅱ火箭所用的 LE-7 发动机的瞬态过程，该发动机采用液氢/液氧为推进剂，文献中指出，以下因素决定着发动机启动过程中的响应特性：阀的开启顺序，初始条件，发动机元件的冷却特性，涡轮泵的加速特性。采用集总参数法建立发动机瞬变过程的数学模型，在模型中对于特征时间较长 (大于 50ms) 的元件采用非线性微分方程的形式，例如，各元件的冷却过程所用时间、涡轮泵的特征时间较长，对其瞬变过程的描述采用非线性微分方程的形式；对于特征时间较短 (小于 5ms) 的元件采用代数方程的形式，例如，气态推进剂流动过程的特征时间较短，可以用代数方程的形式。这种准稳态方法将非稳态的守恒方程和稳态方程联系在一起，对前者采用积分法，对后者采用迭代法，交替计算，使编写、修改和发展程序的难度降低了，由于程序中包含了稳态平衡计算，这将使孔板的设置变得容易。将 75%载荷试验的原型发动机在启动过程中的工作参数测试曲线与仿真得到的曲线进行比较，结果是非常接近的，这说明 LE-7 发动机的模型比较准确，其建模方法比较合理，这种建模方法值得借鉴。

综合文献 [10]～[18]，国外在大型液体火箭发动机模型验证方面具有以下特点：

(1) 为提高发动机静特性数学模型的准确度，要发展一种数据协调方法，以便于在模型中综合考虑试验、建模、仿真计算时带来的误差，尽可能地缩小模型计算结果与实测结果之间的差距；

(2) 检验动态特性模型准确度的常用方法是比较计算得出的和试车测定的发动机参数的响应特性曲线，用过渡过程时间、稳态值、超调量等指标综合评定模型的准确度。

国内从 20 世纪 80 年代末至今，对大型泵压式液体火箭发动机的静特性和响应特性进行了研究：利用静特性的非线性模型分析干扰因素对液体火箭发动机参数的影响 [19~23]；将某个干扰因素变化的极限状态视为发动机的故障模式，在发动机静特性和动态特性的模型中加入故障因子，计算得出故障模式下发动机参数的变化特征，以此进行发动机的故障检测和诊断 [5,24~28]；利用发动机静特性的非线性模型进行干扰因素对液体火箭发动机参数影响的随机仿真，得出发动机参数的统计特性 [29,30]。以上研究结果对于发动机的设计和应用有重要意义，但是，这些文献均未涉及发动机模型的验证。本书对某大型液体火箭发动机模型验证方面进行了研究，详细内容见第 2、3 章。

2. 液体火箭发动机仿真软件通用性的文献评述

在进行发动机静特性和响应特性分析时，不同构型的发动机有不同的模型，但是，组成发动机系统的元件种类却是相对固定的，因此，有可能使仿真软件系统像物理系统装配元件一样，用户只要向计算机输入元件的类型、特征参数以及系统元件与元件之间的连接关系，软件就可以自动建模并进行仿真，输出用户所关心的结果。设计出通用软件就可以避免一些公式推导、程序调试方面的重复性工作，从而节省大量的时间和费用。到目前为止，国内外已在液体火箭发动机静特性和响应特性分析软件的通用性方面做了大量的工作。

ROCETS 软件除了具备 1.3.1 小节 1. 中提到的功能外，还可作多重仿真与分析 [13,14,18]，即控制设计与分析，方案参数研究，故障研究，可行性研究，软件设计、研制及测试。ROCETS 软件包括九个方面的技术工作：体系结构 (程序库系统、执行程序或处理器、仿真输入及输出、编制及提供文件、维护程序等五部分)，系统要求，元件及子模型要求，子模型实现，元件实现，子模型测试及验证，子系统测试及验证，TTBE 模型数据的生成，系统测试及验证。ROCETS 源代码是一个通用的系统分析源代码 [13]，这些代码用美国国家标准协会 (American National Standard Institute, ANSI) 标准 FORTRAN-77 语言编译，并具备适应性强的、模块化的、功能强的建模能力，ROCETS 软件包括常用元件的模型库，如流阻、涡轮、泵等，还包括 H_2、O_2、He、N_2 和燃烧产物的物性参数表。用户可以附加新的一般或特殊用途的元件子程序。模型结构定义成文本格式，它能自动转换成 FORTRAN 程序。有一套独立的指令帮助用户运行模型程序，相同模型的结构可以有不同的用途，包括参数设计、稳态分析、瞬态仿真、线性化模型的产生。ROCETS 软件可大幅度地节省产生和调试模型仿真程序所需的时间。

美国 Rockwell 国际公司的 Rocketdyne Division 研制了一套通用的发动机设计软件 [15]，此软件适应性强，为用户提供了友好的界面，易修改，有简明扼要的文档。通过使用预处理机，此软件可以演变为商用流行的菜单式的界面，在接受用户改变发动机结构的指令后，可快速进行系统优化，并在三个子模块之间自动传递系统的特性。该软件通过使用美国国家标准局 (NBS) 提供的各种气体成分的特性数据和 JANNAF(Joint Army/Navy/NASA/Air Force) 提供的推进剂化学特性数据及方法而达到较高的性能准确度，该软件适用于多种型号的计算机，适应于多种计算机平台和操作系统。该软件的设计准确度已通过 Rocketdyne 公司研发的部分发动机系统和其他国家研发的部分发动机系统的设计验证。这套软件已成功地应用于多种发动机的预先设计中。这套软件由三部分组成 (图 1.1)：正常工况下的稳态设计和优化模块 (SSODO)，非正常工况下的稳态设计模块 (SSOD) 和动态分析模块 (TRANS)。SSODO 用于预估发动机的性能，优化和确定发动机主要元件的尺寸，按照用户规定的循环结构和设计工况 (如推进剂组合形式、推力、组元比等)，给出发动机参数的平衡计算结果。SSOD 用于预估非正常工况下的发动机性能并进行发动机参数的平衡计算，能进行一个控制点的灵敏度研究，还能计算各干扰因素对发动机参数的影响系数，这些干扰因素包括推进剂入口压力和入口温度或密度，推力室的能量释放效率等。TRANS 可以预示发动机及其元件在启动、调节、主级工作时的动态特性，在求解描述每个发动机元件基本物理特性的非线性微分方程组时，使用了有限差分方法，由用户输入积分步长。TRANS 可以判断元件尺寸、工况的设置是否会导致不理想的、机械的、液压的或热力学的时滞，还可以判断在启动、关机、转级等过渡过程中是否会出现压力、流量的波动，如果出现波动，那么发动机的静态优化要重新从 SSODO 进行，以改进元件尺寸、响应特性或初始工况 (压力或温度)，增加元件的充填、液压和机械的稳定性，从而增强发动机加速到全推力的能力。从图 1.1 可以看出 SSODO、SSOD、TRANS 之间的关系，由 SSODO 分析得出的发动机循环结构参数能自动地传递到 SSOD、TRANS 中，SSOD、TRANS 对上述结构的分析、仿真结果又形成了修改上述结构的意见，于是从 SSODO 开始重复上述过程，直至得到满意的设计结果。这种方法消除了人工传递数据引起的误差，节省了发动机预先设计阶段的时间。该软件与 ROCETS 软件 [13,14,18] 相比较，前者主要用于预先设计，后者主要用于发动机动力学仿真，但是，二者均由 FORTRAN 语言编写，均有通用性好、适应性强的特点，均可进行发动机静特性、瞬变过程的仿真。

德国宇航中心 (Deusches Zentrum für Luft-und Raumfahrt, DLR) 用模块化方法分析液体火箭发动机循环 [31]，用以计算液体火箭发动机的供应系统和性能数据，比较不同的液体火箭发动机，评价关键参数对一台给定发动机特性的影响。由于大多数液体火箭发动机循环由类似的元件组成，如涡轮、泵、燃气发生器、燃烧室、喷

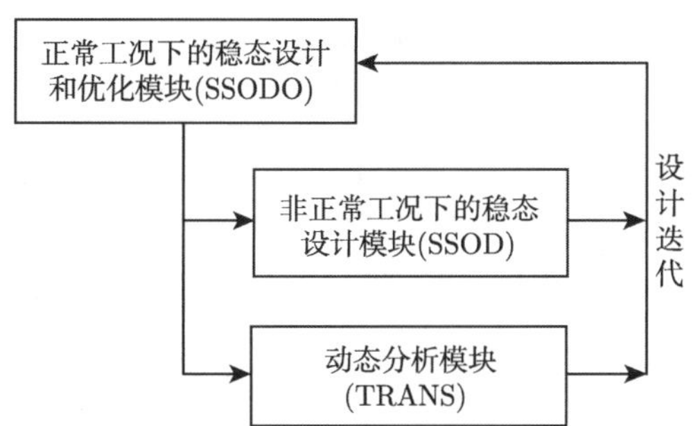

图 1.1 通用的发动机设计软件示意图

管等，因此，可以用模块化方法进行分析。一个复杂的发动机循环可以从简单的预定义的元件库中抽取元件组合起来，按预定的顺序重复计算发动机循环的各元件，直至求出满意的结果。在求解过程中, 既要满足发动机系统的物理定律，如功率平衡、流量平衡等，又要满足用户给定的工况，如给定的室压、组元比等参数。求解过程实际上就是用优化方法求解非线性代数方程组。文献 [31] 指出：这种方法的准确度由元件建模的详细程度和一维流动假设所决定，在经验修正因子中要考虑这两个方面引起的误差。文献中所提出的模块化方法属于发动机系统静特性数学模型的自动建模和求解的问题，如果此方法能进行发动机系统动态特性数学模型的建模和瞬变过程的仿真、提高元件模型的准确度、不断地丰富元件库，则此方法的通用性更强；如果在此方法的基础上设计成方便用户使用、实用性强的软件，则可以进一步推广应用此方法。

从上述文献看，国外在发动机静特性和响应特性分析仿真软件的通用性方面的研究工作正在向用途广、功能强、方便用户、适应性强、准确度高的方向发展，为了提高软件的通用性，还要在提高元件模型的准确度、提高软件仿真结果的准确度、丰富元件库等方面开展大量工作，用已有的多种构型的液体火箭发动机的实际数据来检验软件的通用性。

1990 年以来，国内开展了液体火箭发动机静特性分析通用软件的研究 [32~34]，文献 [32] 根据发动机系统各元件之间的拓扑连接关系，由计算机自动形成发动机静特性非线性模型，适用于各种发动机系统方案，可分析发动机性能对干扰因素的敏感度。文献 [33] 在文献 [32] 的基础上进行液体火箭发动机动力循环参数通用计算方法的研究，用节点代表动力循环系统的元件，建立了与液体火箭发动机系统原理相似的有向网络图，在每个节点上建立流量、压力、功率平衡关系式，利用图论理论提出了控制参数的概念，在计算之前就明确了动力循环系统中各参数之间的内在联系。文献 [34] 提出了一种新的液体火箭发动机分级燃烧循环最高室压通用的计算方法，按预定的计算顺序，对发动机系统的各个模块进行迭代计算，采用拟牛顿法求解系统未知量，并已在计算机上实现了面向对象的程序设计，给出了对

RD-120、RD-704 发动机最高室压进行计算的结果，其中对 RD-120 发动机最高室压的计算结果与 RD-120 发动机额定工况时的燃烧室压力基本相同。文献 [32]~[34] 中的研究工作与国外目前的水平相比，还存在以下差距：①在通用性方面还不够，例如，软件中没有研究液体火箭发动机响应特性的内容；②没有用更多的不同类型的发动机来检验软件的通用性；③没有涉及发动机各元件数学模型的准确度问题。

1.3.2　小推力液体火箭发动机非线性静特性与响应特性研究工作评述

从 20 世纪 80 年代初期至今，已发表了大量的关于小推力液体火箭发动机的研究成果和进展方面的报道，归纳起来主要集中在改进性能和提高可靠性两方面，而进行小推力液体火箭发动机静特性与响应特性的研究工作，就是为了发展新的预示方法和工具，进一步了解发动机的内部工作过程，为改进发动机性能和提高可靠性提供一条技术途径。

文献 [35] 给出了 HERMES 航天飞机推进系统的静特性数学模型，建模方法是将推进剂供应管路系统模型和推力器模型在更高层次上进行组合，以使推进系统的整个液路部分模型化。该文献用静特性模型分析了部分干扰因素对发动机性能的影响，对 400N、30N 推力的推力器进行了热分析。该文献给出的建模方法可以应用于其他小推力液体火箭发动机的建模之中。

文献 [3] 的第 224 页给出了美国航天飞机尾部推进系统瞬变过程仿真的实例，用特征线法进行仿真，管路系统压力的仿真结果与试验结果比较接近。意大利 Scippa 已仿真了通信卫星上的双组元推进系统的瞬变过程 [3]，仿真计算时使用了特征线法，文献中给出了主推力室和辅助推力室系统压力、流量的仿真结果。国外除了对发动机全系统的响应特性进行研究外，还从理论和实验方面研究了元件的响应特性。例如，文献 [36] 基于运动方程仿真了对真空和非真空管道进行充填的过程，采用集总、惯性方法求解运动方程，在求解时仅考虑惯性的影响，而忽略了流体和管壁的弹性、节流的影响，文献中只分析一段管道的充填过程；文献 [37] 对飞船的推进剂供应管路系统的水击过程进行了理论和试验研究，但是也忽略了节流的影响，而且仅分析对称的流动支路；文献 [38] 全面地分析了一维流体瞬态特性方程，用集总、惯性方法分析了局部充填管道的过程，求解时使用了适合于解决网络系统的特征线法，考虑了液体的可压缩性和管道的可伸缩性，从理论和试验方面研究了真空和非真空条件下直管、弯管、T 形管内的充填过程。管路系统充填过程的研究将有助于发动机全系统启动过程的研究。

国内也有许多文献表明其在小推力液体火箭发动机静特性与响应特性研究方面取得了较大的进展。文献 [39]~[41] 对恒压式双组元姿控发动机系统建立了静特性数学模型，将干扰因素的极限形式视为故障模式 [39]，分析该故障模式下发动机参数的变化，分析了干扰因素对发动机性能的影响，这种方法实质上是用优化算法求解非线性方程组，与大型液体火箭发动机静特性分析的方法类似。

文献 [42]、文献 [43] 用特征线法和龙格–库塔法仿真了挤压式变推力液体火箭发动机的瞬变过程；文献 [44] 在仿真变推力液体火箭发动机的瞬变过程时，结合了单个推进剂液滴的燃烧模型；文献 [45]、文献 [46] 详细地分析了变推力液体火箭发动机的动态特性，并将发动机参数的仿真结果与实测结果相比较，结果是满意的，这表明该发动机的模型是足够准确的，分析方法是合理的。文献 [47] 给出了姿控、末修级发动机系统的动态特性数学模型，在模型中考虑了推力室头部的集液腔和喷注器内在充填过程中出现的气、液两相流的情况，该文献将启动过程中推力的计算结果与实测结果相比较，二者比较接近。

大多数运载器对推力室结构长度和直径均有限制，使得喷管面积比被限制在较低的水平上，而不是最佳状态 [66]，特别是空间拦截器，要求推进系统微型化、模块化 [51~54]、响应快 [48~50]，提高燃烧室压力可以缩小推力室的尺寸 [49]。在推力和喷管膨胀面积比一定时，由于室压的提高，燃烧效率提高，发动机比冲提高，发动机元件尺寸减小，进而元件微型化，减轻了发动机的重量。因此，提高室压为提高发动机性能提供了一条最有希望的途径。

当然，使用高室压液体火箭发动机是存在一些缺陷的。对于挤压式发动机系统而言，高室压必然导致挤压工质及其容器重量的增大，但是，通过使用高强度、气密性好的复合材料气瓶和贮箱可以减轻挤压工质、气瓶、贮箱的重量 [55~61]。高压燃烧室内的环境是恶劣的，尤其是高温度，但是用耐高温的复合材料或铼合金制成的推力室完全可以在这种条件下正常工作。对于挤压式液体火箭发动机系统而言，当喷管的膨胀面积比和长度一定时，在发动机重量与室压的关系曲线上，最优室压对应于最小的发动机重量，另外，随着室压的增大，推进系统的体积将减小，可以根据具体的飞行任务选择发动机重量最小或推进系统的体积最小作为确定方案的标准 [62]。

文献 [63] 介绍了美国 Kaiser Marqurdt 公司研制的 156N 推力的高室压微型快速反应的变轨发动机。该发动机将用于美国陆军大气层外轻型导弹 (LEAP)，其微型电动气阀的开启响应时间为 1ms，发动机的总质量为 99.79g，室压为 4.83MPa，发动机已通过 276 次热试车。但是，文献 [63] 未提及详细的理论和试验研究情况。Kaiser Marquardt 公司还为 LEAP 研制了双模态微型推进系统 [64,65]，利用新的分析方法和材料工艺技术，把整个推进系统的尺寸和质量减小到直径为 152.4mm、长度为 254mm 以下，总质量小于 2.925kg。该系统的一个特征是质量轻、微型化；另一个特征是高压工作，三个氦气瓶的压力为 96.5MPa，变轨发动机和姿控发动机的压力控制阀的工作压力为 10.34MPa，阀的响应时间小于 1.1ms，燃料贮箱压力是 8.96MPa。文献 [65] 认为，在发动机工作时间只有几秒钟的飞行期间，通常是脉冲工作，这种短时间的特征可以补偿高室压的影响。虽然高室压增加了热流，但短时间为简化设计提供了有利条件，从而不需要复杂的冷却系统，使尺寸减小，系统的总质量减轻，响应加快。在研究推进系统时，通过试验解决了以下问题：贮箱压力控制的准确度，燃气发生器内的压力控制、突增和衰减，燃气发生器的最高温度，在落压方式工作时推力室和燃气发生器向氦气瓶的传热。如果上述试验研究能与发动机静特性和响应特性的理论分析结合起来，那么，将会更有利于这些问题的解决。

文献 [55]、文献 [56] 介绍了俄罗斯空间拦截器用的推进系统，俄罗斯空间拦截器与美国的天基拦截器、“智能卵石”拦截器相似。该系统的总质量为 2.5kg，采用 N_2O_4/MMH 即一甲基肼作推进剂。俄罗斯空间拦截器用的推进系统有以下特点：①采用高压燃烧室以缩小轨控发动机的尺寸，减轻重量。轨控发动机的室压为 5.6MPa，推力为 980N，真空稳态比冲为 2943m/s，单台轨控发动机的质量为 0.12kg。②采用质量轻、响应快的双组元电动气阀。此阀用于轨控发动机双组元推进剂的控制, 阀质量为 0.04kg，开启响应时间为 5ms，其工作过程是：当阀的电磁线圈通电时，高压气体进入阀，挤压膜片并推动活塞，使推进剂通过此阀再进入喷注器。③高压气瓶、推进剂贮箱和燃烧室采用复合材料。高压气瓶的压力为 40MPa，衬里材料为钛合金，外层为碳纤维缠绕层，质量为 0.4kg；单个推进剂贮箱的质量为 0.4kg，其衬里材料也为钛合金，外层也为碳纤维缠绕层；燃烧室是由 C/C 复合材料缠绕而成的，质量为 0.05kg。可见，采用复合材料可减轻质量并在强度结构方面满足设计要求。

文献 [48] 给出了美国陆军大气层外再入飞行器的拦截器子系统 (ERIS) 推进和反作用控制系统的研究结果，该推进系统是高压系统，响应快、质量轻、微型化。在热试车的启动过程中，推进系统的燃料管路中曾出现了压力峰太高、元件密封的问题，通过理论上的瞬变过程分析和试验研究，找出了解决问题的办法：①在推力室上游的燃料管路上安装一个带节流圈的电爆阀；②在燃料管路上安装蓄压器；③在贮箱出口安装节流圈。由此可见，进行小推力高室压发动机响应特性的研究具有实际应用价值。

从上述文献来看，国外小推力高室压发动机系统的研究在以下几个方面还没有开展：①小推力高、低室压发动机响应特性的比较；②小推力挤压式发动机和泵压式发动机的适用范围、优缺点的比较；③燃烧时滞对小推力高室压发动机响应特性的影响；④高室压对阀的开启和关闭特性的影响。本书开展了第①、③、④方面的研究，详见第 5、6 章。

国内对小推力高室压液体火箭发动机的研究工作目前处于理论上的预研阶段，尚未研制出小推力高室压发动机的样机，所以，在这方面与国外水平有较大差距。

阀门是液体火箭发动机的控制元件，其性能对液体火箭发动机的性能、可靠性有重大影响。国外对阀门进行了大量的理论和试验研究，由于阀门种类多，用途广，所以阀的结构多样化，工作原理有所不同。

文献 [67] 指出，SSME 的液氧管路上的止回阀多次出现故障，原因是阀内的弹簧经常受到较大的振荡载荷的影响而失去弹性，卸去阀内的弹簧以后，经多次试验表明：这种改进措施既能满足正向流动时止回阀所产生的流阻压降指标又能满足阻止反向流动的要求。如果该文献能从理论上对止回阀的改进措施提供参考意见，则更具有意义。文献 [68] 对一个四通气动控制阀建立了准确度较高的动态特性数学模型，将阀在动态过程中的工作参数仿真结果与试验测量结果相比较，是比较吻合的。该文献对于气动液阀的建模具有参考价值。力矩马达电动气阀常用于国外小推力脉冲式液体火箭发动机上 [69~71,75~77]，国内现已仿制出此类阀门，并已从理论和试验方面研究其静特性和动态特性 [72]。国内对其他类型的阀门也进行了理论和试验研究 [73,74]。从上述文献看，对阀门的研究应该从理论和试验方面开展研究工作，以提高阀的性能和可靠性；在小推力液体火箭发动机系统中所用的阀门能否满足性能要求、能否从理论上提出一些优化设计的意见，尚需深入研究。

1.4 本书的主要内容

根据 1.3 节中提出的问题，本书利用某大型泵压式液体火箭发动机静特性和动态特性的数学模型，首先分析了干扰因素对发动机性能的影响，为提高发动机的调整精度提供依据，然后结合随机仿真方法用试车数据验证模型的准确性，以期更确切地估计出模型的准确度并且为改进模型提供依据；利用小推力液体火箭发动机动态特性的数学模型分析高室压发动机的响应特性，旨在改进小推力液体火箭发动机的性能；对于小推力高室压发动机用的阀门，建立了描述其动态过程的数学模型，分析了阀门的响应特性，为改进阀门的设计、提高阀门的性能提供依据。

第 2、3 章针对同一型号的泵压式液体火箭发动机分别进行静特性和过渡特性的研究，利用数学模型分析干扰因素对该发动机性能的影响，最后用试车数据验证模型的准确性，在引入试车数据的测量误差的基础上，利用随机仿真方法获得了发动机参数的统计特性。第 4 章针对某台带有推进剂利用系统的泵压式液体火箭发动机，将推进剂利用系统调节阀所控制的燃料流量作为一个干扰因素，分析其对该发动机性能的影响，此发动机与第 2、3 章研究的发动机在结构上有不同之处。第 5、6 章针对小推力高室压液体火箭发动机系统及其阀门的响应特性进行仿真计算，将发动机系统的响应特性与低室压发动机的响应特性相比较，并研究了燃烧时滞对高室压发动机系统响应特性的影响；针对试验系统中常用的电动气阀和杠杆式气动液阀的联动过程建立非线性数学模型，并对其响应特性进行仿真，对发动机系统所用的电动气阀和气动液阀的优化设计提出了一些参考意见。第 7 章对模型发动机试验系统的动态特性进行仿真计算，并利用试验验证了仿真结果的准确性。全书各章的具体内容安排如下。

第 1 章为绪论。首先，讨论了液体火箭发动机非线性静特性和响应特性研究的背景和意义；其次，对国内外有关研究工作进行了评述，指出国内外研究工作中存在的问题，从而提出了本书要做的工作；最后，介绍了本书内容的安排。

第 2 章用静特性非线性数学模型分析干扰因素对某大型泵压式液体火箭发动机性能的影响。这是全书的重要工作之一。按照独立变量最少的原则建立描述发动机静特性的非线性数学模型，结合随机仿真方法并且应用试车数据验证该模型的准确性。从干扰因素实际的最大变化量出发，利用非线性模型得出了发动机参数对干扰因素的敏感度；从某次试车测量的干扰因素值出发，计算了发动机性能参数在多干扰因素同时影响时对各个干扰因素的敏感度；以内部干扰因素的实际变化范围为基础，引用随机数产生的方法和概率密度参数估计的方法以及 Pearson χ^2 检验法，进行了内部干扰因素对液体火箭发动机性能影响的随机仿真，计算得出了发动机性能参数的统计分布规律。

第 3 章采用动态特性非线性数学模型分析干扰因素对某大型泵压式燃气发生器循环的液体火箭发动机的性能的影响，从单干扰因素实际的最大变化量出发，进行发动机性能参数过渡过程的仿真，并且通过试车数据检验了描述发动机动态特性的非线性数学模型的准确度。

第 4 章为推进剂利用系统对液体火箭发动机性能的影响分析。对某台带有推进剂利用系统的大型泵压式液体火箭发动机，建立描述液体火箭发动机稳态工况的非线性数学模型，按照发动机额定工况参数和试验数据确定方程的各系数，提高数学模型的准确度，用布罗伊登 (Broyden) 法求解发动机的各参数，详细地分析了推进剂利用系统调节阀控制燃料流量的情况下对发动机性能的影响，并将计算结果与用小偏差方法计算的结果作了对比。

第 5 章为小推力液体火箭发动机响应特性的分析研究。以空间小推力推进系统为研究对象，利用系统各部件的数学模型，分析燃烧时滞对高压燃烧室推进系统响应特性的影响，对比小推力高、低室压推进系统启动、关机过程的计算结果。在分析结果的基础上提出了提高推进系统稳定性和响应特性的改进措施。

第 6 章为阀门组件响应特性的分析研究。对小推力高室压液体火箭发动机用的电动气阀的吸动过程建立非线性数学模型并进行响应特性的数值计算，详细分析改变输入参数时电动气阀在吸动过程中所表现出的响应特性。在计算结果的基础上提出改进电动气阀设计、提高电动气阀响应能力的措施。为了分析气动液阀的启动特性，对小推力高室压液体火箭发动机用的气动液阀，建立开启过程的非线性数学模型并进行数值模拟，分析压力、尺寸参数和反力因素对此阀启动特性的影响。在计算结果的基础上提出改进气动液阀设计、提高气动液阀响应能力的措施。研究杠杆式气动液阀的响应特性，建立该阀的非线性数学模型，然后分析控制气体压强、控制腔容腔半径、与电动气阀之间的连接管长度、工质腔入口压强和连接杆件质量等因素对此阀的启动过程响应特性的影响。对电动气阀和气动液阀联动过程进行仿真计算，并利用试验验证仿真结果。最后为了便于联立模型应用到系统仿真中，对模型进行一定的简化，且将仿真结果与试验结果进行比较。

第 7 章首先介绍三组元模型发动机试验系统，然后介绍系统组件模型，对模型发动机试验系统进行仿真计算，并和试验结果进行比较，试验结果和仿真结果吻合较好，说明了模型的准确性和仿真方法的合理性，最后分析了系统的稳定性。

第 2 章　用非线性模型分析干扰因素对液体火箭发动机性能的影响

2.1　引　　言

在液体火箭发动机的实际工作过程中，由于一些干扰因素的影响，发动机的性能参数将偏离额定状态，这种偏离程度正是发动机再调整、可靠性研究和飞行器弹道计算所需要考虑的。国内外常用小偏差方法 [4,78] 或影响系数法 [79] 计算干扰因素对液体火箭发动机性能的影响，即用线性模型计算发动机性能参数偏离额定工况的程度。但是，当干扰因素的变化较大时，用线性模型就会带来较大的误差，这时，需采用非线性模型分析干扰因素对液体火箭发动机性能的影响 [1]。

从 20 世纪 80 年代末至今，国内外已有一些公开发表的文章反映出这方面的工作已取得了较大的进展。文献 [19]~[23] 对泵压式液体火箭发动机采用描述发动机静特性的非线性数学模型，利用优化方法计算干扰因素对液体火箭发动机参数的影响，并与小偏差方法计算结果进行了比较。文献 [5] 将某个干扰因素变化的极限状态视为发动机的故障模式，在发动机静特性的非线性数学模型中加入故障因子，计算得到了故障模式下发动机参数的变化特征，以此进行发动机的故障检测和诊断。文献 [29]、[30] 在已有的发动机静特性的非线性数学模型的基础上，对 20 个干扰因素按正态分布各取 500 个随机数，采用蒙特卡罗 (Monte-Carlo) 方法求取发动机参数的经验分布曲线、统计平均值、95%置信度下的置信区间。以上文献对发动机的可靠性研究、研制、生产、检验有重要意义。

美国 Rocketdyne Division 研制出了一套通用的发动机设计软件 [15]，此软件可应用于助推级火箭发动机、空间火箭发动机、热核发动机、吸气式发动机。这一套软件由 3 部分组成 (图 1.1)：正常工况下的稳态设计和优化模块 (SSODO)，非正常工况下的稳态设计模块 (SSOD)，动态分析模块 (TRANS)。当需要火箭发动机系统降低或提高推力时，非正常工况下的稳态设计模块 (SSOD) 就可以使火箭发动机系统在用户要求的工况下再次平衡，这种平衡过程就是在此模块通过求解一套描述发动机各组件的基本物理特性的非线性代数方程组而完成的。SSOD 模块的平衡过程需根据发动机的类型从以下 3 种方式中选取一种：

a. 稳态开环控制;

b. 稳态闭环控制;

c. 开环和闭环控制的组合。

在选用方式 a 时，SSOD 模块将进行迭代以求取发动机的新平衡点：推力和混合比。这允许用户处理控制点的敏感度或产生发动机的影响系数或评价发动机对组件效率改变的敏感度。在选用方式 b 时，SSOD 模块通过迭代计算可求出阀和节流圈的流阻以使发动机重新平衡在用户规定的推力和混合比上。用户也可以规定发动机其他组件的参数，例如，燃气发生器的温度作为闭环控制量。方式 b 允许用户表示发动机调节能力的特征或评价发动机在不同约束下的工作情况。在选用方式 c 时，用户可以将以上描述的开环和闭环控制方式组合起来。文献 [15] 对软件的功能介绍得很详细，但是，对于软件中所用模型的内容及其准确度未作介绍。

德国人 Christoph Goertz 提出用模块化方法分析液体火箭发动机循环 [31]，其目的是计算液体火箭发动机的供应系统和性能数据，比较不同的液体火箭发动机，评价关键参数对一台给定发动机特性的影响。一个发动机循环从一个预定义的组件库中组合起来，假设在所有组件中的流体流动均为一维流动，通过使用推进剂状态的经验方程和假设燃烧产物的化学平衡来计算流体特性。运行解算器的模块中，在求解非线性代数方程组时，自变量取一组合适的初值将决定算法收敛与否和收敛快慢，对于 Newton-Raphson 方法更是如此。使用了修正的阻尼 Newton-Raphson 方法，此方法所需的偏导数被差商所代替，所有输入到解算器中的物理量均被换算以使其数值的量级相差不大。此方法使用了步长限制器，因为大步长在物理上毫无意义并且在组件和流体特性计算的子程序中会带来问题。文献 [31] 所提出的模块化方法实质上就是建立发动机静特性通用模型的方法，文献中针对求解模型时所遇到的问题给出了解决办法，这些办法值得借鉴。

文献 [10] 的研制目标是：综合物理原理、严格的数学形式、组件水平上的试验数据、系统水平上的试验数据和理论协调性，努力研究一个一般框架以用于火箭发动机的性能预估。该文献针对 SSME 的液氢路主系统，在遵守质量守恒定律、能量守恒定律、热力学第二定律、热传输的基本关系式的基础上，结合涡轮性能关系式、泵性能关系式、管道和其他设备的流阻关系式、燃烧室效率、喷管效率等硬件特性，按独立变量最少的原则，以残差形式给出了一组非线性代数方程，用 BFGS-Armijo 算法对方程组进行优化计算，目标函数是式 (2.1)：

$$\min F=\sum_{i=1}^{n}\left[\frac{\text{第 } i \text{ 个残差}}{\text{第 } i \text{ 个残差的不确定度}}\right]^2 \tag{2.1}$$

式中，n 是独立变量的个数，“第 i 个残差的不确定度” 是由用户定义的，目的是使不同残差在除以此值以后保持量级上的一致性。残差不确定度的不同，将导致其对应的关系式在整个方程组中的重要性不同。经计算发现，当方程组取相同的初值时，若同一个方程取的残差不确定度不同，则方程组的优化解将是不同的，而且有的发动机参数的变化趋势是相反的。该文献在最后建议：在将来的模型试验中，发展一种设置残差不确定度的估计方法；为了确定模型效率和性能准确度，在应用于 SSME 全系统的新模型上运行一个扩展的计算试验程序；由于非线性代数方程组的初值均由功率平衡模型 (PBM) 提供，为了评价 PBM 的完整性，需要将模型的计算结果与 PBM 模型的预估值和技术试验台 (TTB) 的试验数据进行对比。上述建议实质上就是文献 [10] 中没有做到的而将要做的工作。由于文献 [10] 没有指出残差的不确定度是根据什么给定的，所以在其建议中指出要发展一种设置残差不确定度的估计方法。文献 [10] 没有验证非线性模型，因此，在其建议中指出：要确定模型效率和准确度，并将模型的计算结果同 TTB 试验数据进行对比。文献 [10] 中的建议将有助于模型的改进及推广应用，对于本书第 2、3 章用试车数据分别进行发动机静特性、动态特性数学模型的验证是一个很好的启发。

文献 [11] 的目标是发展一种先进的 SSME 稳态性能的基于试验数据的数学模型。模型根据自变量数目的不同分为 3 种，每种模型又分为一阶模型和二阶模型，模型的影响系数由 Rocketdyne 公司的功率平衡模型 (PBM) 导出，PBM 是基于 SSME 试车和飞行数据库的预测发动机性能的软件包，PBM 可以仿真 SSME 主级平均工作状况，PBM 由功率平衡子程序、数据处理子程序、基本平衡子程序和额定工况子程序组成 [12]。模型的影响系数被确定后，可再用 PBM 模型来检验模型的准确度，通过不同模型相对于 PBM 预估值的偏差量的对比，可知只有 4 个自变量、6 个因变量的模型 2 的二阶形式是很准确的，所有因变量相对于 PBM 预估值的偏差均小于 0.5%。该文献在最后建议：要确定模型 2 的自变量的变化范围，应扩展模型 2 的变化范围以覆盖飞行过程中可能会出现的工况；在计算模型影响系数时，要发展结合 TTB 程序试验结果的统计方法，这种方法不断地为模型提供资料并且更新模型。上述建议是针对如何扩展模型 2 的应用范围以及 PBM 模型本身是否准确的问题而提出的。实际上，PBM 模型并不充分满足能量守恒的要求，其预估的流量、温度、压力值是不够准确的 [12]，因此，文献 [11] 在建议中指出，要将模型的预估值直接与 TTB 试验数据相比较，并且结合统计方法。

文献 [13]、[14] 均是针对 RL10A-3-3A 发动机进行的稳态和瞬态仿真，文献 [13] 将仿真结果与 5 次试车结果进行比较，发现所有参数的仿真结果与试车测量值相差在 4%以内，有 52%的参数预估值与测量值相差在 1%以内。文献 [14] 的仿真模型是在文献 [13] 的基础上经过改进而得到的，文献 [14] 将稳态仿真与 10 次地面试车结果相比较，发现所有参数的预估值与实测值均相差在 10%以内，大多数预估值与实测值均相差在 3%以内。文献 [14] 分析了模型计算结果与试车结果存在差异的原因，并在最后提出：希望在分析的基础上确定性能和瞬态特性的范围，当结合统计、误差分析技术时，这种特性范围对设计和研究新的系统组件是极有价值的。具体地讲，文献 [13]、[14] 在进行计算结果与试车结果的比较时，没有考虑试车测量误差以及建模时采用了过去的试验数据而引起的误差。

从上述文献看，国内目前尚需用非线性模型全面地分析干扰因素对液体火箭发动机性能的影响，其分析结果尚需试验验证，国外在发动机模型验证方面的工作尚需发展和完善。因此，本章结合随机仿真方法并应用试车数据验证了液体火箭发动机静特性非线性数学模型的准确性；从干扰因素实际的最大变化量出发，比较全面地分析了干扰因素对液体火箭发动机性能的影响；以内部干扰因素的实际变化范围为基础，用随机仿真方法得出了液体火箭发动机性能参数的统计特性。

本章具体在以下 5 个方面进行研究：

(1) 改进描述液体火箭发动机静特性的数学模型，使得独立变量最少且能完整地反映液体火箭发动机的静特性；

(2) 计算液体火箭发动机性能对内外干扰因素的敏感度，找出敏感度大的干扰因素和对发动机性能影响大的干扰因素，这种研究便于更有针对性地控制干扰因素；

(3) 对于属于随机变量的内部干扰因素，既要掌握其分布规律和变化范围，又要应用数理统计学来了解这些干扰因素对液体火箭发动机性能的影响，尤其是对发动机性能参数的分布规律的影响；

(4) 要通过试车数据检验非线性模型的准确度，在验证时既要考虑测量数据的误差，又要结合统计分析的方法，要了解非线性模型与常用的小偏差模型在准确度方面的差距；

(5) 在计算方法上，选择合适的初值和目标函数的加权因子，以利于加快收敛速度，提高收敛精度。

本章以图 2.1 所示的燃气发生器循环的某泵压式液体火箭发动机系统为研究对象，详细地分析了内外干扰因素对该发动机性能的影响。

2.2 描述发动机静特性的非线性数学模型

按照图 2.1 所示发动机系统简图计算发动机参数的额定值时，未考虑内外干扰因素的变化，而在发动机工作过程中，一些干扰因素的实际值并不等于调整计算表中的设定值，还有一些干扰因素在调整计算表中没有被考虑，如环境大气压。由于受到干扰因素的影响，发动机在稳态工作段的性能参数值偏离额定值，影响着飞行任务的完成。从发动机启动至关机阶段，发动机的管路系统中的节流圈不再被更换，因此，发动机在稳态工作段的性能参数值与额定值的偏差不可修正，在飞行器弹道计算中必须考虑这部分偏差。通过给出描述发动机静特性的非线性数学模型，可以定量地求解在干扰因素的影响下，发动机性能参数与额定值之间的偏差。

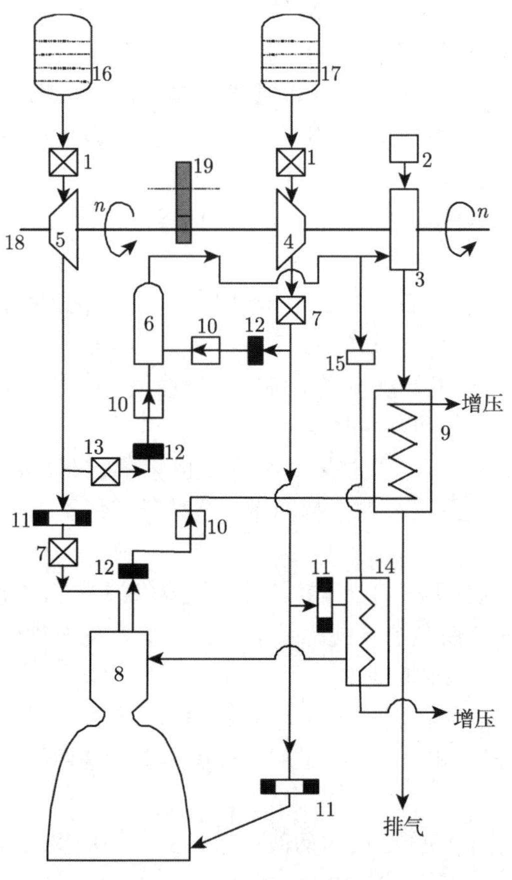

图 2.1　发动机系统简图

1. 启动活门；2. 火药启动器；3. 涡轮；4. 燃料泵；5. 氧化剂泵；6. 燃气发生器；7. 主活门；8. 推力室；9. 蒸发器；10. 单向活门；11. 节流圈；12. 文氏管；13. 断流活门；14. 降温器；15. 音速喷嘴；16. 氧化剂贮箱；17. 燃料贮箱；18. 涡轮泵转轴；19. 齿轮箱

在给出发动机静特性数学模型以前，假设发动机系统中的文氏管均已发生汽蚀。根据发动机系统中各组件参数与各干扰因素的关系，建立满足系统压力平衡、功率平衡、流量平衡的方程组，其中有一部分是非线性方程。发动机的数学模型如下。

流量平衡方程：

$$\dot{m}_{\mathrm{ou}} = \dot{m}_{\mathrm{o}} - \dot{m}_{\mathrm{oc}} - \dot{m}_{\mathrm{of}} \tag{2.2}$$

$$\dot{m}_{\mathrm{fc}} = \dot{m}_{\mathrm{f}} - \dot{m}_{\mathrm{ff}} \tag{2.3}$$

$$\dot{m}_{\rm fc} = \dot{m}_{\rm fj} + \dot{m}_{\rm fg} \tag{2.4}$$

$$\dot{m} = \dot{m}_{\rm o} + \dot{m}_{\rm f} \tag{2.5}$$

$$\dot{m}_{\rm t} = \frac{A_{\rm ei}(\dot{m}_{\rm of} + \dot{m}_{\rm ff})}{(A_{\rm ei} + A_{\rm ej})} \tag{2.6}$$

$$\dot{m}_{\rm j} = \frac{A_{\rm ej}}{A_{\rm ei}}\dot{m}_{\rm t} \tag{2.7}$$

压力平衡方程:

$$\Delta P_{\rm op} - P_{\rm oc} - a_9\frac{(\dot{m}_{\rm oc} + \dot{m}_{\rm ou})^2}{\rho_{\rm o}} + P_{\rm ipo} = 0 \tag{2.8}$$

$$\Delta P_{\rm fp} - P_{\rm f}^{\rm L} - a_{10}\frac{\dot{m}_{\rm f}^2}{\rho_{\rm f}} + P_{\rm ipf} = 0 \tag{2.9}$$

$$P_{\rm f}^{\rm L} = P_{\rm C} + a_{11}\frac{\dot{m}_{\rm fc}^2}{\rho_{\rm f}} + a_{12}\frac{\dot{m}_{\rm fj}^2}{\rho_{\rm f}} - P_0^{\rm H} + \Delta P_1 \tag{2.10}$$

$$P_{\rm oc} = P_{\rm C} + a_{13}\frac{\dot{m}_{\rm oc}^2}{\rho_{\rm o}} \tag{2.11}$$

$$a_{14}\frac{\dot{m}_{\rm fg}^2}{\rho_{\rm f}} + \Delta P_2 - a_{12}\frac{\dot{m}_{\rm fj}^2}{\rho_{\rm f}} - \Delta P_1 + P_1^{\rm H} = 0 \tag{2.12}$$

$$K_{{\rm o}y}\,\dot{m}_{\rm ou}^2 - P_{\rm C} - a_{13}\frac{\dot{m}_{\rm oc}^2}{\rho_{\rm o}} + P_{\rm so} + P_2^{\rm H} = 0 \tag{2.13}$$

$$\Delta P_{\rm op} - \left(\frac{a_{17}}{\rho_{\rm o}} + K_{\rm of}\right)\dot{m}_{\rm of}^2 + P_{\rm ipo} - P_{\rm so} = 0 \tag{2.14}$$

$$P_{\rm f}^{\rm L} - \left(\frac{a_{18}}{\rho_{\rm f}} + K_{\rm ff}\right)\dot{m}_{\rm ff}^2 - P_{\rm sf} = 0 \tag{2.15}$$

涡轮泵功率平衡方程:

$$\dot{m}_{\rm t}\frac{\gamma_{\rm t}}{\gamma_{\rm t} - 1}RT_{\rm t}\,(1 - \beta_{\rm t}^{\frac{\gamma_{\rm t}}{\gamma_{\rm t}-1}})\eta_{\rm t} - \frac{10^3\dot{m}_{\rm o}\,\Delta P_{\rm op}}{\eta_{\rm op}\,\rho_{\rm o}} - \frac{10^3\dot{m}_{\rm f}\,\Delta P_{\rm fp}}{\eta_{\rm fp}\,\rho_{\rm f}} - N_{\rm U} = 0 \tag{2.16}$$

$$N_{\rm o} + N_{\rm f} + N_{\rm U} - N_{\rm t} = 0 \tag{2.17}$$

泵压升与流量关系的特性方程:

$$\Delta P_{\rm op} + a_3\frac{\dot{m}_{\rm o}^2}{\rho_{\rm o}} + a_4\dot{m}_{\rm o}\,n - a_5\,\rho_{\rm o}\,n^2 = 0 \tag{2.18}$$

$$\Delta P_{\rm fp} + a_6\frac{\dot{m}_{\rm f}^2}{\rho_{\rm f}} - a_7\,\dot{m}_{\rm f}\,n + a_8\,\rho_{\rm f}\,n^2 = 0 \tag{2.19}$$

燃烧室压力的计算公式：

$$P_{\mathrm{C}} = \eta_{\mathrm{c}} \sqrt{RT_{\mathrm{C}}}(\dot{m}_{\mathrm{oc}} + \dot{m}_{\mathrm{fc}})/(10^6\, A_{\mathrm{tc}} \Gamma_{\mathrm{C}}) \tag{2.20}$$

副系统余氧系数的计算公式：

$$\alpha_{\mathrm{f}} = \frac{a_0 \dot{m}_{\mathrm{of}}}{\dot{m}_{\mathrm{ff}}} \tag{2.21}$$

发动机组元比的计算公式：

$$r_{\mathrm{m}} = \frac{\dot{m}_{\mathrm{o}}}{\dot{m}_{\mathrm{f}}} \tag{2.22}$$

氧化剂泵功率的计算公式：

$$N_{\mathrm{o}} = \frac{10^3 \dot{m}_{\mathrm{o}}\, \Delta P_{\mathrm{op}}}{\eta_{\mathrm{op}}\, \rho_{\mathrm{o}}} \tag{2.23}$$

燃料泵功率的计算公式：

$$N_{\mathrm{f}} = \frac{10^3 \dot{m}_{\mathrm{f}}\, \Delta P_{\mathrm{fp}}}{\eta_{\mathrm{fp}}\, \rho_{\mathrm{f}}} \tag{2.24}$$

涡轮燃气热值与副系统余氧系数的关系式：

$$RT_{\mathrm{t}} = a_1 + a_2 \alpha_{\mathrm{f}} \tag{2.25}$$

发动机推力的计算公式：

$$F = a_{15}(\dot{m}_{\mathrm{o}} + \dot{m}_{\mathrm{f}} - a_{16}) - 10^3 A_{\mathrm{e}}\, P_0 \tag{2.26}$$

发动机比冲的计算公式：

$$I_{\mathrm{sp}} = \frac{10^3 F}{\dot{m}_{\mathrm{f}} + \dot{m}_{\mathrm{oc}} + \dot{m}_{\mathrm{of}} - \dot{m}_{\mathrm{j}}} \tag{2.27}$$

以上各式中，η_{t}、η_{op}、η_{fp}、ΔP_1、ΔP_2、RT_{C}、Γ_{C} 的求解分别如下。涡轮效率的计算公式：

$$\eta_{\mathrm{t}} = a_{23}\omega - a_{24}\omega^2 \tag{2.28}$$

$$\omega = \frac{\pi d_{\mathrm{t}}\, n}{60\sqrt{2\gamma_{\mathrm{t}}\, RT_{\mathrm{t}}\, [1 - \beta_{\mathrm{t}}^{(\gamma_{\mathrm{t}}-1)/\gamma_{\mathrm{t}}}]/(\gamma_{\mathrm{t}} - 1)}} \tag{2.29}$$

式中，γ_{t} 是涡轮燃气的比热比。

燃烧室燃气热值 RT_{C}(kJ/kg) 的计算公式：

$$RT_{\mathrm{C}} = a_{19} + \frac{a_{20}\dot{m}_{\mathrm{oc}}}{\dot{m}_{\mathrm{f}} - \dot{m}_{\mathrm{ff}}} + a_{21}\left(\frac{\dot{m}_{\mathrm{oc}}}{\dot{m}_{\mathrm{f}} - \dot{m}_{\mathrm{ff}}}\right)^2 + a_{22}\left(\frac{\dot{m}_{\mathrm{oc}}}{\dot{m}_{\mathrm{f}} - \dot{m}_{\mathrm{ff}}}\right)^3 \tag{2.30}$$

燃烧室燃气的热力系数 $\varGamma_{\mathrm{C}}$:

$$\varGamma_{\mathrm{C}}=\sqrt{\gamma_{\mathrm{c}}\left[2/(1+\gamma_{\mathrm{c}})\right]^{(\gamma_{\mathrm{c}}+1)/(\gamma_{\mathrm{c}}-1)}} \tag{2.31}$$

式中，γ_{c} 是燃烧室燃气的比热比。

冷却套前节流圈的压降 ΔP_1 (MPa):

$$\Delta P_1=a_{25}\frac{\dot{m}_{\mathrm{fj}}^2}{\rho_{\mathrm{f}}} \tag{2.32}$$

降温器前液路节流圈的压降 ΔP_2(MPa):

$$\Delta P_2=a_{26}\frac{(\dot{m}_{\mathrm{f}}-\dot{m}_{\mathrm{ff}}-\dot{m}_{\mathrm{fj}})^2}{\rho_{\mathrm{f}}} \tag{2.33}$$

氧化剂泵效率与流量关系的特性方程:

$$\eta_{\mathrm{op}}=a_{27}\left(\frac{\dot{m}_{\mathrm{o}}}{\rho_{\mathrm{o}}\,n}\right)^2+a_{28}\frac{\dot{m}_{\mathrm{o}}}{\rho_{\mathrm{o}}\,n}+a_{29} \tag{2.34}$$

燃料泵效率与流量关系的特性方程:

$$\eta_{\mathrm{fp}}=a_{30}\left(\frac{\dot{m}_{\mathrm{f}}}{\rho_{\mathrm{f}}\,n}\right)^2+a_{31}\frac{\dot{m}_{\mathrm{f}}}{\rho_{\mathrm{f}}\,n}+a_{32} \tag{2.35}$$

以上各式中，有 26 个发动机参数，其含义及单位列入表 2.1 中；系数 $a_i(i=0\sim8,15,16,19\sim24,27\sim32)$ 共有 23 个，其含义列入表 2.2 中；有干扰因素 30 个，其单位及含义列入表 2.3 中；$P_i^{\mathrm{H}}(i=0,1,2)$ 表示由液柱高度引起的压降，是定值。干扰因素可取定值，通过改变干扰因素可以分析其对发动机性能的影响，也可以使

表 2.1 发动机参数说明

含义	符号	单位	含义	符号	单位
发动机氧化剂流量	$\dot{m}_{\mathrm{o}}$	kg/s	燃烧室燃料流量	$\dot{m}_{\mathrm{fc}}$	kg/s
发动机燃料流量	$\dot{m}_{\mathrm{f}}$	kg/s	推力室头部隔板流量	$\dot{m}_{\mathrm{fg}}$	kg/s
燃烧室氧化剂流量	$\dot{m}_{\mathrm{oc}}$	kg/s	发动机总流量	$\dot{m}$	kg/s
燃气发生器氧化剂流量	$\dot{m}_{\mathrm{of}}$	kg/s	涡轮燃气流量	$\dot{m}_{\mathrm{t}}$	kg/s
燃气发生器燃料流量	$\dot{m}_{\mathrm{ff}}$	kg/s	副系统余氧系数	α_{f}	
冷却套流量	$\dot{m}_{\mathrm{fj}}$	kg/s	推进剂组元比	r_{m}	
蒸发器流量	$\dot{m}_{\mathrm{ou}}$	kg/s	氧化剂泵功率	N_{o}	kW
燃烧室压力	P_{C}	MPa	燃料泵功率	N_{f}	kW
氧化剂泵压力增量	ΔP_{op}	MPa	涡轮功率	N_{t}	kW
燃料泵压力增量	ΔP_{fp}	MPa	涡轮燃气热值	RT_{t}	kJ/kg
燃烧室氧喷前压力	P_{oc}	MPa	发动机推力	F	kN
燃料主导管分支处压力	$P_{\mathrm{f}}^{\mathrm{L}}$	MPa	音速喷嘴燃气流量	$\dot{m}_{\mathrm{j}}$	kg/s
涡轮泵转速	n	r/min	发动机比冲	I_{sp}	m/s

表 2.2 系数 a_i 的说明

符号	含义	符号	含义
a_0	推进剂化学当量比的倒数	a_{20}	燃烧室燃气热值试验数据拟合参数之二
a_1	涡轮燃气热值试验数据拟合参数之一	a_{21}	燃烧室燃气热值试验数据拟合参数之三
a_2	涡轮燃气热值试验数据拟合参数之二	a_{22}	燃烧室燃气热值试验数据拟合参数之四
a_3	氧泵压力损失和进、出口管影响系数	a_{23}	计算涡轮效率的经验系数之一
a_4	氧泵流道几何形状影响系数	a_{24}	计算涡轮效率的经验系数之二
a_5	叶轮尺寸对氧泵扬程的影响系数	a_{27}	氧化剂泵效率试验数据拟合参数之一
a_6	燃料泵压力损失和进、出口管影响系数	a_{28}	氧化剂泵效率试验数据拟合参数之二
a_7	燃料泵流道几何形状影响系数	a_{29}	氧化剂泵效率试验数据拟合参数之三
a_8	叶轮尺寸对燃料泵扬程的影响系数	a_{30}	燃料泵效率试验数据拟合参数之一
a_{15}	喷管出口燃气速度	a_{31}	燃料泵效率试验数据拟合参数之二
a_{16}	计算推力的经验系数之一	a_{32}	燃料泵效率试验数据拟合参数之三
a_{19}	燃烧室燃气热值试验数据拟合参数之一		

表 2.3 干扰因素说明

含义	代号	符号	单位	含义	代号	符号	单位
氧化剂泵效率	D_0	η_{op}		燃烧室燃烧效率	D_{15}	η_c	
燃料泵效率	D_1	η_{fp}		氧化剂密度	D_{16}	ρ_o	kg/m^3
涡轮叶片直径	D_2	d_t	m	燃料密度	D_{17}	ρ_f	kg/m^3
涡轮落压比	D_3	β_t		涡轮排气管与推力室喷管出口面积之和	D_{18}	A_e	m^2
伺服功率	D_4	N_U	kW	环境大气压	D_{19}	P_0	MPa
音速喷嘴面积	D_5	A_{ej}	m^2	氧化剂管路从泵出口至喷前段流阻系数	D_{20}	a_9	$1/m^4$
涡轮喷嘴喉部总面积	D_6	A_{ei}	m^2	燃料喷前至燃烧室段燃料流阻系数	D_{21}	a_{11}	$1/m^4$
氧化剂泵前压力	D_7	P_{ipo}	MPa	燃料管路分支后主管路段流阻系数	D_{22}	a_{12}	$1/m^4$
燃料泵前压力	D_8	P_{ipf}	MPa	氧化剂喷前至燃烧室段的流阻系数	D_{23}	a_{13}	$1/m^4$
氧化剂饱和蒸气压	D_9	P_{so}	MPa	燃料管路分支后隔板管路到喷前段流阻系数	D_{24}	a_{14}	$1/m^4$
氧化剂副系统文氏管汽蚀系数	D_{10}	k_{of}	$MPa \cdot s^2/kg^2$	氧化剂泵出口至副系统文氏管入口段流阻系数	D_{25}	a_{17}	$1/m^4$
蒸发器文氏管汽蚀系数	D_{11}	k_{ov}	$MPa \cdot s^2/kg^2$	燃料路分支处至副系统文氏管入口段流阻系数	D_{26}	a_{18}	$1/m^4$
燃料饱和蒸气压	D_{12}	P_{sf}	MPa	燃料管路从泵出口至分支处段流阻系数	D_{27}	a_{10}	$1/m^4$
燃料副系统文氏管汽蚀系数	D_{13}	k_{ff}	$MPa \cdot s^2/kg^2$	燃料主管路冷却套前的节流圈流阻系数	D_{28}	a_{25}	$1/m^4$
推力室喉部面积	D_{14}	A_{tc}	m^2	降温器前燃料管路上节流圈的流阻系数	D_{29}	a_{26}	$1/m^4$

干扰因素反映故障模式，进行稳态故障效应仿真，8 个流阻系数是由相关组件的冷流试验数据及给定工况下的调整计算结果推出的。系数 a_i 是定值，通过发动机试验及给定工况下的调整计算结果推出。

从图 2.1 所示的发动机系统简图可知，推进剂供应管路系统共有 6 个支路，其中氧化剂管路系统的支路有：①氧化剂泵出口 → 氧化剂副系统文氏管入口；②氧化剂泵出口 → 燃烧室氧化剂喷注器出口；③氧化剂泵出口 → 蒸发器文氏管入口。燃料管路系统的支路有：①燃料泵出口 → 燃料副系统文氏管入口；②燃料泵出口 → 隔板 → 燃烧室喷注器出口；③燃料泵出口 → 冷却套 → 燃烧室喷注器出口。以上每个支路可以确定一个压力平衡关系，而管路压降又是管路中推进剂流量的函数，可见，发动机系统中的流量平衡关系式可代入压力平衡关系式中，整个推进剂供应管路系统就可以确定 6 个压力平衡关系，再考虑到有 1 个涡轮泵组件的功率平衡关系，因此，这 7 个平衡关系可以求出 7 个相互独立的发动机参数。式 (2.2)～ 式 (2.27) 中，虽然有发动机参数 26 个，但是只有 7 个发动机参数是相互独立的，其他 19 个发动机参数可由这 7 个参数推出，因此，可用代入消元法对式 (2.2)～ 式 (2.27) 作等价变换，得到式 (2.36) ～ 式 (2.45)。

涡轮泵功率平衡方程：

$$\frac{A_{\mathrm{ei}}(\dot{m}_{\mathrm{of}}+\dot{m}_{\mathrm{ff}})}{(A_{\mathrm{ei}}+A_{\mathrm{ej}})}\cdot\frac{\gamma_{\mathrm{t}}}{\gamma_{\mathrm{t}}-1}RT_{\mathrm{t}}\,(1-\beta_{\mathrm{t}}^{\frac{\gamma_{\mathrm{t}}}{\gamma_{\mathrm{t}}-1}})\eta_{\mathrm{t}}-\frac{10^3\dot{m}_{\mathrm{o}}\,\Delta P_{\mathrm{op}}}{\eta_{\mathrm{op}}\,\rho_{\mathrm{o}}}-\frac{10^3\dot{m}_{\mathrm{f}}\,\Delta P_{\mathrm{fp}}}{\eta_{\mathrm{fp}}\,\rho_{\mathrm{f}}}-N_{\mathrm{U}}=0 \tag{2.36}$$

压力平衡方程：

$$\Delta P_{\mathrm{op}}-\eta_{\mathrm{c}}\sqrt{RT_{\mathrm{C}}}(\dot{m}_{\mathrm{oc}}+\dot{m}_{\mathrm{fc}})/(10^6\,A_{\mathrm{tc}}\Gamma_{\mathrm{C}})\ \ -a_{13}\frac{\dot{m}_{\mathrm{oc}}^2}{\rho_{\mathrm{o}}}-a_9\frac{(\dot{m}_{\mathrm{o}}-\dot{m}_{\mathrm{of}})^2}{\rho_{\mathrm{o}}}+P_{\mathrm{ipo}}=0 \tag{2.37}$$

$$\Delta P_{\mathrm{op}}-\left(\frac{a_{17}}{\rho_{\mathrm{o}}}+K_{\mathrm{of}}\right)\dot{m}_{\mathrm{of}}^2+P_{\mathrm{ipo}}-P_{\mathrm{so}}=0 \tag{2.38}$$

$$\begin{aligned}&\Delta P_{\mathrm{fp}}-\eta_{\mathrm{c}}\sqrt{RT_{\mathrm{C}}}(\dot{m}_{\mathrm{oc}}+\dot{m}_{\mathrm{fc}})/(10^6\,A_{\mathrm{tc}}\Gamma_{\mathrm{C}})\ \ -a_{12}\frac{\dot{m}_{\mathrm{fj}}^2}{\rho_{\mathrm{f}}}\\&-a_{11}\frac{(\dot{m}_{\mathrm{f}}-\dot{m}_{\mathrm{ff}})^2}{\rho_{\mathrm{f}}}-a_{10}\frac{\dot{m}_{\mathrm{f}}^2}{\rho_{\mathrm{f}}}+P_{\mathrm{ipf}}+P_0^{\mathrm{H}}-\Delta P_1=0\end{aligned} \tag{2.39}$$

$$a_{14}\frac{(\dot{m}_{\mathrm{f}}-\dot{m}_{\mathrm{ff}}-\dot{m}_{\mathrm{fj}})^2}{\rho_{\mathrm{f}}}+\Delta P_2-a_{12}\frac{\dot{m}_{\mathrm{fj}}^2}{\rho_{\mathrm{f}}}-\Delta P_1+P_1^{\mathrm{H}}=0 \tag{2.40}$$

$$\begin{aligned}&\eta_{\mathrm{c}}\sqrt{RT_{\mathrm{C}}}(\dot{m}_{\mathrm{oc}}+\dot{m}_{\mathrm{fc}})/(10^6\,A_{\mathrm{tc}}\Gamma_{\mathrm{C}})+a_{11}\frac{(\dot{m}_{\mathrm{f}}-\dot{m}_{\mathrm{ff}})^2}{\rho_{\mathrm{f}}}\\&+a_{12}\frac{\dot{m}_{\mathrm{fj}}^2}{\rho_{\mathrm{f}}}+\Delta P_1-P_0^{\mathrm{H}}-\left(\frac{a_{18}}{\rho_{\mathrm{f}}}+K_{\mathrm{ff}}\right)\dot{m}_{\mathrm{ff}}^2-P_{\mathrm{sf}}=0\end{aligned} \tag{2.41}$$

$$
\begin{aligned}
&K_{\mathrm{ov}}(\dot{m}_{\mathrm{o}}-\dot{m}_{\mathrm{oc}}-\dot{m}_{\mathrm{of}})^2-\eta_{\mathrm{c}}\sqrt{RT_{\mathrm{C}}}(\dot{m}_{\mathrm{oc}}+\dot{m}_{\mathrm{fc}})/(10^6\,A_{\mathrm{tc}}\varGamma_{\mathrm{C}})\\
&-a_{13}\frac{\dot{m}_{\mathrm{oc}}^2}{\rho_{\mathrm{o}}}+P_{\mathrm{so}}+P_2^{\mathrm{H}}=0
\end{aligned}
\tag{2.42}
$$

发动机推力计算公式:

$$
F=a_{15}(\dot{m}_{\mathrm{o}}+\dot{m}_{\mathrm{f}}-a_{16})-10^3A_{\mathrm{e}}\,P_0 \tag{2.43}
$$

发动机比冲计算公式:

$$
I_{\mathrm{SP}}=\frac{10^3F}{\dot{m}_{\mathrm{f}}+\dot{m}_{\mathrm{oc}}+\dot{m}_{\mathrm{of}}-\dfrac{A_{\mathrm{ej}}(\dot{m}_{\mathrm{of}}+\dot{m}_{\mathrm{ff}})}{A_{\mathrm{ei}}+A_{\mathrm{ej}}}} \tag{2.44}
$$

以上 9 式中，η_{t}、η_{op}、η_{fp}、ΔP_1、ΔP_2、RT_{C}、$\varGamma_{\mathrm{C}}$ 的求解见式 (2.28)~ 式 (2.35)，ΔP_{op}、ΔP_{fp} 分别用式 (2.18) 和式 (2.19) 求出。

涡轮燃气热值的计算公式:

$$
RT_{\mathrm{t}}=a_1+a_2a_0\dot{m}_{\mathrm{of}}/\dot{m}_{\mathrm{ff}} \tag{2.45}
$$

式 (2.36)~ 式 (2.44) 的变量只有 9 个，即为 $\dot{m}_{\mathrm{o}}$、$\dot{m}_{\mathrm{oc}}$、$\dot{m}_{\mathrm{of}}$、$\dot{m}_{\mathrm{f}}$、$\dot{m}_{\mathrm{ff}}$、$\dot{m}_{\mathrm{fj}}$、n、I_{SP}、F，其中前 7 个变量中，每个变量至少在式 (2.36)~ 式 (2.42) 中的 2 个式子中出现而且还不能消去，可见，式 (2.36)~ 式 (2.42) 中，任意 6 个式子中必然含有这 7 个变量，因此，当且仅当这 7 个式子联立求解时，才可求得这 7 个变量。在求解式 (2.36)~ 式 (2.44) 的过程中，可先对式 (2.36)~ 式 (2.42) 求优化解，再将这 7 个变量的值代入式 (2.43)、式 (2.44) 中，求出 I_{SP}，F。由上可见，数学模型经过代入消元法变换以后，变量的个数减少了，但是干扰因素和系数的个数并未发生任何变化。式 (2.28)~ 式 (2.45) 共同构成了描述发动机静特性的非线性数学模型。

此模型中的式 (2.36)~ 式 (2.42) 分别可用下式表示:

$$
f_i(\boldsymbol{x},\boldsymbol{D})=0\quad(i=1,\cdots,7) \tag{2.46}
$$

式 (2.43) 和式 (2.44) 分别可用下式表示:

$$
\phi_i(\boldsymbol{y},\boldsymbol{D},\boldsymbol{x})=0\quad(i=1,2,3) \tag{2.47}
$$

式中，发动机参数矢量为 $\boldsymbol{x}=[\dot{m}_{\mathrm{o}},\dot{m}_{\mathrm{oc}},\dot{m}_{\mathrm{of}},\dot{m}_{\mathrm{f}},\dot{m}_{\mathrm{ff}},\dot{m}_{\mathrm{fj}},n]^{\mathrm{T}}$，发动机性能参数矢量为 $\boldsymbol{y}=(I_{\mathrm{SP}},F)^{\mathrm{T}}$，干扰因素矢量为 $\boldsymbol{D}=[\eta_{\mathrm{op}},\eta_{\mathrm{fp}},d_{\mathrm{t}},\beta_{\mathrm{t}},N_{\mathrm{U}},A_{\mathrm{ej}},A_{\mathrm{ei}},P_{\mathrm{ipo}},P_{\mathrm{ipf}},P_{\mathrm{so}},K_{\mathrm{of}},K_{\mathrm{ov}},P_{\mathrm{sf}},K_{\mathrm{ff}},A_{\mathrm{tc}},\eta_{\mathrm{c}},\rho_{\mathrm{o}},\rho_{\mathrm{f}},A_{\mathrm{e}},P_0,a_9,a_{11},a_{12},a_{13},a_{14},a_{17},a_{18},a_{10},a_{25},a_{26}]^{\mathrm{T}}$，上述模型将在 2.3~2.6 节中用到。

2.3 发动机性能参数对干扰因素的敏感度分析

2.3.1 计算方法

为了分析发动机性能参数对干扰因素的敏感度，现给出发动机性能参数对干扰因素的敏感度的定义式：

$$\frac{\mathrm{d}\ln y_i}{\mathrm{d}\ln D_k}=\frac{(y_i^{(*)}-y_i^{(0)})/y_i^{(0)}}{(D_k^{(*)}-D_k^{(0)})/D_k^{(0)}}=\frac{\delta y_i/y_i^{(0)}}{\delta D_k/D_k^{(0)}} \tag{2.48}$$

式中，$D_k\neq D_k^{(0)},k=0\sim 29;i=1,2,3$。$\boldsymbol{x}^{(0)}$ 为发动机参数矢量的初值，$\boldsymbol{y}^{(0)}$ 为发动机性能参数矢量的初值, 在计算中，$\boldsymbol{y}^{(0)}$ 取为发动机的额定工况值，$\boldsymbol{x}^{(0)}$ 取为在额定工况下由调整计算得出的发动机参数值，经计算可知，如此选取初值可使优化计算收敛，而且能较快地收敛到要求的精度以内；图 2.2 中的 $\boldsymbol{D}^{(0)}$ 是通过调整计算得到 $\boldsymbol{x}^{(0)}$ 时而给定的干扰因素的初值，$\boldsymbol{x}^{(*)}$ 是发动机参数的优化解，$\boldsymbol{y}^{(*)}$ 是

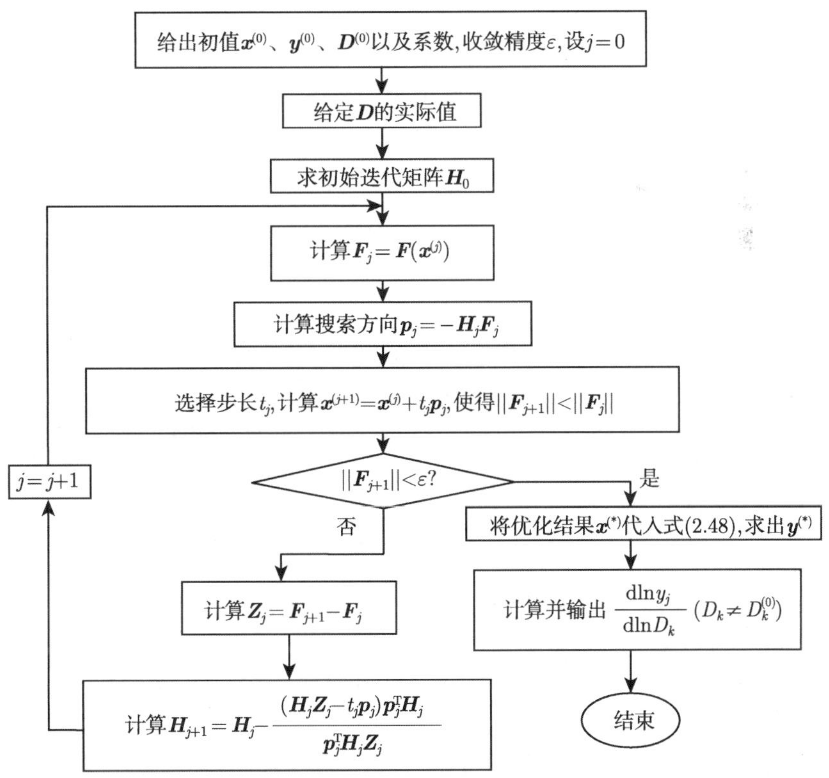

图 2.2 用 Broyden 方法对发动机静特性非线性数学模型进行计算的流程图

发动机性能参数的解。可将式 (2.48) 理解为发动机性能参数的相对变化量与干扰因素的相对变化量之比，可用于衡量干扰因素对发动机性能的影响程度。式 (2.48) 将在图 2.2 中用到。

根据式 (2.47)，设 $\boldsymbol{F}(\boldsymbol{x}) = [\xi_1 f_1(\boldsymbol{x}), \xi_2 f_2(\boldsymbol{x}), \cdots, \xi_7 f_7(\boldsymbol{x})]^{\mathrm{T}}$，$\xi_i (i = 1, \cdots, 7)$ 是目标函数 $\|\boldsymbol{F}\| = \sqrt{\sum_{i=1}^{7} (\xi_i f_i)^2}$ 的加权因子，通过调整，可使优化计算在相同的精度要求下达到更高的实际收敛精度。$\|\boldsymbol{F}\|$ 的极小值点就是非线性方程组的一组解，求解极小值点的过程就是优化过程。计算步骤如图 2.2 所示。

在优化计算时，收敛精度为 10^{-5}，优化算法是 Broyden 方法 [80]，如果用高斯–牛顿 (Gauss-Newton) 方法 [81] 也可以计算，同样可以达到 Broyden 方法的收敛精度。Broyden 方法和 Gauss-Newton 方法相比较：前者对初值要求不严格，不需要计算雅可比矩阵，收敛速度慢；后者需要计算雅可比矩阵，对初值要求严格，若变量的初值远离最优解，计算时往往发散，若给定合适的初值，此方法收敛速度快于 Broyden 方法。

2.3.2 计算结果及分析

为了提高优化计算的精度，对目标函数的加权因子 ξ_i 进行了选择，现在给出以下算例。

算例 计算干扰因素 $\boldsymbol{P}_{\mathrm{sf}}$(即 $\boldsymbol{D}_{12}$) 增大 0.6 倍时，发动机性能参数的相对变化量。优化计算的收敛精度为 10^{-5}。

方案一 设定 $\xi_i = 1 (i = 1, \cdots, 7)$。对非线性数学模型求出优化解以后，$f_1 \sim f_7$ 分别为 -6.227×10^{-13}、6.597×10^{-11}、2.301×10^{-13}、-1.010×10^{-11}、-1.419×10^{-13}、-5.982×10^{-6}、-2.613×10^{-10}。$\|\boldsymbol{F}\| = -5.982 \times 10^{-6}$。性能参数 I_{SP}、F 的相对变化量分别为 -2.3984×10^{-5}、-2.3571×10^{-4}。

方案二 根据上述结果可知，$f_1 \sim f_7$ 中，$|f_6|$ 最大，因此，设定 $\xi_6 = 100$，而 $\xi_1 \sim \xi_5$ 和 ξ_7 仍然均为 1。对非线性数学模型求出优化解以后，$f_6 = -5.982 \times 10^{-8}$，此值是方案一 f_6 的 1%，其余的 f_i 分别与方案一相同。$\|\boldsymbol{F}\| = -5.982 \times 10^{-6}$。性能参数 I_{SP}、F 的相对变化量分别与方案一相同。

由上可知，$|f_6|$ 越小，就意味着 f_6 对应的式 (2.41) 的平衡程度越高，优化计算的实际收敛精度越高。当其他的干扰因素发生变化时，经计算可知，同样可以得到方案二的 f_6 是方案一的 f_6 的 1%。因此，在本书后面的优化计算中将选取方案二的加权因子构成目标函数 $\|\boldsymbol{F}\|$。

根据式 (2.48)，设 k 是干扰因素的序号，干扰因素 D_k 的相对变化量是 $\delta D_k / D_k^{(0)}$，设 F、I_{SP} 对 D_k 的敏感度分别是 A、B。根据图 2.1 所示发动机的单干扰因素实际变化的最大值，计算性能参数对单干扰因素的敏感度 A、B，同时计算在单干扰因素影响下性能参数的相对变化量，F、I_{sp} 的相对变化量分别是 A'、B'，并将计算结果列入表 2.4 中，在计算中假设仅有一个干扰因素发生变化。

表 2.4 发动机性能参数对单干扰因素的敏感度

k	$\delta D_k/D_k^{(0)}$	A	B	A'	B'
0	1.5221×10^{-2}	0.45309	4.5377×10^{-2}	6.8965×10^{-3}	6.9068×10^{-4}
1	-1.1403×10^{-2}	0.47446	4.8047×10^{-2}	-5.4104×10^{-3}	-5.4789×10^{-4}
2	-5.6146×10^{-4}	0.64926	6.5449×10^{-2}	-3.6453×10^{-4}	-3.6747×10^{-5}
3	0.02	-0.16496	-1.6673×10^{-2}	-3.2992×10^{-3}	-3.3346×10^{-4}
4	0.05	-4.3748×10^{-3}	-4.4095×10^{-4}	-2.1874×10^{-4}	-2.2048×10^{-5}
5	1.1869×10^{-2}	-3.0676×10^{-2}	-2.2595×10^{-3}	-3.6410×10^{-4}	-2.6819×10^{-5}
6	6.4671×10^{-3}	3.0494×10^{-2}	2.2446×10^{-3}	1.9721×10^{-4}	1.4516×10^{-5}
7	1.5	1.7169×10^{-2}	1.6855×10^{-3}	2.5754×10^{-2}	2.5283×10^{-3}
8	1.0	4.2776×10^{-3}	4.3276×10^{-4}	4.2776×10^{-3}	4.3276×10^{-4}
9	0.6	-7.7698×10^{-4}	-8.6265×10^{-5}	-4.6619×10^{-4}	-5.1759×10^{-5}
10	3.1227×10^{-2}	-0.10738	-1.0920×10^{-2}	-3.3531×10^{-3}	-3.4101×10^{-4}
11	-1.0490×10^{-2}	-2.1291×10^{-4}	-8.9377×10^{-4}	2.2334×10^{-6}	9.3758×10^{-6}
12	0.6	-3.9284×10^{-4}	-3.9973×10^{-5}	-2.3570×10^{-4}	-2.3984×10^{-5}
13	-2.1434×10^{-2}	-0.34539	-3.4907×10^{-2}	7.4030×10^{-3}	7.4818×10^{-4}
14	-7.2133×10^{-3}	0.13129	1.2197×10^{-2}	-9.4706×10^{-4}	-8.7979×10^{-5}
15	-5.2356×10^{-3}	-0.13101	-1.2154×10^{-2}	6.8589×10^{-4}	6.3633×10^{-5}
16	0.06	0.57419	5.5693×10^{-2}	3.4452×10^{-2}	3.3416×10^{-3}
17	0.06	8.5713×10^{-2}	8.6708×10^{-3}	5.1428×10^{-3}	5.2025×10^{-4}
18	-5.7782×10^{-3}	-0.11029	-0.11029	6.3726×10^{-4}	6.3726×10^{-4}
19	-1.0	-0.11029	-0.11029	0.11029	0.11029
20	-0.2	-7.0619×10^{-2}	-6.9848×10^{-3}	1.4124×10^{-2}	1.3970×10^{-3}
21	-0.09520	1.6725×10^{-2}	1.7057×10^{-3}	-1.5922×10^{-3}	-1.6238×10^{-4}
22	-0.11364	3.9977×10^{-2}	4.0898×10^{-3}	-4.5430×10^{-3}	-4.6476×10^{-4}
23	-0.08	-4.2182×10^{-2}	-4.2131×10^{-3}	3.3745×10^{-3}	3.3706×10^{-4}
24	-0.11646	4.4901×10^{-3}	$4.5742\times10-4$	-5.2289×10^{-4}	-5.3269×10^{-5}
25	-0.06670	-2.4794×10^{-3}	-2.5136×10^{-4}	1.6538×10^{-4}	1.6766×10^{-5}
26	-0.078	-1.1861×10^{-2}	-1.2057×10^{-3}	9.2517×10^{-4}	9.4042×10^{-5}

注：表中的 A、B 分别是发动机推力、比冲对干扰因素的敏感度；A'、B' 分别是发动机推力、比冲的相对变化量。

从发动机比冲对干扰因素的敏感度来看，发动机比冲对 P_0(即 D_{19})、A_e(即 D_{18}) 的敏感度最大，对 d_t(即 D_2)、ρ_o(即 D_{16}) 的敏感度较大，发动机比冲对 P_{sf}(即 D_{12}) 的敏感度最小，对 P_{so}(即 D_9)、a_{17}(即 D_{25}) 的敏感度较小。从发动机比冲的相对变化量来看，当 P_0(即 D_{19}) 的实际最大相对变化量为 -100%，相当于发动机的工作环境接近于真空状态时，发动机比冲变化最大，比冲的相对变化量为 11.03%，即比冲增加 281.2m/s；当 P_{ipo}(即 D_7)、ρ_o(即 D_{16})、a_9(即 D_{20}) 分别变化到各自的实际最大变化量时，发动机比冲的变化较大。$P_{\rm ipo}$、$\rho_{\rm o}$、a_9 均为发动机氧化剂管路系统上的干扰因素，从计算结果可知，$P_{\rm ipo}$、$\rho_{\rm o}$、a_9 对发动机比冲的影响较大，可见，在调整发动机系统时，应该重点考虑氧化剂管路系统。虽然 $d_{\rm t}$ 的变化非常小，但是发动机推力对 $d_{\rm t}$(即 D_2) 的敏感度最大；发动机推力对 $\rho_{\rm o}$(即 D_{16})、$\eta_{\rm fp}$(即 D_1)、$\eta_{\rm op}$(即 D_0) 的敏感度是比较大的，而对 $K_{\rm ov}$(即 D_{11}) 最不敏感，对 $P_{\rm sf}$(即 D_{12})、$P_{\rm so}$(即 D_9) 的敏感度是比较小的。因此，可以根据上述结果有针对性地对干扰因素提出精度要求，例如, 对 $A_{\rm e}$ 和 $d_{\rm t}$ 的公差要求应该很严格，对 $\rho_{\rm o}$ 应该进行精确测量，而对 $P_{\rm so}$、$P_{\rm sf}$、$K_{\rm ov}$、a_{17} 可适当降低精度要求。

由于 P_0、$A_{\rm e}$ 对燃烧室的燃烧过程无影响，P_0、$A_{\rm e}$ 对燃烧室压力、发动机氧化剂流量、发动机燃料流量无影响，对发动机组元比无影响，因此，组元比对 P_0、$A_{\rm e}$ 最不敏感；根据推力计算公式，P_0 的增大将使发动机推力减小，$A_{\rm e}$ 的增大将使发动机的真空推力增大，而发动机的流量不受 P_0、$A_{\rm e}$ 的影响，因此，P_0、$A_{\rm e}$ 的变化将使发动机比冲发生变化，比冲相对变化量的具体结果列入表 2.4 中。$A_{\rm e}$ 的变化一般局限在一个范围内，是一个随机变量，是由喷管的加工制造引起的。以图 2.1 所示发动机作为实际飞行器的第一级动力装置时，发动机的实际出口燃气压力在地面时低于 P_0，在飞行器升空并且接近于一级关机点时，发动机的实际出口燃气压力高于 P_0。可见，当 $A_{\rm e}$ 减小时，将使发动机地面比冲增大，使发动机真空比冲减小。经计算可知，$A_{\rm e}$ 减小 0.578%时，将使发动机地面比冲增大 0.0637%，即增大 1.6248m/s。在火箭离开地面升空的过程中，P_0 是逐渐减小的，它将对发动机的高空特性产生影响，将使发动机的性能参数减小，因此，在飞行器的弹道计算和轨道设计中应该考虑 P_0、$A_{\rm e}$ 对发动机性能的上述影响，尤其要重点考虑 P_0 对发动机性能的影响。

涡轮叶片的直径 $d_{\rm t}$ 减小时，将使涡轮叶片的切向速度减小，导致涡轮效率的减小，在涡轮功率不变时，将使燃气发生器所需的推进剂更多。对于图 2.1 所示的开式循环的发动机而言，增大了发动机比冲的损失，在发动机总流量不变时，发动机推力减少了，因此，发动机推力对 $d_{\rm t}$ 的敏感度最大，发动机比冲对 $d_{\rm t}$ 的敏感度较大；从表 2.4 可知，$\delta d_{\rm t}/d_{\rm t}^{(0)}$(即 $\delta D_2/D_2^{(0)}$) 与 A、B 的乘积均为负值，这说明 $d_{\rm t}$ 的减小将使发动机推力、比冲减小。$d_{\rm t}$ 的变化量是由涡轮叶片的加工制造引起的，但是，$d_{\rm t}$ 的公差相对于喷管喉部直径的公差而言是较易控制的，在实际加工时，对 $d_{\rm t}$ 的公差要求在 0.3mm 以内，一般在这个范围内分析 $d_{\rm t}$ 对发动机性能的影响。从表 2.4 可知，$d_{\rm t}$ 变化 -0.05615% 时，比冲的相对变化量是 -3.6747×10^{-5}，比冲的变化量是 -0.09369m/s，推力的相对变化量是 -3.6453×10^{-4}，与表 2.4 中其余干扰因素相比较，$d_{\rm t}$ 对性能参数的影响是比较大的，$d_{\rm t}$ 的相对变化量是比较小的，因此，发动机性能参数对 $d_{\rm t}$ 是比较敏感的，如果 $d_{\rm t}$ 的加工精度控制不好，必将引起发动机性能有较大的变化。

以上分析了发动机性能参数对单干扰因素的敏感度，特别是发动机比冲对单干扰因素的敏感度，找出了敏感度大的干扰因素和对发动机性能影响大的干扰因素，其中，敏感度大的干扰因素有 P_0、A_e、d_t 、ρ_o；对发动机性能影响大的干扰因素有 P_0、P_{ipo}、ρ_o、a_9。这些结果便于更有针对性地控制干扰因素。因此，在分析干扰因素对液体火箭发动机性能的影响时，在外部干扰因素中，要重点考虑 P_0、P_{ipo}、ρ_o；在内部干扰因素中，要重点考虑 A_e、d_t、a_9；对于 A_e、d_t 等尺寸参数，要适当提高精度要求；在调整发动机系统时，应该重点考虑氧化剂管路系统。上述计算结果可用于分析多个互不关联的干扰因素对发动机性能的影响。

下面将从某次试车测量的干扰因素数据出发，计算发动机性能参数在多干扰因素同时影响时对各个干扰因素的敏感度。根据该次试车测量的两个稳态工况下的干扰因素，可计算出这两个稳态工况下干扰因素测量值与额定工况下干扰因素的设定值之间的相对变化量，其数据列入表 2.5 中，采用非线性模型可计算出这两个稳态工况下发动机性能参数对发生变化的干扰因素的敏感度，计算结果列入表 2.5 中，关于该次试车的概况将在 2.5.3 小节中介绍。

表 2.5 发动机性能参数对干扰因素的敏感度

k		7	8	9	12	16	17
No.1	C	0.050442	0.090408	0.368602	0.281500	−0.012003	−0.0077638
	A	−0.1320154	−0.0736566	−0.0180660	−0.0236560	0.5548039	0.8577182
	B	−0.0125054	−0.0062771	−0.0015396	−0.0020160	0.0472812	0.0730960
No.2	C	1.277483	0.127823	0.368602	0.281500	−0.012003	−0.0077638
	A	0.0104521	0.1044593	0.0362243	0.0474328	−1.1124400	−1.7198150
	B	0.00087153	0.0087102	0.0030205	0.0039551	−0.0927589	−0.1434038

注：表中的 A、B 分别是发动机比冲、推力对干扰因素的敏感度；C 是 $\delta D_k/D_k^{(0)}$；No.1 和 No.2 分别表示第一稳态工况和第二稳态工况。

表 2.5 中的 A、B 分别是 I_{sp}、F 对干扰因素 D_k 的敏感度，是在六个干扰因素同时变化的情况下得出的。由表 2.5 可知，两个稳态工况下 P_{so}(即 D_9)、P_{sf}(即 D_{12})、ρ_o(即 D_{16})、ρ_f(即 D_{17}) 的相对变化量相同，而 P_{ipo}（即 D_7)、P_{ipf}(即 D_8) 在第二稳态工况时的相对变化量分别大于第一稳态工况时的值。在第一稳态工况时，P_{so}、P_{sf} 的相对变化量最大，是影响发动机性能参数变化的主要干扰因素，从表 2.4 中的计算结果可知，发动机性能参数随着单干扰因素 P_{so} 或 P_{sf} 的增大而减小，因此，在第一稳态工况时，发动机性能参数是减小的，比冲的相对变化量是 -5.6750×10^{-4}，比冲的变化量是 -1.4594m/s，推力的相对变化量是 -6.6592×10^{-3}，发动机性能参数对各个干扰因素的敏感度与各干扰因素相对变化量的符号相反。在第二稳态工况时，P_{ipo} 的相对变化量最大，是影响发动机性能参数变化的主要干扰

因素，从表 2.4 中的计算结果可知，发动机性能参数随着单干扰因素 $P_{\rm ipo}$ 的增大而增大，因此，第二稳态工况时，发动机的性能参数是增大的，比冲的相对变化量是 1.113×10^{-3}，比冲的变化量是 2.8631m/s，推力的相对变化量是 1.3352×10^{-2}，从表 2.5 可见，发动机性能参数对各干扰因素的敏感度与各干扰因素相对变化量的符号相同。由上可见，第二稳态工况时的性能参数的相对变化量较大，在两个稳态工况下 $P_{\rm ipf}$ 的差别不大，$P_{\rm so}$、$P_{\rm sf}$、$\rho_{\rm o}$、$\rho_{\rm f}$ 在两个稳态工况下的值是相等的，因此，第二稳态工况时发动机性能参数对干扰因素 $P_{\rm ipf}$、$P_{\rm so}$、$P_{\rm sf}$、$\rho_{\rm o}$、$\rho_{\rm f}$ 的敏感度的绝对值大于第一稳态工况时的值，这说明第二稳态工况时发动机性能参数对干扰因素 $P_{\rm ipf}$、$P_{\rm so}$、$P_{\rm sf}$、$\rho_{\rm o}$、$\rho_{\rm f}$ 的敏感度更大。上述结果说明，在对发动机加载后，发动机的性能参数将会增大，发动机性能参数对干扰因素的敏感度将会增大。发动机的试车结果表明：在第二稳态工况时的推力、比冲，分别大于第一稳态工况时的推力、比冲，这充分说明表 2.5 给出的计算结果的正确性。关于发动机静特性数学模型的具体验证结果将在 2.5 节中给出。由于在试车过程中泵前压力的稳态值是可以控制的，并且将具体的泵前压力值设定在试车程序中，试车时推进剂的物性参数是可以测量的，因此，根据已有的发动机静特性数学模型可以预估各稳态工况下的发动机性能参数值，工作人员根据这些预估值将会对试车过程有充分的准备；另外，根据试车时测定的干扰因素值和发动机静特性数学模型可以进行试车的事后数据处理，为分析、评价试车结果提供依据。

2.3.3 小结

(1) 根据液体火箭发动机压力平衡、流量平衡、功率平衡的原理，从发动机的系统结构出发，用代入消元法使发动机静特性的非线性数学模型的独立变量最少。

(2) 为了使发动机静特性非线性数学模型中各个方程的平衡程度更高，在优化计算的目标函数中引入了加权因子。

(3) 从干扰因素实际的最大变化量出发，经过优化计算，得出并分析了发动机性能参数对单干扰因素的敏感度，特别是发动机比冲对单干扰因素的敏感度，找出了敏感度大的干扰因素和对发动机性能影响大的干扰因素，其中，敏感度大的干扰因素有 P_0、$A_{\rm e}$、$d_{\rm t}$、$\rho_{\rm o}$；对发动机性能影响大的干扰因素有 P_0、$P_{\rm ipo}$、$\rho_{\rm o}$、a_9。这些结果便于更有针对性地对干扰因素提出精度要求，这种找出对发动机性能产生影响的主要干扰因素的方法可以为分析其他型号发动机的性能提供参考。

(4) 从某次试车测量的干扰因素值出发，计算了在多干扰因素同时影响时发动机性能参数的相对变化量及发动机性能参数对各个干扰因素的敏感度，计算结果表明：在试车时，对发动机进行加载后，发动机的性能参数将会增大，发动机性能参数对干扰因素的敏感度将会增大。这种分析方法可以用于不同试车目的的试车前的发动机性能参数的预估中，也可以进行试车的事后数据处理，为分析、评价试车结果提供依据。

2.4 内部干扰因素对液体火箭发动机性能影响的随机仿真

影响液体火箭发动机性能的干扰因素可分为两类：一类是外部干扰因素，如推进剂的物性参数、泵前压力、环境大气压等，推进剂物性参数随推进剂温度的变化而变化，环境大气压随飞行高度或试车场地的不同而不同，泵前压力随不同的试车任务要求、不同的稳态工况而不同，外部干扰因素是能够测定的物理量，在测量它们时是存在误差的，所以，外部干扰因素属于随机变量；另一类是内部干扰因素，如涡轮和泵的效率、推力室燃烧效率、管路的流阻系数、文氏管的汽蚀系数、发动机组件的尺寸等，它们是由发动机零组件加工和装配误差、组件液流试验测量误差以及组件液流试验和在发动机上实际工作条件的差异而造成的组件参数偏差，它们也属于随机变量，根据试验数据和加工制造的工艺水平可以统计出内部干扰因素的变化范围。干扰因素与发动机性能参数之间通过发动机静特性数学模型联系起来，所以，在属于随机变量的干扰因素的影响下，发动机性能参数也具有随机性。当干扰因素是服从一定分布规律的随机数时，性能参数的分布具有统计性质。进行干扰因素对液体火箭发动机性能影响的随机仿真具有以下用途。

(1) 用来进行发动机性能参数的精度分析。

在系统方案论证阶段，可用发动机静特性数学模型和随机仿真方法比较各种调整方案的调整精度。其步骤是：初选出几种调整方案，建立这几种调整方案对应的发动机静特性数学模型；根据统计数据预估出内部干扰因素的变化范围；利用发动机静特性的数学模型和随机仿真方法求出发动机性能参数的均值和方差，其中性能参数的均值最接近额定值、方差最小的调整方案便是调整精度最高的方案。此用途已在现有工程上得到应用。

(2) 用来进行试验结果分析。

根据干扰因素实际的、正常的变化范围，利用发动机静特性数学模型和随机仿真方法可求出发动机性能参数的变化范围，此范围属于发动机性能参数正常的变化范围。如果在某次试车时，发动机性能参数都超过了正常的变化范围，那么，可以认为：发动机系统出现故障。再通过发动机故障模式的识别可以找出发动机系统中出现故障的部位。此用途已在现有工程上得到应用。

(3) 用于发动机静特性数学模型的验证。

在建立发动机静特性的数学模型时，使用了一些由试验数据拟合而成的统计关系式以及发动机各部件的液流试验数据，而这些统计关系式在拟合的过程中是存在误差的，试验数据中包含了测量误差，在建模时还进行了一些近似和假设，这将导致发动机静特性的数学模型存在一定的不准确度。验证模型时需要将发动机参数的计算结果与试车测量结果进行对比，而在计算时存在计算误差，输入数学模型的外部干扰因素测量值也包含了测量误差，并且发动机参数的试车测量结果也存在测量误差，因此，为了更确切地估计出发动机静特性数学模型的准确度，需要应用随机仿真的方法，具体的验证模型的过程及其结果将在 2.5 节中介绍。此用途已在工程上得到应用，并且具有广泛的应用前景。

(4) 为正确评定发动机性能可靠性和分离出试车测量偏差提供依据。

液体火箭发动机性能参数的偏差是根据试车结果统计计算得到的，它包含了发动机性能参数的固有偏差和试车测量偏差，固有偏差是干扰因素引起发动机性能参数偏离额定值的偏离量，而试车测量偏差是试车测量误差引起的性能参数的不准确度。通过干扰因素对液体火箭发动机性能影响的随机仿真，可得到发动机性能参数的固有偏差；由于试车测量偏差的确定需要对试车台测试系统进行严格的校验，但是校验过程并不能真实地模拟发动机的工作过程，因此，要用试车结果统计计算得到的性能参数偏差减去性能参数的固有偏差才可得出性能参数的试车测量偏差，实质上这是从试车结果统计出的性能参数偏差中分离出试车测量偏差，这种方法为采取措施提高试车测量精度提供了依据，同时，发动机性能参数的固有偏差是否在设计要求的偏差以内也是评定发动机性能可靠性的依据。此用途已在现有工程上得到应用。

本节在进行干扰因素对液体火箭发动机性能影响的随机仿真时，仅考虑了内部干扰因素的实际变化范围，而认为外部干扰因素不变化，这样做是基于以下考虑：

在处理发动机试车数据时，工程部门常采用发动机参数测量值的换算值，也就是把发动机参数的测量值修正到标准外界条件时的数值，即扣除外部干扰因素变化量引起的发动机参数的变化量，以便于在相同的外界条件下评价不同工况时的发动机参数值。前面提出的 “标准外界条件” 是指在额定工况下计算发动机参数时外部干扰因素的设定值。在认为外部干扰因素不变化的情况下，进行内部干扰因素对液体火箭发动机性能影响的随机仿真所得的结果，至少在同一型号的发动机中具有通用性。

本节以图 2.1 所示发动机为研究对象，以 2.2 节的数学模型为基础，为了比较全面地考虑内部干扰因素可能服从的分布规律，使每个内部干扰因素在服从正态分布、韦布尔 (Weibull) 分布、均匀分布的不同情况下，估计发动机性能参数的分布状况。正态分布属于对称的非均匀分布；适当地选择参数后，可使韦布尔分布成为不对称的非均匀分布。

2.4.1 随机仿真的计算方法

1. 随机仿真的步骤

内部干扰因素对液体火箭发动机性能影响的随机仿真的计算步骤如下：

(1) 将各个内部干扰因素在一定置信度下的实际变化范围设定为置信区间；

(2) 从内部干扰因素的实际统计结果出发，确定内部干扰因素所服从的分布规律，并按 2.4.1 小节 2. 中介绍的方法确定此种分布的概率密度；

(3) 从各内部干扰因素的置信区间中按步骤 (2) 的分布规律取随机数 1000 组；

(4) 将每组随机数代入描述发动机静特性的非线性数学模型中，用 Broyden 方法求发动机参数的优化解和性能参数的解；

(5) 对 1000 组性能参数的解进行统计分析：求均值、方差、80%置信度下的置信区间；根据性能参数的解绘出其"频率/组距–性能参数无量纲量"的直方图，由直方图推测出性能参数无量纲量可能服从的分布规律 [82]，并进行此种分布规律概率密度的参数估计，再用 Pearson χ^2 检验法检验性能参数无量纲量的此种分布规律是否成立。

将上述过程绘成流程图，如图 2.3 所示。上述各步骤中，步骤 (4) 的计算过程与 2.3.1 小节的计算方法是相同的，步骤 (2)、(3)、(5) 的详细内容将在 2.4.1 小节 2. ~ 4. 中介绍。

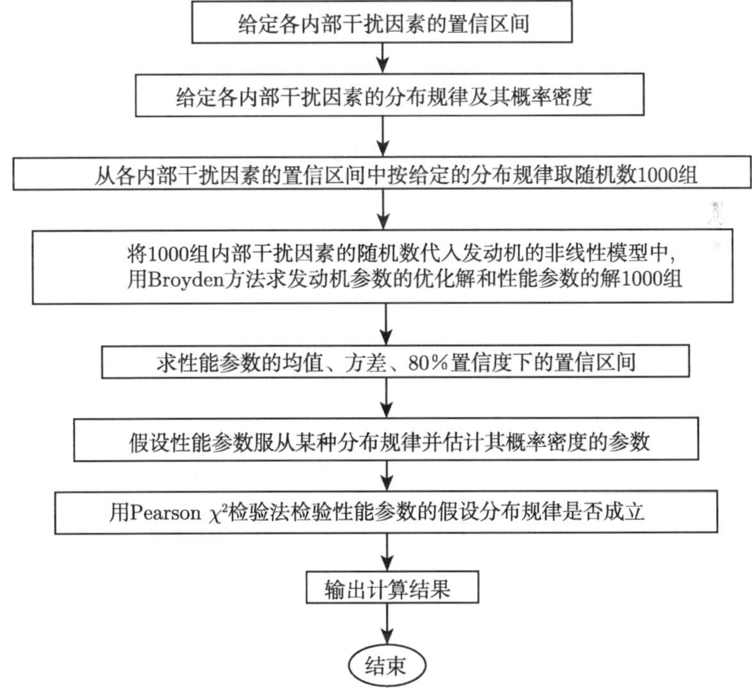

图 2.3 随机仿真的流程图

2. 内部干扰因素概率密度的确定

表 2.6 给出了内部干扰因素的实际变化范围，此范围是由工程单位按"3σ 规

则” 给定的，由文献 [84] 可知，“3σ 规则” 给定的实际变化范围的置信度是 99.74%，这个置信度将在下面用到。

表 2.6 置信度为 99.74% 时内部干扰因素的实际变化范围

代号	符号	变化范围 (1)	代号	符号	变化范围 (1)
D_0	$\eta_{\rm po}$	$-1.4916\times10^{-3}\sim1.5221\times10^{-2}$	D_{15}	$\eta_{\rm c}$	$-5.2356\times10^{-3}\sim5.2356\times10^{-3}$
D_1	$\eta_{\rm pf}$	$-1.1403\times10^{-2}\sim1.0394\times10^{-2}$	D_{18}	$A_{\rm e}$	$-5.7782\times10^{-3}\sim5.7514\times10^{-3}$
D_2	$d_{\rm t}$	$-5.6146\times10^{-4}\sim-6.1364\times10^{-5}$	D_{20}	a_9	$-0.2\sim0.2$
D_5	$A_{\rm ej}$	$1.7106\times10^{-8}\sim1.1869\times10^{-2}$	D_{21}	a_{11}	$-0.0952\sim0.0952$
D_6	$A_{\rm ei}$	$-2.4771\times10^{-5}\sim6.4671\times10^{-3}$	D_{22}	a_{12}	$-0.11364\sim0.11364$
D_{10}	$k_{\rm of}$	$-1.1170\times10^{-2}\sim3.1227\times10^{-2}$	D_{23}	a_{13}	$-0.08\sim0.08$
D_{11}	$k_{\rm ov}$	$-1.0490\times10^{-2}\sim5.6924\times10^{-3}$	D_{24}	a_{14}	$-0.116455\sim0.116455$
D_{13}	$k_{\rm ff}$	$-2.1434\times10^{-2}\sim3.6756\times10^{-3}$	D_{25}	a_{17}	$-0.0667\sim0.0667$
D_{14}	$A_{\rm tc}$	$-7.2133\times10^{-3}\sim7.1487\times10^{-3}$	D_{26}	a_{18}	$-0.078\sim0.078$

注：(1) 是指置信度为 99.74%时，内部干扰因素的相对变化量的实际变化范围。

(1) 如果内部干扰因素服从均匀分布，则概率密度

$$u(x;a,b)=\begin{cases}1/(b-a), & 若 a\leqslant x\leqslant b\\ 0, & 其余\end{cases} \tag{2.49}$$

式中，x 为内部干扰因素，$[a,b]$ 为 x 的实际变化范围。均匀分布的分布函数是

$$U(x;a,b)=\begin{cases}0, & x<a\\ (x-a)/(b-a), & a\leqslant x\leqslant b\\ 1, & x>b\end{cases} \tag{2.50}$$

(2) 如果内部干扰因素服从正态分布，则概率密度是

$$n(x;\mu,\sigma)=\frac{1}{\sqrt{2\pi}\sigma}\exp\left[-\frac{(x-\mu)^2}{2\sigma^2}\right],\quad -\infty<x<\infty \tag{2.51}$$

式中，μ 是位置参数，σ^2 是形状参数。数学期望 μ 为干扰因素的平均值，将干扰因素 x 的实际变化范围 $[a,b]$ 设定为 99.74%置信度下的置信区间，由此可计算出方差 σ^2。在 $[a,b]$ 置信区间内，干扰因素 x 的概率为

$$P\{a\leqslant x\leqslant b\}=\phi\left(\frac{b-\mu}{\sigma}\right)-\phi\left(\frac{a-\mu}{\sigma}\right)=0.9974$$

按双侧 100α 百分位点的定义，对于给定的置信度 99.74%，有

$$P\{a\leqslant x\leqslant b\}=P\left\{-Z_{0.0013}\leqslant\frac{x-\mu}{\sigma}\leqslant Z_{0.0013}\right\}=0.9974$$

查标准正态分布表得 $Z_{0.0013} = 3.0$，所以 $\dfrac{b-\mu}{\sigma} = 3.0$，$\sigma = \dfrac{b-\mu}{3}$ 。由 μ 和 σ^2 可确定概率密度式 (2.51)。

(3) 如果内部干扰因素服从韦布尔分布，则概率密度是

$$w(x;\lambda,\beta,\delta) = \begin{cases} \dfrac{\lambda}{\beta}(x-\delta)^{\lambda-1}\exp\left[-\dfrac{(x-\delta)^{\lambda}}{\beta}\right], & x \geqslant \delta \\ 0, & x < \delta \end{cases} \tag{2.52}$$

式中，$\delta \geqslant 0$ 为位置参数，$\lambda > 0$ 为形状参数，$\beta > 0$ 为尺度参数。λ、β、δ 对概率密度曲线的影响从图 2.4 中可以看出。韦布尔分布是寿命试验和可靠性理论的基础 [83,84]，在液体火箭发动机的可靠性设计和故障研究中早有应用 [85,87]。由式 (2.52) 可推出其分布函数是

$$W(x;\lambda,\beta,\delta) = \begin{cases} 1-\exp\left[-\dfrac{(x-\delta)^{\lambda}}{\beta}\right], & x > \delta \\ 0, & x \leqslant \delta \end{cases} \tag{2.53}$$

为了求出上式中的参数 λ、β、δ，设干扰因素的实际变化范围是 $[a,b]$，此区间为 99.74%置信度下的置信区间，可以认为 $\delta = a$ ，当 $x = b$ 时，$1-\exp\left[-\dfrac{(x-\delta)^{\lambda}}{\beta}\right] = 0.9974$。再给定 λ，则

$$\beta = -(b-a)^{\lambda}/\ln(1-0.9974) = -(b-a)^{\lambda}/\ln 0.0026 \tag{2.54}$$

根据以上 λ、β、δ 可确定概率密度。

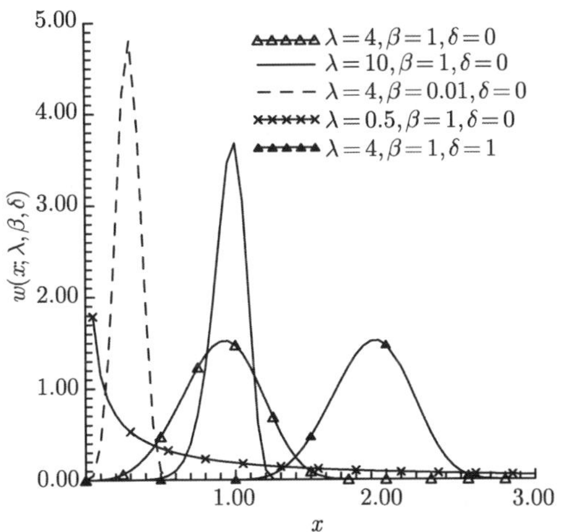

图 2.4 λ、β、δ 对韦布尔概率密度曲线形状的影响

3. 内部干扰因素随机数的产生

在内部干扰因素的实际变化范围内，产生随机数的方法与干扰因素所服从的分布规律是有关的，当干扰因素服从均匀分布、正态分布或韦布尔分布时，可采用以下方法。

首先，在 (0,1) 区间内产生均匀分布的随机数。这些随机数由线性同余数发生器产生，再通过混洗过程得到 [88,89]。文献 [80] 和文献 [88]、文献 [90] 中给出了产生 (0,1) 区间均匀分布随机数的源程序。(0,1) 区间均匀分布在随机仿真中起着特殊的作用，是产生各种常见分布的随机数的基础 [91]。

其次，以上一步的随机数作为概率，根据干扰因素的分布函数求出干扰因素的值，此值就是在干扰因素实际变化范围 $[a,b]$ 内产生的随机数。下面将给出求取内部干扰因素随机数的详细过程。

设 y 是在 (0,1) 区间服从均匀分布的随机数，x 是内部干扰因素随机数。

(1) 如果内部干扰因素服从正态分布，则根据

$$y=\frac{1}{\sqrt{2\pi}}\int_{-\infty}^{\frac{x-\mu}{\sigma}}\mathrm{e}^{-\frac{1}{2}t^2}\mathrm{d}t \tag{2.55}$$

查标准正态分布表得到 $\dfrac{x-\mu}{\sigma}$，由此可求出 x。

(2) 如果内部干扰因素服从韦布尔分布，则根据式 (2.53)，可求出

$$x=\delta+[-\beta\cdot\ln(1-y)]^{1/\lambda} \tag{2.56}$$

(3) 如果内部干扰因素服从均匀分布，则根据式 (2.50), 可求出

$$x=a+y\cdot(b-a) \tag{2.57}$$

4. 性能参数的统计分析

1) 性能参数特征数的计算

设性能参数 x 有 n 个解，则其数学期望

$$\mu=\sum_{i=1}^{n}x_i/n \tag{2.58}$$

若 x 服从正态分布，则方差

$$\sigma^2=\frac{1}{n-1}\sum_{i=1}^{n}(x_i-\mu)^2 \tag{2.59}$$

若 x 服从均匀分布或韦布尔分布，则方差

$$\sigma^2 = \frac{1}{n}\sum_{i=1}^{n}(x_i - \mu)^2 \tag{2.60}$$

将 n 个 x_i 由小到大排序，使 $x_1 \leqslant x_2 \leqslant \cdots \leqslant x_n$。

为了评定发动机的性能可靠性，在确定发动机性能参数的置信区间时常常根据不同的研制阶段取不同的置信度[1,85]，例如，在发动机的研制初期取置信度为 70%，在研制的中间阶段取置信度为 75%，在定型阶段或定型以后取置信度为 80%。由于图 2.1 所示的发动机已经定型，所以在下面确定发动机性能参数的置信区间时取置信度为 80%。

为了求性能参数在置信度 80%时的置信区间，从 x_1 开始由小到大取点，当点的个数与 n 的比值达到 10%时，记录下此时的性能参数值为 a，再从 x_n 开始由大到小取点，当点的个数与 n 的比值达到 10%时，记录下此时的性能参数值为 b，则 $[a,b]$ 就是性能参数在置信度 80%下的置信区间；如果改变置信度，也可以按照上述方法求出置信区间[84]。

2) 性能参数的 Pearson χ^2 检验法

设性能参数 x 的实际分布函数为 $Q(x)$，且未知，$x_1, x_2, \cdots, x_n$ 为其样本，为了检验 $Q(x)$ 是否与预先给定的分布函数 $Q_0(x)$ 相同，就需要假设检验为

$$H_0 : Q(x) = Q_0(x), \quad H_1 : Q(x) \neq Q_0(x)$$

其一般的检验步骤如下所述。

步骤一：根据样本分布情况，将样本进行排序，使 $x_1 \leqslant x_2 \leqslant \cdots \leqslant x_n$，将整个直线分成 S 个区间 $(-\infty, z_1], (z_1, z_2], \cdots, (z_{s-1}, \infty)$，用 γ_i 表示样本落在这些区间的频数，一般希望 $\gamma_i \geqslant 5(i = 1, \cdots, S)$，若不满足此条件，可将相邻的区间适当合并。

步骤二：若 $Q_0(x)$ 中有 $l(0 \leqslant l < S)$ 个未知参数，则用样本估计它们，并用估计值代入分布函数之中。

步骤三：在 H_0 下计算理论概率：

$$p_i = P\{z_{i-1} < x \leqslant z_i\} = Q_0(z_i) - Q_0(z_{i-1}) \quad (i = 1, 2, \cdots, S) \tag{2.61}$$

式中，$z_0 = -\infty, z_s = \infty$，以及计算理论频数 np_i。

步骤四：计算统计量：

$$\chi^2 = \sum_{i-1}^{s} \frac{(\gamma_i - np_i)^2}{np_i} = \sum_{i=1}^{s} \frac{\gamma_i^2}{np_i} - n \tag{2.62}$$

当 n 充分大时 ($n \geqslant 50$)，则不论 x 是什么分布，当原假设成立时，统计量 χ^2 总是近似地服从 χ^2_{s-l-1} 分布。

步骤五：对给定的显著性水平 α，在 χ^2 分布表中查得 $\chi^2_{s-l-1}(\alpha)$，若 $\chi^2 > \chi^2_{s-l-1}(\alpha)$，则否定原假设，或等价地说，否定域为 $(\chi^2_{s-l-1}(\alpha), \infty)$。

下面从 $Q_0(x)$ 为三种不同分布的角度详细介绍以上的步骤二和步骤三。

• 若 $Q_0(x)$ 为正态分布 $N(\hat{\mu}, \hat{\sigma}^2)$

此时 $\hat{\mu}$、$\hat{\sigma}^2$ 就是要估计的参数，从式 (2.58) 和式 (2.59) 可分别估计出 $\hat{\mu}$、$\hat{\sigma}^2$。因此，步骤二的 $l=2$。对于步骤三，

$$p_i = \phi\left(\frac{z_i - \hat{\mu}}{\hat{\sigma}}\right) - \phi\left(\frac{z_{i-1} - \hat{\mu}}{\hat{\sigma}}\right) \quad (i = 1, 2, \cdots, S)$$

式中，$z_0 = -\infty, z_s = \infty$，从上式可计算出理论频数 np_i 。

• 若 $Q_0(x)$ 为韦布尔分布 $W(x; \hat{\lambda}, \hat{\beta}, \hat{\delta})$

此时 $\hat{\lambda}$、$\hat{\beta}$、$\hat{\delta}$ 就是要估计的参数，因此，步骤二的 $l=3$。$\hat{\delta} = \min(x_1, x_2, \cdots, x_n)$，$x_i$ 的均值 $\hat{\mu}$ 和方差 $\hat{\sigma}^2$ 可分别从式 (2.58) 和式 (2.60) 得出，由于韦布尔分布 $W(x; \hat{\lambda}, \hat{\beta}, \hat{\delta})$ 具有以下性质：

$$E(x) = \beta^{1/\lambda}\Gamma\left(1 + \frac{1}{\lambda}\right) + \delta \tag{2.63}$$

$$\mathrm{Var}(x) = \beta^{2/\lambda}\left[\Gamma\left(1 + \frac{2}{\lambda}\right) - \Gamma^2\left(1 + \frac{1}{\lambda}\right)\right] \tag{2.64}$$

已经得出 $E(x) = \hat{\mu}$，$\mathrm{Var}(x) = \hat{\sigma}^2$，式 (2.63) 平方与式 (2.64) 左右两边相除，得

$$\frac{(\hat{\mu} - \hat{\delta})^2}{\hat{\sigma}^2 + (\hat{\mu} - \hat{\delta})^2} = \frac{\Gamma^2\left(1 + \dfrac{1}{\hat{\lambda}}\right)}{\Gamma\left(1 + \dfrac{2}{\hat{\lambda}}\right)} \tag{2.65}$$

上式的左边是已知的，查文献 [83] 的表 4.1 可得 $1/\hat{\lambda}$，从而可求出 $\hat{\lambda}$，再根据式 (2.63) 可求出 $\hat{\beta}$，即为

$$\hat{\beta} = \frac{(\hat{\mu} - \hat{\delta})^{\hat{\lambda}}}{\Gamma^{\hat{\lambda}}\left(1 + \dfrac{1}{\hat{\lambda}}\right)} \tag{2.66}$$

至此，$\hat{\lambda}$、$\hat{\beta}$、$\hat{\delta}$ 已全部被估计出来。对于步骤三，结合式 (2.53)，可求出

$$p_i = Q_0(z_i) - Q_0(z_{i-1}) = \exp\left[-(z_{i-1} - \hat{\delta})^{\hat{\lambda}}/\hat{\beta}\right] - \exp\left[-(z_i - \hat{\delta})^{\hat{\lambda}}/\hat{\beta}\right] \tag{2.67}$$

式中，当 $i = S$ 时，$z_i = \infty$。从上式可计算出理论频数。

• 若 $Q_0(x)$ 为均匀分布 $U(x;\hat{a},\hat{b})$

此时，$\hat{a}$、$\hat{b}$ 就是要估计的参数。因此，步骤二的 $l=2$。$\hat{a}=\min(x_1,x_2,\cdots,x_n)$，$\hat{b}=\max(x_1,x_2,\cdots,x_n)$。由于在步骤一中已将 $\{x_i\}$ 从小到大排序完毕，显然，$\hat{a}=x_1,\hat{b}=x_n$。现将 $[x_1,x_n]$ 分成 S 个区间，则步骤三的 $p_i=1/S$，理论频数 $np_i=n/S$。

2.4.2 计算结果及分析

现在以图 2.1 所示的发动机系统为研究对象，以式 (2.28)~ 式 (2.45) 为描述发动机静特性的数学模型，以内部干扰因素 D_0、D_1、D_2、D_5、D_6、D_{10}、D_{11}、D_{13}、D_{14}、D_{15}、D_{18}、$D_{20}\sim D_{26}$ 的实际变化范围 (表 2.6) 为基础，将内部干扰因素作为随机变量，分析其对发动机性能参数的影响。

在随机仿真的过程中，抽取内部干扰因素的随机数是非常关键的步骤。根据表 2.6 给出的干扰因素实际变化范围，以此范围作为 99.74%置信度下的置信区间。当各内部干扰因素服从正态分布时，设定各干扰因素变化范围的中点值为干扰因素的均值 μ，其方差 σ_2 可以按 2.4.1 小节 2. 中 (2) 的方法求出，由此确定正态分布的概率密度式 (2.51)；当内部干扰因素服从均匀分布时，可以从某个干扰因素的变化范围得到此干扰因素的最大值 b 和最小值 a，由此确定均匀分布的概率密度式 (2.49)；当假定内部干扰因素服从韦布尔分布时，根据某个干扰因素的变化范围得到最小值 δ，再给定 λ，用式 (2.54) 求出此干扰因素的 β 值，由此确定了韦布尔分布的概率密度式 (2.52)。有了干扰因素的概率密度以后，就可按 2.4.1 小节 3. 中的方法产生不同分布下的随机数了。

值得注意的是，当内部干扰因素服从韦布尔分布时，为了给定 λ，需要参考图 2.4，考虑 λ 对概率密度曲线形状的影响，还要考虑内部干扰因素的变化范围，对于表 2.6 中的 D_5'、D_6'，设其 $\lambda=0.5$，这意味着在靠近 δ 时，概率密度大，而 δ 正是 D_5' 或 D_6' 的设计尺寸；对于表 2.6 中除 D_5'、D_6' 以外的其他 16 个干扰因素，设 $\lambda=4$，从图 2.4 中可以看出，干扰因素关于其均值点基本上呈对称分布。

1. 性能参数特征数的计算结果与分析

当内部干扰因素服从某种分布规律时，从各因素的变化范围内取 1000 组随机数，代入发动机静特性的数学模型中，可求出 1000 组发动机性能参数的解，对这些解进行无量纲化处理，也就是将各个性能参数的解除以其额定值，然后进行统计分析。表 2.7 给出了各内部干扰因素在服从均匀分布、正态分布、韦布尔分布时，发动机性能参数的无量纲量的均值、方差和 80%置信度下的置信区间。

从表 2.7 可知，内部干扰因素服从韦布尔分布时 $F/F^{(0)}$ 的置信区间最宽，方差最大，而内部干扰因素服从正态分布时 $I_{\mathrm{sp}}/I_{\mathrm{sp}}^{(0)}$ 的置信区间最窄，方差最小。内部干扰因素服从正态分布时 $F/F^{(0)}$ 的均值最大，也就是说推力的均值相对于额定推力的偏离最大，而内部干扰因素服从韦布尔分布时 $I_{\rm sp}/I_{\rm sp}^{(0)}$ 的均值最小，这说明比冲的均值相对于额定比冲的偏离最小。在内部干扰因素的影响下，各性能参数均在其额定值附近变动；在干扰因素服从的分布规律不同时，同一个性能参数的方差的差别很小，均值的差别很小。这说明内部干扰因素的分布规律对发动机性能参数分布范围的宽度和位置的影响不大，而发动机性能参数分布范围的宽度和位置与内部干扰因素的变化范围有较大的关系。

表 2.7 发动机性能参数无量纲量的特征数

内部干扰因素服从的分布规律		正态分布	韦布尔分布	均匀分布
$I_{\rm sp}/I_{\rm sp}^{(0)}$	均值	1.000473	1.000243	1.000413
	方差	2.391631×10^{-7}	4.792635×10^{-7}	5.438422×10^{-7}
	置信区间	0.9998673～1.001089	0.9993558～1.001155	0.999436～1.0014
$F/F^{(0)}$	均值	1.004629	1.003281	1.004024
	方差	9.170886×10^{-6}	2.747235×10^{-5}	1.830773×10^{-5}
	置信区间	0.999892～1.007456	0.9966214～1.010237	0.9983808～1.009732

注：表中的置信区间是指在 80%置信度下的置信区间。

上述计算结果中，置信区间实质上是在内部干扰因素的影响下发动机性能参数正常的变化范围，此范围有助于发动机故障检测中的阈值的确定；方差和均值反映了性能参数置信区间的宽度和位置。上述计算结果可用来进行发动机试验结果分析，也可以用来正确评定发动机性能可靠性和分离出试车测量偏差。上述计算结果的最终目的是提高发动机的可靠性。

2. **性能参数 Pearson χ^2 检验的结果与分析**

1) 当内部干扰因素服从韦布尔分布时的检验结果与分析

现以 $I_{\rm sp}/I_{\rm sp}^{(0)}$ 为例，详细介绍 Pearson χ^2 检验的过程。按 2.4.1 小节 4. 中 2) 的方法，将 1000 个 $I_{\rm sp}/I_{\rm sp}^{(0)}$ 从小到大排序，并分成 $S=21$ 个区间，设 $a=\min\{I_{\rm sp1}/I_{\rm sp}^{(0)},I_{\rm sp2}/I_{\rm sp}^{(0)},\cdots,I_{{\rm sp}n}/I_{\rm sp}^{(0)}\}$，$b=\max\{I_{\rm sp1}/I_{\rm sp}^{(0)},I_{\rm sp2}/I_{\rm sp}^{(0)},\cdots,I_{{\rm sp}n}/I_{\rm sp}^{(0)}\}$，区间宽度 (又称为组距) $t=(b-a)/S$，分成的区间是 $[a,a+t],(a+t,a+2t],\cdots,(a+(S-1)t,a+St]$。计算 1000 个 $I_{\rm sp}/I_{\rm sp}^{(0)}$ 落在 S 个区间内的数目，即该区间的频数，频数除以 1000 以后，即称为该区间的频率。由此可绘出“频率$/t\sim I_{\rm sp}/I_{\rm sp}^{(0)}$”的直方图，如图 2.5 的左图所示，根据此图可以推测 $I_{\rm sp}/I_{\rm sp}^{(0)}$ 可能服从韦布尔分布或正态分布，因此，下面将分别进行这两种分布的假设检验。

首先，假设 $I_{\rm sp}/I_{\rm sp}^{(0)}$ 服从韦布尔分布，此时需估计韦布尔概率密度的三个参数 $\hat{\lambda}$、$\hat{\beta}$、$\hat{\delta}$。显然，$\hat{\delta}=a$, $I_{\rm sp}/I_{\rm sp}^{(0)}$ 的均值 $\hat{\mu}$ 和方差 $\hat{\sigma}^2$ 分别用式 (2.58) 和式 (2.60) 求出，利用式 (2.65)，再查文献 [83] 的表 4.1 可得 $\hat{\lambda}$，由式 (2.66) 求出 $\hat{\beta}$。表 2.8 的

No.2 给出了估计值 $\hat{\lambda}$、$\hat{\beta}$、$\hat{\delta}$。

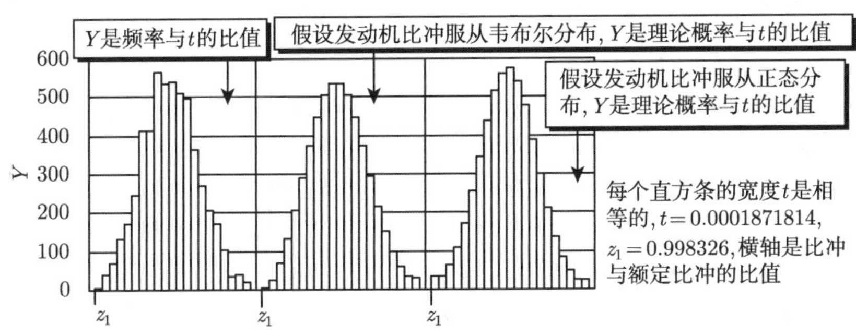

图 2.5 干扰因素服从韦布尔分布时发动机比冲的计算结果

表 2.8 性能参数服从韦布尔分布时的参数估计

		$\hat{\lambda}$	$\hat{\beta}$	$\hat{\delta}$
$I_{sp}/I_{sp}^{(0)}$	No.1	4.110912	7.510557×10^{12}	0.9986872
	No.2	2.960844	1.261883×10^{-8}	0.9983255
	No.3	2.149104	$1.115336\ \times10^{-6}$	0.9989085
$F/F^{(0)}$	No.1	3.963608	2.290198×10^{-8}	0.9939259
	No.2	2.708611	1.105493×10^{-5}	0.9901227
	No.3	2.287036	2.929226×10^{-5}	0.9947942

注：表中的 No.1、No.2、No.3 分别是指内部干扰因素服从正态分布、韦布尔分布、均匀分布。

韦布尔概率密度的参数被估计完以后，就可按式 (2.67) 计算出理论概率和理论频数。具体的统计结果列入表 2.9 中。在此表中，由于第 1 区间和第 21 区间的频数均小于 5，所以将其分别与第 2 区间和第 20 区间合并，因此，$\chi^2=\sum\limits_{i=1}^{19}\dfrac{\gamma_i^2}{np_i}-n=10.3731$ ，$n=1000$，在计算 $\chi^2_{s-l-1}(\alpha)$ 时，设 $\alpha=0.05$，$S=19$ 而不是 21，$l=3$，查 χ^2 分布表得

$$\chi^2_{s-l-1}(\alpha)=\chi^2_{15}(0.05)=24.996>\chi^2$$

因此，$I_{sp}/I_{sp}^{(0)}$ 服从韦布尔分布。图 2.5 反映出频率/t 的直方图与理论概率/t 的直方图非常近似。可见，内部干扰因素服从韦布尔分布时，$I_{sp}/I_{sp}^{(0)}$ 的分布近似服从韦布尔分布，这是由于内部干扰因素的统计变化范围属于正常的小的变化范围，虽然发动机静特性数学模型是非线性的，但是在较小的内部干扰因素范围内，非线性模型与小偏差模型的计算结果是非常接近的，如果用小偏差模型计算，那么，比冲的无量纲量的分布规律一定与内部干扰因素的分布规律相同。$I_{sp}/I_{sp}^{(0)}$ 近似服从韦布尔分布，再查看表 2.8 中的韦布尔分布的参数估计和表 2.7 的发动机性能参数的特征数，就可以知道 $I_{sp}/I_{sp}^{(0)}$ 的概率密度曲线应该是中间高、两头低，这说明 I_{sp}

在 $I_{\mathrm{sp}}^{(0)}$ 附近摆动。虽然 Pearson χ^2 法的检验结果已经表明 $I_{\mathrm{sp}}/I_{\mathrm{sp}}^{(0)}$ 服从韦布尔分布，但是，图 2.5 中的左图与中图仍然存在不同之处，所以，只能认为 $I_{\mathrm{sp}}/I_{\mathrm{sp}}^{(0)}$ 近似服从韦布尔分布，这里的“近似”就是指图 2.5 中的左图与中图并不完全相同，图 2.5 中的左图与中图之间的不同可能来源于以下几个方面：①在产生 (0,1) 区间均匀分布随机数时，随机数并不完全服从均匀分布；②对 $I_{\mathrm{sp}}/I_{\mathrm{sp}}^{(0)}$ 的随机数进行划分区间时，组距的选取存在不合理的地方。$I_{\mathrm{sp}}/I_{\mathrm{sp}}^{(0)}$ 近似服从韦布尔分布，根据韦布尔分布的性质可知，$I_{\mathrm{sp}}/I_{\mathrm{sp}}^{(0)} \leqslant \hat{\delta}$ 时的概率为 0；表 2.8 中给出的 $\hat{\lambda}$、$\hat{\beta}$、$\hat{\delta}$ 确定的韦布尔概率密度函数可近似描述 $I_{\mathrm{sp}}/I_{\mathrm{sp}}^{(0)}$ 的分布，利用韦布尔概率密度函数又可以确定一定概率下的 $I_{\mathrm{sp}}/I_{\mathrm{sp}}^{(0)}$，韦布尔概率密度函数可以用于发动机性能的可靠性计算，还可以用于飞行器的精确弹道计算。

表 2.9　发动机 $I_{\mathrm{sp}}/I_{\mathrm{sp}}^{(0)}$ 的统计结果

i	频数 (γ_i)	频率 (γ_i/n)	理论概率 (P_i)	理论频数 (np_i)	$\gamma_i^2/(np_i)$
1	1	0.001	0.000727		
2	7	0.007	0.004920	5.646834	11.333785
3	13	0.013	0.012988	12.988386	13.011625
4	25	0.025	0.024497	24.496646	25.513697
5	32	0.032	0.038690	38.689716	26.466981
6	46	0.046	0.054417	54.417200	38.884764
7	77	0.077	0.070158	70.158096	84.509135
8	77	0.077	0.084159	84.158790	70.450157
9	106	0.106	0.094678	94.678092	118.675818
10	100	0.100	0.100299	100.298833	99.702058
11	101	0.101	0.100231	100.230878	101.775024
12	96	0.096	0.094513	94.513128	97.510263
13	93	0.093	0.084037	84.037006	102.918945
14	68	0.068	0.070364	70.363711	65.715693
15	51	0.051	0.055377	55.377345	46.968666
16	39	0.039	0.040877	40.876733	37.209431
17	32	0.032	0.028231	28.230909	36.272300
18	19	0.019	0.018194	18.194406	19.841263
19	6	0.006	0.010912	10.912149	3.299075
20	7	0.007	0.006073	11.731142	10.314426
21	4	0.004	0.005658		

再假设 $I_{\mathrm{sp}}/I_{\mathrm{sp}}^{(0)}$ 服从正态分布，检验方法与上述检验方法相同，检验的结果表明：$I_{\mathrm{sp}}/I_{\mathrm{sp}}^{(0)}$ 近似服从正态分布，具体的检验结果列入表 2.10 中。图 2.5 的左图与右图非常近似。前面已经提到：内部干扰因素服从韦布尔分布时，有 16 个内部干扰因素的 λ 取 4，λ 是韦布尔分布概率密度曲线的形状参数，由文献 [83] 可知，$\lambda = 3.57$ 时韦布尔分布与正态分布非常接近，可见，$\lambda = 4$ 时韦布尔分布是比

较接近正态分布的，由于各个内部干扰因素的变化范围不大，因此，由非线性模型和随机仿真方法得出的 $I_{\rm sp}/I_{\rm sp}^{(0)}$ 近似服从正态分布，这说明 $I_{\rm sp}/I_{\rm sp}^{(0)}$ 的分布近似为单峰对称分布。由于 $I_{\rm sp}/I_{\rm sp}^{(0)}$ 近似服从正态分布，因此，可以用正态分布概率密度函数近似描述 $I_{\rm sp}/I_{\rm sp}^{(0)}$ 的分布，正态分布概率密度函数可以用于发动机性能的可靠性计算，还可以用于飞行器的精确弹道计算。

表 2.10　Pearson χ^2检验的结果

条件	假设	性能参数	χ^2	$\chi^2_{s-l-1}(0.05)$	S	l	结论
No.1	A	$I_{\rm sp}/I_{\rm sp}^{(0)}$	7.0010	24.996	18	2	A 成立
	A	$F/F^{(0)}$	9.8735	24.996	18	2	A 成立
	B	$I_{\rm sp}/I_{\rm sp}^{(0)}$	14.7328	23.685	18	3	B 成立
	B	$F/F^{(0)}$	18.7908	23.685	18	3	B 成立
No.2	A	$I_{\rm sp}/I_{\rm sp}^{(0)}$	11.9171	26.296	19	2	A 成立
	A	$F/F^{(0)}$	12.0534	27.590	20	2	A 成立
	B	$I_{\rm sp}/I_{\rm sp}^{(0)}$	10.3731	24.996	19	3	B 成立
	B	$F/F^{(0)}$	27.5580	26.296	20	3	B 不成立

注：(1) 表中的 No.1、No.2 分别是指内部干扰因素服从正态分布、韦布尔分布；

(2) A、B 分别是指假设该字母所在行的性能参数服从正态分布、韦布尔分布。

从“频率$/t \sim F/F^{(0)}$”的直方图 (图 2.6 的左图) 可推测 $F/F^{(0)}$ 可能服从正态分布、韦布尔分布。经过 Pearson χ^2 法检验后发现：在 α=0.05 的显著性水平下，$F/F^{(0)}$ 不服从韦布尔分布，但是近似服从正态分布 (图 2.6)。这说明 $F/F^{(0)}$ 的分布不能像式 (2.53) 那样，当 $F/F^{(0)} < \hat{\delta}$ 时的概率为 0(从表 2.8 中可以查到 $\hat{\delta}$)，而应该有一定的概率，并且 $F/F^{(0)}$ 的分布近似为单峰对称分布，F 在额定值附近的概率大，与额定值相差较大的 F 所出现的概率小。得出 $F/F^{(0)}$ 近似服从正态分布的结果以后，就可以用正态分布概率密度函数近似描述 $F/F^{(0)}$ 的分布，正态分布概率密度函数可以用于发动机推力的可靠性计算，还可以用于飞行器的精确弹道计算。

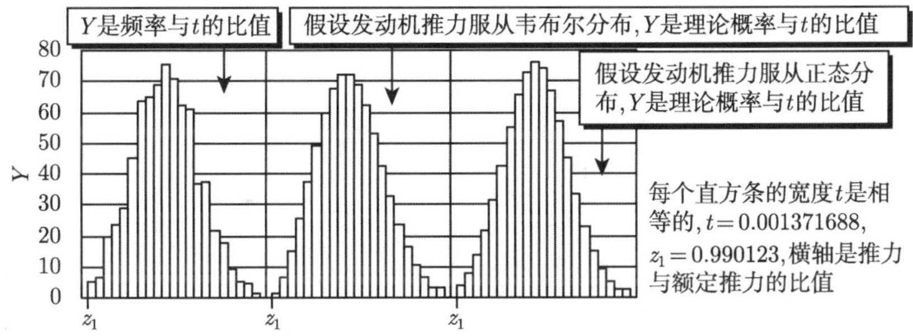

图 2.6　干扰因素服从韦布尔分布时发动机推力的计算结果

2) 当内部干扰因素服从正态分布时的检验结果与分析

从性能参数的直方图 (图 2.7 的左图、图 2.8 的左图) 推测性能参数可能服从正态分布、韦布尔分布。根据 Pearson χ^2 法检验的结果可知：$I_{sp}/I_{sp}^{(0)}$、$F/F^{(0)}$ 均服从正态分布和韦布尔分布。从表 2.8 可知，在内部干扰因素服从正态分布时，$I_{sp}/I_{sp}^{(0)}$、$F/F^{(0)}$ 的 $\hat{\lambda}$ 分别为 4.110912 和 3.963608，比较接近 3.57，这说明 $I_{sp}/I_{sp}^{(0)}$、$F/F^{(0)}$ 各自所服从的韦布尔分布都比较接近正态分布。性能参数近似服从正态分布说明性能参数成单峰对称分布，在额定值附近出现的概率大，与额定值相差较大的性能参数所出现的概率小；性能参数近似服从韦布尔分布说明，性能参数的无量纲量存在下限即表 2.8 中的 $\hat{\delta}$ 值，小于 $\hat{\delta}$ 的性能参数的无量纲量所出现的概率为 0。从图 2.7、图 2.8 可知，在内部干扰因素服从正态分布时，性能参数的直方图与假设分布的直方图很接近。得出性能参数的无量纲量

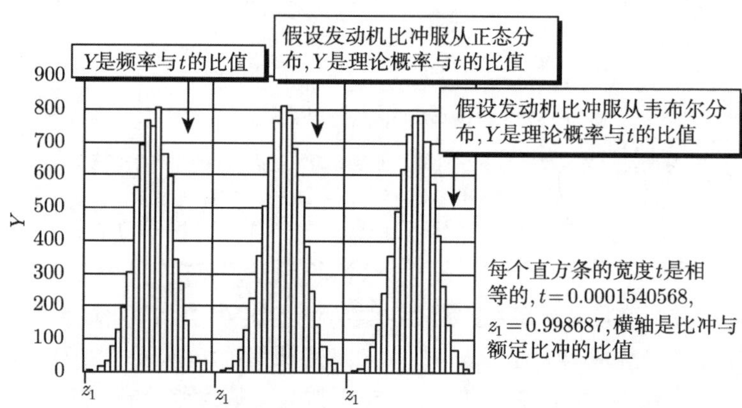

图 2.7 干扰因素服从正态分布时发动机比冲的计算结果

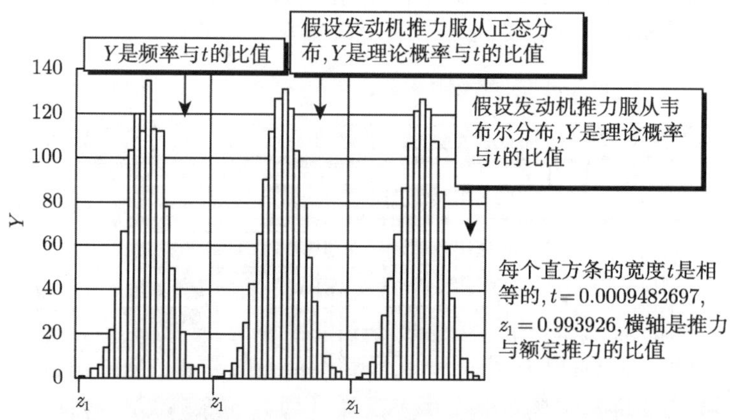

图 2.8 干扰因素服从正态分布时发动机推力的计算结果

近似服从某种分布的结果以后，就可以用此种分布的概率密度函数近似描述性能参数无量纲量的分布，此种分布的概率密度函数可以用于发动机性能的可靠性计算，还可以用于飞行器的精确弹道计算。

3. 计算结果的总结

(1) 当内部干扰因素服从韦布尔分布时，$F/F^{(0)}$ 的置信区间最宽，方差最大；而内部干扰因素服从正态分布时，$I_{\rm sp}/I_{\rm sp}^{(0)}$ 的置信区间最窄，方差最小。

(2) 内部干扰因素服从正态分布时，$F/F^{(0)}$ 的均值最大，也就是说推力的均值相对于额定推力的偏离最大；而内部干扰因素服从韦布尔分布时，$I_{\rm sp}/I_{\rm sp}^{(0)}$ 的均值最小，这说明比冲的均值相对于额定比冲的偏离最小。

(3) 在内部干扰因素服从不同分布的情况下，同一个性能参数的方差之间的差别很小，均值之间的差别也很小。这说明内部干扰因素的分布规律对发动机性能参数分布范围的宽度和位置的影响不大，而发动机性能参数分布范围的宽度和位置与内部干扰因素的变化范围有较大的关系。

(4) 性能参数的 Pearson χ^2 检验法检验假设的结果表明：当内部干扰因素服从韦布尔分布时，在显著性水平为 0.05 下，$I_{\rm sp}/I_{\rm sp}^{(0)}$ 近似服从韦布尔分布和正态分布，$F/F^{(0)}$ 近似服从正态分布而不服从韦布尔分布；当内部干扰因素服从正态分布时，$I_{\rm sp}/I_{\rm sp}^{(0)}$、$F/F^{(0)}$ 均近似服从正态分布和韦布尔分布。这是因为内部干扰因素在较小范围内变化，此时，非线性模型与小偏差模型的计算结果是非常接近的，此结论的内容从性能参数分布的直方图也可以直观地看出，如图 2.5~2.8 所示。如果性能参数近似服从正态分布，就说明性能参数成单峰对称分布，在额定值附近出现的概率大，与额定值相差较大的性能参数所出现的概率小；如果性能参数近似服从韦布尔分布，就说明性能参数的无量纲量存在下限，此下限就是表 2.8 中的 $\hat{\delta}$ 值，小于 $\hat{\delta}$ 的性能参数的无量纲量所出现的概率为 0。上述计算结果表明：可以用概率密度函数的解析式描述发动机性能参数的分布规律，这提供了一种确定发动机性能参数阈值的简便方法，可以预示干扰因素服从某种分布规律时对发动机性能的影响，可以用于计算发动机性能的可靠性，还可以用于飞行器的精确弹道计算。

2.4.3 小结

(1) 内部干扰因素对液体火箭发动机性能影响的随机仿真方法包括：干扰因素随机数的产生方法和性能参数无量纲量的统计方法。此方法可以用于发动机静特性数学模型的验证。

(2) 在内部干扰因素服从一定分布规律时，通过随机仿真得出了发动机性能参数在一定置信度下的置信区间，这将有助于确定发动机故障的阈值，通过随机仿真得出的发动机性能参数的均值和方差有助于确定置信区间的位置和宽度。上述结果可用于发动机试验结果分析、正确评定发动机性能的可靠性和分离试验结果偏差。

(3) 在内部干扰因素服从一定分布规律时，通过随机仿真的方法可获得发动机性能参数所服从的分布规律：当内部干扰因素服从韦布尔分布时，$I_{\mathrm{sp}}/I_{\mathrm{sp}}^{(0)}$ 近似服从韦布尔分布和正态分布；当内部干扰因素服从正态分布时，$I_{\mathrm{sp}}/I_{\mathrm{sp}}^{(0)}$ 近似服从正态分布和韦布尔分布。这样，可用一个具体的数学表达式近似描述发动机性能参数所服从的分布规律，而数学表达式提供了一种确定发动机性能参数阈值的简便方法，可以预示干扰因素服从某种分布规律时对发动机性能的影响，可以用于计算发动机性能的可靠性，还可以用于飞行器的精确弹道计算。

2.5 发动机静特性数学模型的验证及随机仿真的应用

2.5.1 发动机静特性数学模型验证的意义

在建立发动机静特性的数学模型时使用了一些由试验数据拟合而成的统计关系式以及发动机各部件的液流试验数据，而这些统计关系式在拟合的过程中是存在误差的，试验数据中包含了测量误差，在建模时还进行了一些近似和假设，这将导致发动机静特性的数学模型存在一定的不准确度。为了正确评价发动机静特性数学模型的可靠度和准确度，必须用试验验证模型。试验在模型验证中有重要作用，只有通过试验来反复检验模型，才能确定模型不准确度的大小及其来源，才能为模型的改进提供依据，才能为使用模型预示发动机参数提供修正预估值的意见，才能最终提高预估值的准确度。用试验验证模型将有助于提高发动机的性能和可靠性，并且节约发动机的研制费用，在发动机的研制过程中少走弯路。

2.5.2 基于随机仿真的验证方法

为了便于模型的验证，现在定义发动机参数的计算值相对于实测值的相对偏差 δ：

$$\delta(x)=\frac{x-x_{\mathrm{m}}}{x_{\mathrm{m}}} \tag{2.68}$$

式中，x 为发动机参数的计算值；x_{m} 为发动机参数的实测值。

上式的 δ 反映了描述发动机静特性的非线性数学模型的准确程度，其中的发动机参数计算值是在干扰因素变化时用发动机静特性的非线性数学模型计算得出的，而发动机参数的实测值是发动机热试车时测到的数据。发动机外部干扰因素在试车时需要测出，存在测量误差，表 2.11 给出了环境大气压、推进剂温度、泵前压力在 95%置信度下的测量精度范围。此处的推进剂是指常规推进剂，根据推进剂温度的实际误差范围可推算出 ρ_{o}、ρ_{f}、P_{so}、P_{sf} 的误差范围，P_{ipo}、P_{ipf} 的实际相对误差范围是相同的。内部干扰因素的实际变化范围已在表 2.6 中给出，内部干扰因素属于随机变量。发动机参数的实测值也是有误差范围的，见表 2.12，此表中的五个参数是图 2.1 所示发动机的实测值，表中给出的相对误差范围的置信度是 95%。

表 2.11 在 95% 置信度下外部干扰因素实测值的精度范围

	环境大气压[(1)]	推进剂温度[(2)]	泵前压力[(3)]
精度范围	±0.7%	±1K	±0.7%

注：(1)、(3) 分别是指环境大气压、泵前压力实测值与真实值之间的相对误差范围；(2) 是指推进剂温度实测值与真实值之间的误差范围。

表 2.12 在 95% 置信度下发动机参数实测值与真实值之间的相对误差范围

	F	$\dot{m}_{\rm o}$	$\dot{m}_{\rm f}$	n	$P_{\rm oc}$
相对误差范围	±1%	±0.5%	±0.5%	±0.25%	±0.7%

内外干扰因素均为随机变量，在各自的实际变化范围内按某种分布规律取随机数，代入发动机静特性的非线性数学模型中，可得出发动机参数的计算值，同时，发动机参数实测值也在其误差范围内 (表 2.12) 取随机数，最后按式 (2.68) 计算出 δ，再对 δ 进行统计分析。随机数的产生方法和用到的统计分析方法已分别在 2.4.1 小节 3. 和 2.4.1 小节 4. 介绍了。因此，发动机参数 δ 的确定既考虑到了外部干扰因素的实际测量误差范围、内部干扰因素的实际变化范围，又考虑到了发动机参数实测值的误差范围。

基于随机仿真的发动机静特性的非线性数学模型验证的具体步骤如下所述。

(1) 将各内部干扰因素的实际变化范围和各外部干扰因素实测值的误差范围、发动机参数实测值的误差范围确定为一定置信度下的置信区间。

(2) 使各干扰因素和发动机参数实测值均服从某种分布规律，并给定此种分布的概率密度，这里给定为正态分布规律。

(3) 从各干扰因素和发动机参数实测值的置信区间中按步骤 (2) 的分布规律取随机数 1000 组。

(4) 将每组随机数代入描述发动机静特性的非线性数学模型中，用 Broyden 方法求发动机参数的优化解。

(5) 将每组发动机参数的优化解和发动机参数实测值的随机数同时代入式 (2.68) 中求出 δ。

(6) 对 1000 组发动机参数的 δ 值进行统计分析：求均值、方差、95%置信度下的置信区间；根据 δ 的“频率/组距–发动机参数无量纲量”的直方图推测 δ 服从的分布规律，进行分布规律概率密度的参数估计，再用 Pearson χ^2 法检验 δ 的假设分布规律是否成立。

将上述过程绘成流程图，如图 2.9 所示。上述各步骤中，干扰因素和发动机参数实测值按正态分布取随机数，根据 δ 的“频率/组距–发动机参数无量纲量”的直方图推测 δ 可能服从的分布规律，上述各步骤对于干扰因素和发动机参数实测值服从其他分布规律的情况也是适用的。在步骤 (1) 中，发动机参数实测值置信区间是这样确定的：设 $\pm y_1$ 是一个发动机参数实测值的相对误差范围，y_2 是该实测值的实测值，则该实测值在 95%置信度下的置信区间为 $[(1-y_1)y_2, (1+y_1)y_2]$。外部干扰因素置信区间的确定方法与前相同，也是根据外部干扰因素的实测值和测量误差范围来确定 95%置信度下的置信区间。

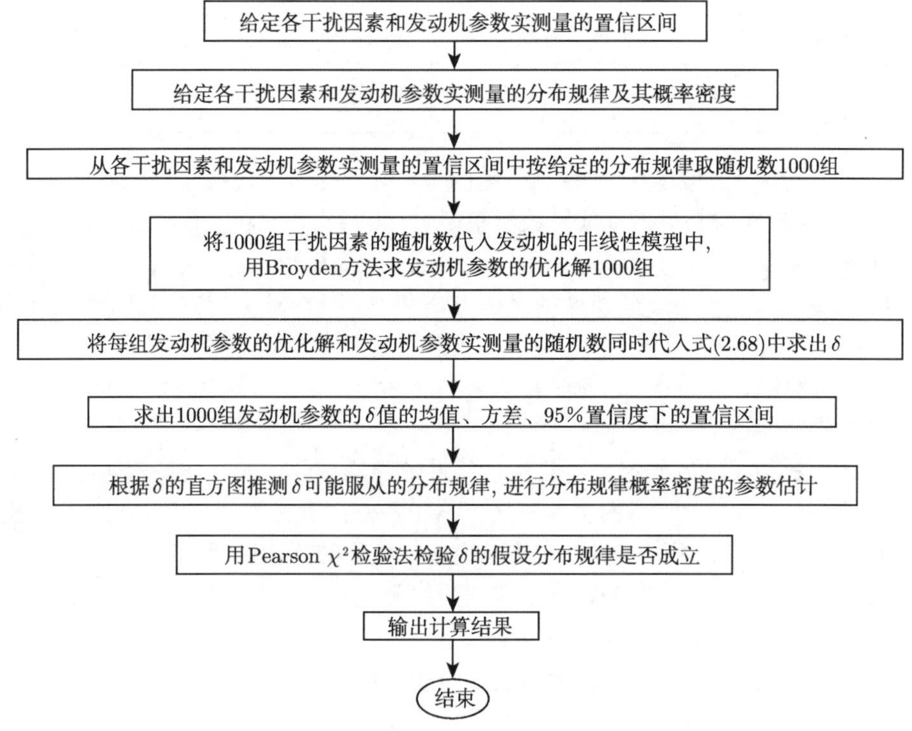

图 2.9 结合随机仿真的模型验证的流程图

多年来，工程单位常用小偏差模型来计算干扰因素对液体火箭发动机性能的影响，将发动机静特性的非线性代数方程作线性化处理，构成小偏差方程，计算出小偏差系数以后，就可计算在干扰因素变化时发动机参数的变化量。这种方法是线性方法，从理论上讲，当干扰因素变化较小时，它是适用的，但是当干扰因素变化较大时，就会使计算出的发动机参数与实际值偏离较大。下面将用非线性模型和小偏差模型的仿真结果与某次热试车结果进行对比。

2.5.3 验证的结果及分析

现用某次试车数据来验证液体火箭发动机静特性的非线性数学模型和小偏差模型。试车结果表明: 发动机启动正常，按规定程序正常关机。试车共进行 325s，0~4s 是发动机的启动段，4~60s 是发动机的第一个稳态工作段，60~148s 是发动机转工况 (即从第一个稳态工作段转变到第二个稳态工作段) 的过渡过程，148~320s 是发动机的第二个稳态工作段，320~325s 是发动机的关机段。图 2.10 是在这次试车过程中的无量纲氧化剂泵入口压力的时间历程曲线，图中 $P_{\text{ipo}}^{(*)}$ 是额定工况下 P_{ipo} 的设定值。从图 2.10 可见，P_{ipo} 在 4~60s 时存在一个平稳段，60~148s 时是过渡段，148~320s 时，为第二个平稳段，此时 P_{ipo} 约为第一个平稳段 P_{ipo} 的 2.1 倍。

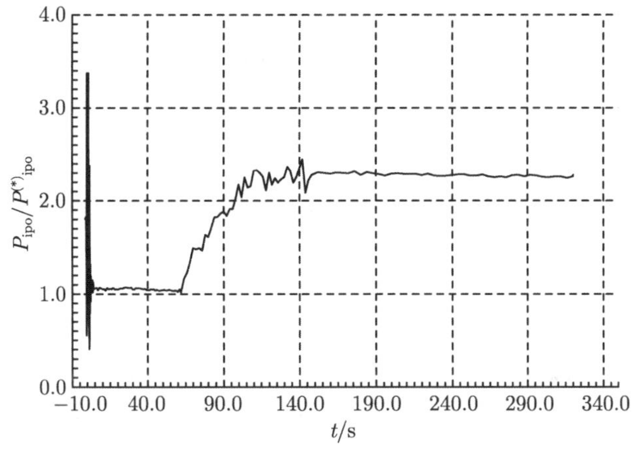

图 2.10 $P_{\text{ipo}}/P_{\text{ipo}}^{(*)}$ 的时间历程

根据试车数据，在两个稳态工况中，以下干扰因素与在额定工况下计算发动机参数时设定的干扰因素值相比较，发生了变化:

(1) ρ_{o}、ρ_{f}、P_{so}、P_{sf}。在额定工况下计算发动机参数时设定 ρ_{o}、ρ_{f}、P_{so}、P_{sf} 是 288K 温度时的值，而试车时对推进剂的化验结果是: ρ_{o} 和 P_{so} 应取 295K 时的值，ρ_{f} 和 P_{sf} 应取 294K 时的值。

(2) P_{ipo}、P_{ipf}。两个启动活门前的压力可换算为两个泵前压力，第二个稳态工况时的泵前压力大于第一个稳态工况时的泵前压力，第一个稳态工况时的泵前压力大于在额定工况下计算发动机参数时设定的泵前压力。

以上六个干扰因素在稳态工况时的实测值相对于额定工况时设定值的变化列入表 2.13 中。另外，在计算式 (2.43) 时，环境大气压 P_0 应取试车实测值，实测值为 P_0= 0.087MPa。

由表 2.13 可知，P_{ipo} 在第二稳态工况时的相对变化量最大，P_{so} 较大，而 ρ_{f} 的相对变化量的绝对值最小。两次稳态工况相比较，第二稳态工况时的 P_{ipo}、P_{ipf}

分别大于第一稳态工况时的 $P_{\rm ipo}$、$P_{\rm ipf}$，其目的是热试车时通过增大泵前压力来模拟飞行器在加速升空时泵前压力的变化过程，这是一个加载过程。由于干扰因素的影响，所以第一稳态工况、第二稳态工况均偏离额定工况下的发动机参数值。在以下两节中，均将用到上述试车的发动机参数在稳态工况时的实测值和外部干扰因素的实测值。

表 2.13　外部干扰因素实测值与额定工况时设定值之间的相对偏差

稳态工况	$\delta\rho_{\rm o}/\rho_{\rm o}^{(0)}$	$\delta\rho_{\rm f}/\rho_{\rm f}^{(0)}$	$\delta P_{\rm so}/P_{\rm so}^{(0)}$	$\delta P_{\rm sf}/P_{\rm sf}^{(0)}$	$\delta P_{\rm ipo}/P_{\rm ipo}^{(0)}$	$\delta P_{\rm ipf}/P_{\rm ipf}^{(0)}$
No.1	−0.012003	−0.0077638	0.368602	0.281500	0.050442	0.090408
No.2	−0.012003	−0.0077638	0.368602	0.281500	1.277483	0.127823

注：带有上标 (0) 的干扰因素表示在额定工况下计算发动机参数时，此干扰因素的取值；

No.1、No.2 分别表示第一稳态工况、第二稳态工况。

1. 非线性模型与小偏差模型的验证结果对比

为便于比较非线性模型与小偏差模型的准确度，仅分析表 2.13 中的 6 个外部干扰因素和环境大气压 P_0 在各自的测量误差范围内的变化对发动机参数的影响，而未考虑内部干扰因素的变化。按照 2.5.2 小节介绍的验证方法，对非线性模型和小偏差模型分别进行验证，在验证时，上述 7 个外部干扰因素均在各自的测量误差范围内按正态分布取随机数。计算得到表 2.14，此表给出了在 95%置信度下发动机参数的 δ 的范围；表 2.15 给出了发动机参数 δ 的均值和方差；图 2.11～ 图 2.14 给出了“频率/组距-$\delta(F)$”的直方图；表 2.16 给出了 δ 所服从分布规律的 Pearson χ^2 法的检验结果。从表 2.14 ～ 表 2.16 和图 2.11～ 图 2.14 中可以看出：

1) 用非线性模型得出的 δ 的统计特性明显优越于小偏差模型

从表 2.14 可知，对于非线性模型而言，在 95%置信度下，所有的 δ 均取值在 −5.6470%～0.2441%的范围内；而对于小偏差模型而言，在 95%置信度下，所有

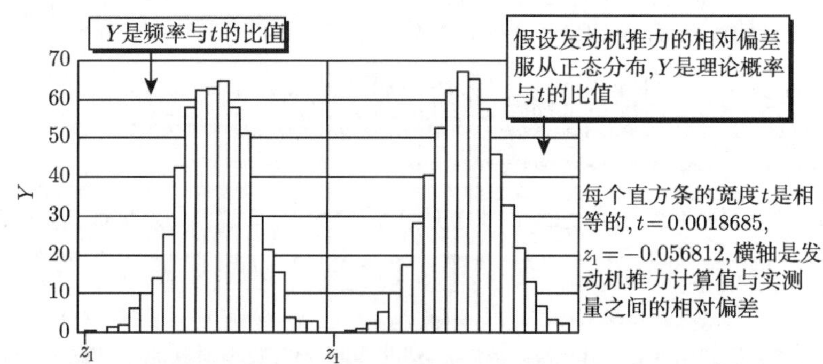

图 2.11　第一稳态工况时用小偏差模型求出的发动机推力相对偏差的直方图

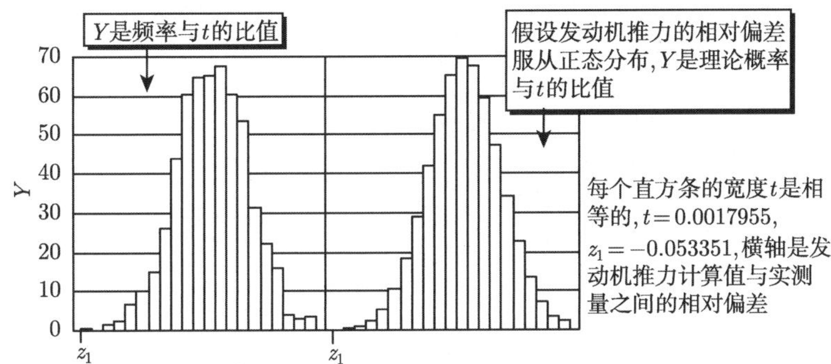

图 2.12 第一稳态工况时用非线性模型求出的发动机推力相对偏差的直方图

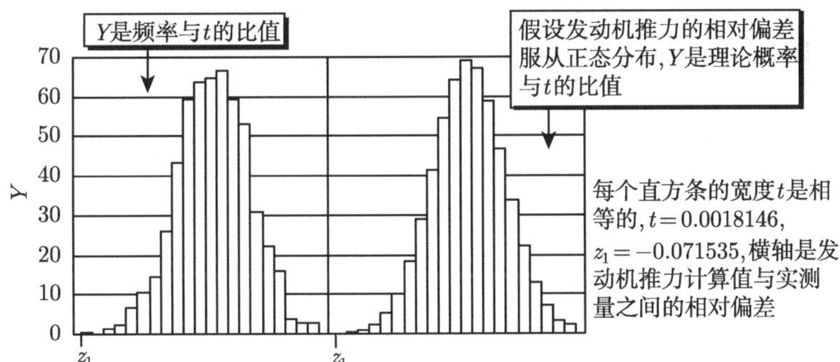

图 2.13 第二稳态工况时用小偏差模型求出的发动机推力相对偏差的直方图

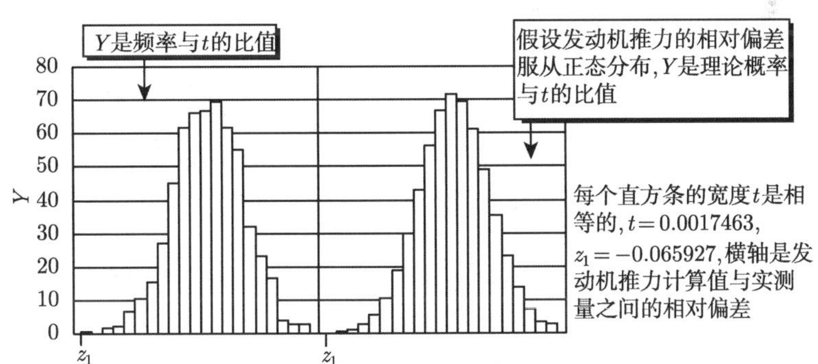

图 2.14 第二稳态工况时用非线性模型求出的发动机推力相对偏差的直方图

的 δ 均取值在 $-6.1710\%\sim0.04572\%$ 的范围内。从表 2.15 可知，同一个发动机参数在同一个稳态工况下，用小偏差模型计算出的 δ 的方差总是大于用非线性模型计算出的 δ 的方差，再结合表 2.14，可见，用小偏差模型计算出的发动机参数的 δ 的分布范围更宽，δ 相对于 δ 的均值的偏离程度更大。以下用 $\bar{\delta}$ 表示 δ 的均值。从表 2.15 可知，同一个发动机参数在同一个稳态工况下，用小偏差模型计算出的 $|\bar{\delta}|$ 总

表 2.14 在 95% 置信度下发动机参数 δ 值的范围

数学模型	工况	$\delta(F)$	$\delta(\dot{m}_o)$	$\delta(\dot{m}_f)$	$\delta(n)$	$\delta(P_{oc})$
非线性模型	No.1	$-4.3328 \times 10^{-2} \sim -2.1343 \times 10^{-2}$	$-9.5740 \times 10^{-3} \sim 2.4413 \times 10^{-3}$	$-1.7190 \times 10^{-2} \sim -6.4882 \times 10^{-3}$	$-5.5347 \times 10^{-3} \sim -1.4066 \times 10^{-3}$	$-2.2984 \times 10^{-2} \sim -7.8027 \times 10^{-3}$
	No.2	$-5.6470 \times 10^{-2} \sim -3.4796 \times 10^{-2}$	$-2.3282 \times 10^{-2} \sim -1.1862 \times 10^{-2}$	$-1.9277 \times 10^{-2} \sim -8.5117 \times 10^{-3}$	$-1.1342 \times 10^{-2} \sim -7.2469 \times 10^{-3}$	$-3.6411 \times 10^{-2} \sim -2.1769 \times 10^{-2}$
小偏差模型	No.1	$-4.6395 \times 10^{-2} \sim -2.3504 \times 10^{-2}$	$-1.2422 \times 10^{-2} \sim 4.5722 \times 10^{-4}$	$-2.0186 \times 10^{-2} \sim -8.5838 \times 10^{-6}$	$-7.8998 \times 10^{-3} \sim -3.0827 \times 10^{-3}$	$-2.6927 \times 10^{-2} \sim -1.0685 \times 10^{-2}$
	No.2	$-6.1710 \times 10^{-2} \sim -3.3187 \times 10^{-2}$	$-2.8038 \times 10^{-2} \sim -1.5812 \times 10^{-2}$	$-2.4741 \times 10^{-2} \sim -1.3037 \times 10^{-2}$	$-1.4069 \times 10^{-2} \sim -9.2743 \times 10^{-3}$	$-3.8757 \times 10^{-2} \sim -2.3067 \times 10^{-2}$

注：No.1、No.2 分别表示第一稳态工况、第二稳态工况。

表 2.15 发动机参数 δ 值的均值和方差

		非线性模型		小偏差模型	
		No.1	No.2	No.1	No.2
$\delta(F)$	均值	-3.2331×10^{-2}	-4.5483×10^{-2}	-3.4939×10^{-2}	-5.0293×10^{-2}
	方差	3.2399×10^{-5}	3.0648×10^{-5}	3.5088×10^{-5}	3.3094×10^{-5}
$\delta(\dot{m}_{\rm o})$	均值	-3.4607×10^{-3}	-1.7471×10^{-2}	-5.8694×10^{-3}	-2.1818×10^{-2}
	方差	9.4182×10^{-6}	8.5082×10^{-6}	1.0821×10^{-5}	9.7507×10^{-6}
$\delta(\dot{m}_{\rm f})$	均值	-1.1745×10^{-2}	-1.3800×10^{-2}	-1.4283×10^{-2}	-1.8786×10^{-2}
	方差	7.4721×10^{-6}	7.5600×10^{-6}	8.7822×10^{-6}	8.9368×10^{-6}
$\delta(n)$	均值	-3.4309×10^{-3}	-9.2551×10^{-3}	-5.4447×10^{-3}	-1.1625×10^{-2}
	方差	1.1117×10^{-6}	1.0940×10^{-6}	1.5138×10^{-6}	1.4995×10^{-6}
$\delta(P_{\rm oc})$	均值	-1.5271×10^{-2}	-2.8972×10^{-2}	-1.8676×10^{-2}	-3.0786×10^{-2}
	方差	1.5035×10^{-5}	1.3985×10^{-5}	1.7211×10^{-5}	1.6059×10^{-5}

注：No.1、No.2 分别表示第一稳态工况、第二稳态工况。

表 2.16 Pearson χ^2 检验的结果

工况	模型	相对偏差	χ^2	$\chi^2_{s-l-1}(0.05)$	S	l	结论
第一稳态工况	非线性模型	$\delta(F)$	10.23165	24.996	18	2	A 成立
		$\delta(\dot{m}_{\rm o})$	13.03423	24.996	18	2	A 成立
		$\delta(\dot{m}_{\rm f})$	13.03622	24.996	18	2	A 成立
		$\delta(n)$	7.28781	24.996	18	2	A 成立
		$\delta(P_{\rm oc})$	11.96795	24.996	18	2	A 成立
	小偏差模型	$\delta(F)$	8.12495	24.996	18	2	A 成立
		$\delta(\dot{m}_{\rm o})$	10.74769	24.996	18	2	A 成立
		$\delta(\dot{m}_{\rm f})$	12.82870	24.996	18	2	A 成立
		$\delta(n)$	7.57848	24.996	18	2	A 成立
		$\delta(P_{\rm oc})$	11.97409	24.996	18	2	A 成立
第二稳态工况	非线性模型	$\delta(F)$	7.75914	24.996	18	2	A 成立
		$\delta(\dot{m}_{\rm o})$	12.98603	24.996	18	2	A 成立
		$\delta(\dot{m}_{\rm f})$	13.03726	24.996	18	2	A 成立
		$\delta(n)$	9.55874	24.996	18	2	A 成立
		$\delta(P_{\rm oc})$	9.58250	24.996	18	2	A 成立
	小偏差模型	$\delta(F)$	8.12495	24.996	18	2	A 成立
		$\delta(\dot{m}_{\rm o})$	10.74760	24.996	18	2	A 成立
		$\delta(\dot{m}_{\rm f})$	13.08116	24.996	18	2	A 成立
		$\delta(n)$	7.57848	24.996	18	2	A 成立
		$\delta(P_{\rm oc})$	11.97409	24.996	18	2	A 成立

注：A 表示假设其所在行的 δ 服从正态分布；表中的计算结果是在 7 个外部干扰因素均服从正态分布的条件下得出的。

是大于用非线性模型计算出的 $|\bar{\delta}|$，这一结论对于表 2.15 中的每个参数和每个稳态工况均成立，这说明非线性模型比小偏差模型更准确，用非线性模型得出的 δ 的

统计特性明显优越于小偏差模型。

下文中以 $\bar{\delta}_{\rm NL}$ 表示用非线性模型计算出的 δ 的均值，以 $\bar{\delta}_{\rm L}$ 表示用小偏差模型计算出的 δ 的均值。从表 2.15 可知，对于 F、$\dot{m}_{\rm o}$、$\dot{m}_{\rm f}$、n，在第二稳态工况时的 $|\bar{\delta}_{\rm NL}-\bar{\delta}_{\rm L}|$ 总是大于在第一稳态工况时的 $|\bar{\delta}_{\rm NL}-\bar{\delta}_{\rm L}|$，这说明，干扰因素变化越大，非线性模型与小偏差模型准确度的差别越大。从表 2.14 还可以看到，在同一个稳态工况下，用非线性模型和小偏差模型分别计算出的同一个发动机参数的 δ 的置信区间是有重叠部分的，对于 F、$\dot{m}_{\rm o}$、$\dot{m}_{\rm f}$、n 而言，在第二稳态工况下的重叠部分的区间宽度比第一稳态工况下的重叠部分的区间宽度窄一些，这也说明，干扰因素变化越大，非线性模型与小偏差模型在准确度方面的差别越大。

由表 2.14、表 2.15 可知，不同稳态工况下，用不同数学模型得出的 δ 的均值、方差、置信区间是不同的。因此，在应用上述两种模型时，要根据外部干扰因素的相对变化量和对不同发动机参数计算值提出的准确度要求采用不同的数学模型。例如，如果外部干扰因素 $\rho_{\rm o}$、$\rho_{\rm f}$、$P_{\rm so}$、$P_{\rm sf}$、$P_{\rm ipo}$、$P_{\rm ipf}$ 的相对变化量分别低于表 2.13 的 No.1 中给出的数值，当要求 F 的计算值与实测值的相对偏差在 $\pm4.5\%$ 的范围内时，那么就需采用非线性模型计算 F；当要求 F 的计算值与实测值的相对偏差在 $\pm5\%$ 的范围内时，那么采用小偏差模型计算 F 就可以了。

2) 用两种模型得出的 δ 的统计特性存在共同之处

不论是非线性模型还是小偏差模型，同一个发动机参数在第二稳态工况时的 $|\bar{\delta}|$ 总是大于在第一稳态工况时的 $|\bar{\delta}|$，同一个发动机参数在第二稳态工况时的 δ 的分布范围总是大于在第一稳态工况时的 δ 的分布范围，这说明在干扰因素变化越大时，用非线性模型或小偏差模型预估发动机参数时的准确度越差。这是因为，非线性模型和小偏差模型用到的泵压升与流量关系的特性方程式 (2.18) 和式 (2.19) 在第二稳态工况时已成为不够准确的方程。实质上，这两个方程仍然是在液流转速下得出的泵压升与流量关系的平均特性方程 [93] 的基础上，按照泵效率不变的条件用相似理论来计算泵压升的，从第一稳态工况过渡到第二稳态工况时，实际上泵效率已经变化，而且第二稳态工况下的泵效率相对于额定工况下的设定值的变化量更大，所以，在第二稳态工况时用非线性模型和小偏差模型计算的发动机参数的准确度比第一稳态工况差。

图 2.11～图 2.14 的左图为用上述验证方法统计出来的“频率/组距-$\delta(F)$”的直方图，它们分别由小偏差模型和非线性模型在第一、二稳态工况下计算出来，根据直方图的形状，可以假设 $\delta(F)$ 服从正态分布，并用 Pearson χ^2 检验法进行检验，检验结果 (表 2.16) 表明：在第一、二稳态工况下，用非线性模型和小偏差模型计算出来的 $\delta(F)$ 分别近似服从正态分布。从图 2.11～ 图 2.14 中可以看出 $\delta(F)$ 近似服从正态分布，这说明：$\delta(F)$ 在其均值附近出现的概率大，在偏离均值较远处的概率小，$\delta(F)$ 的分布近似成单峰对称分布；外部干扰因素与额定工况时的设定值之

间的相对变化量在两个稳态工况下仍属较小的相对变化量，导致非线性模型和小偏差模型得出的 $\delta(F)$ 均近似服从正态分布。

从四个发动机参数 $\dot{m}_{\rm o}$、$\dot{m}_{\rm f}$、n、$P_{\rm oc}$ 的“频率/组距-δ”直方图中可以推测 δ 分别服从正态分布，并用 Pearson χ^2 检验法进行检验，检验结果 (表 2.16) 表明：在第一、二稳态工况下，用非线性模型和小偏差模型计算出来的 $\delta(\dot{m}_{\rm o})$、$\delta(\dot{m}_{\rm f})$、$\delta(n)$、$\delta(P_{\rm oc})$ 分别近似服从正态分布。这说明：虽然所用的数学模型不同，但是，δ 的分布规律近似相同。

2. 考虑内外干扰因素实际变化范围的非线性模型的验证

在本节中，除了考虑表 2.13 中的 6 个外部干扰因素和环境大气压 P_0 在各自的测量误差范围内的变化对发动机参数的影响以外，还考虑了内部干扰因素在实际范围内的变化对发动机参数的影响。18 个内部干扰因素的实际变化范围已在表 2.6 中列出，以此范围作为在 99.74%置信度下的置信区间。按照 2.5.2 小节介绍的验证方法，对发动机静特性的非线性模型进行验证，计算得到表 2.17，此表给出了在 95%置信度下发动机参数的 δ 的范围；表 2.18 给出了发动机参数的 δ 的均值和方差。从表 2.17 和表 2.18 中可以看出：

(1) 从表 2.17 可知, 所有发动机参数的 δ 分布在 $-8.5942\%\sim-1.2625\%$ 的范围内。此结果与表 2.14 相比较，整个分布范围更宽, 而且发动机参数的计算值比实测值更小。

(2) 表 2.18 中 5 个参数的 $|\bar{\delta}|$ 在同一个稳态工况下相比较，$|\bar{\delta}(F)|$ 最大，$|\bar{\delta}(n)|$ 最小，这说明对于发动机推力 F 的仿真计算值的准确度较差，对于转速 n 的仿真计算值的准确度较好。表 2.18 中所有参数的 δ 的均值分布在 $-6.8717\%\sim-2.0002\%$ 的范围内。

(3) 从表 2.18 与表 2.15 的非线性模型计算结果可知，在相同的稳态工况下，相同发动机参数的 $|\bar{\delta}|$ 相比较，表 2.18 中的 $|\bar{\delta}|$ 大于表 2.15 中的 $|\bar{\delta}|$ 。可见，由于考虑了内部干扰因素的影响，用非线性模型预估发动机参数的准确度明显降低了。

对两个稳态工况下的发动机参数的 δ 的分布进行了假设检验。从五个发动机参数 F、$\dot{m}_{\rm o}$、$\dot{m}_{\rm f}$、n、$P_{\rm oc}$ 的“频率/组距-δ”直方图 (图 2.15~ 图 2.19 的左图) 可以推测 δ 可能分别服从正态分布，因此可以假设 δ 服从正态分布，经过 Pearson χ^2 检验法检验得出，所有发动机参数的 δ 都近似服从正态分布 (具体数值列入表 2.19 中)。图 2.15 是第二稳态工况时发动机推力的 δ 的分布直方图与假设的正态分布直方图的对比，可见二者的差别不大。图 2.16 是第二稳态工况时燃烧室氧化剂喷前压力的 δ 的分布直方图与假设的正态分布直方图的对比，可见二者的差别不大。图 2.17~ 图 2.19 分别给出了第二稳态工况时 $\dot{m}_{\rm o}$、$\dot{m}_{\rm f}$、n 的 δ 的分布直方图与假设的正态分布直方图的对比结果，可以看出：$\dot{m}_{\rm o}$、$\dot{m}_{\rm f}$、n 的 δ 均近似服从正态分布。

上述结果说明，在内部干扰因素均服从正态分布的条件下，5 个发动机参数的 δ 均近似服从正态分布，即单峰对称分布，δ 在其均值附近的概率大，与均值差别大的 δ 的概率小，发动机静特性数学模型的准确度在某一个值附近的概率大，而太好或太差的准确度的概率是很小的，这一点结论在使用发动机静特性数学模型时应该引起注意。

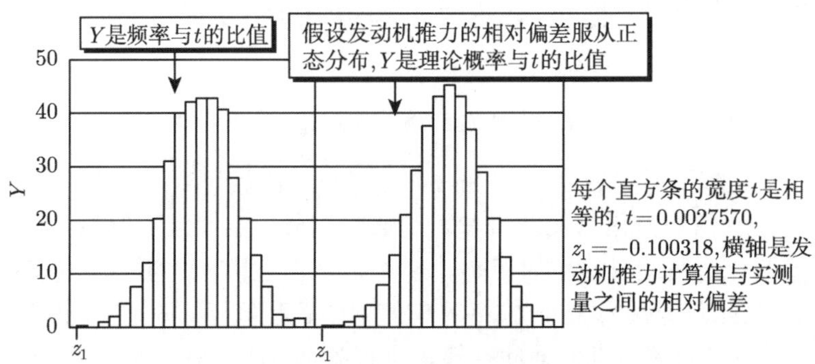

图 2.15　发动机推力计算值与实测值之间的相对偏差的直方图

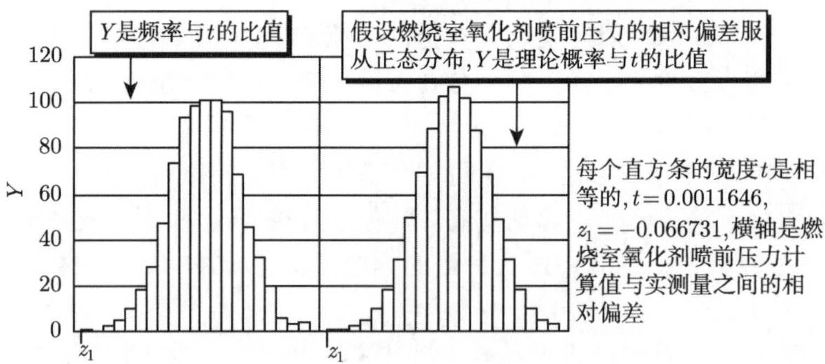

图 2.16　燃烧室氧化剂喷前压力计算值与实测值之间的相对偏差的直方图

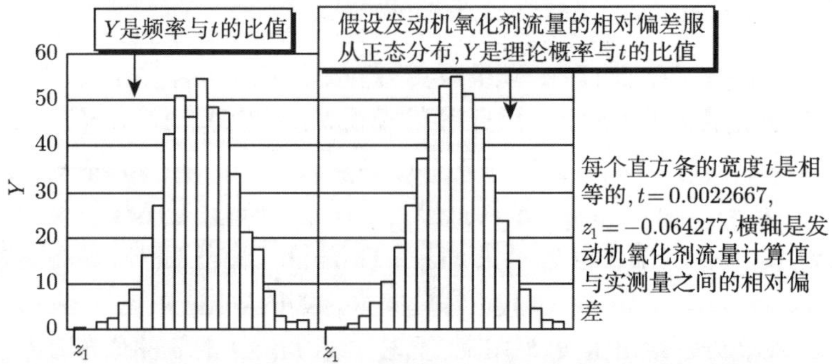

图 2.17　发动机氧化剂流量计算值与实测值之间的相对偏差的直方图

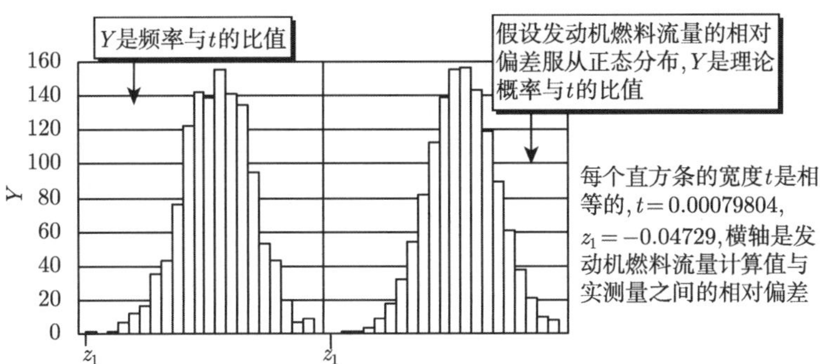

图 2.18 发动机燃料流量计算值与实测值之间的相对偏差的直方图

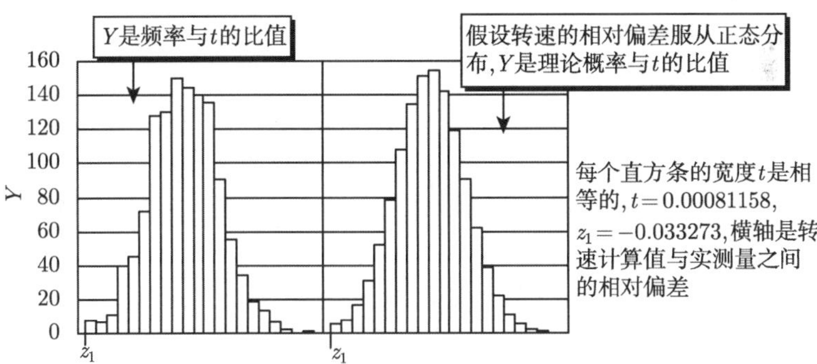

图 2.19 转速计算值与实测值之间的相对偏差的直方图

用非线性模型预估的发动机参数与实测值之间存在相对偏差，发动机的非线性模型的不够准确是引起这种相对偏差的原因之一，非线性模型的不准确可能是由以下几个部分引起的。

(1) 模型中的泵特性关系式是建立在大量的泵试验数据统计基础上的平均特性关系式，而不是某次热试车时所用泵的特性关系式；在处理试验数据并且拟合成平均特性关系式时，存在误差。

(2) 建立模型时用到的燃烧室、冷却套、喷嘴、隔板、发生器、降温器的水试数据是统计的水试数据的换算结果，而不是某次热试车时发动机所用组件的水试数据的换算结果；这些水试数据的测量误差也会导致模型的不准确。

(3) 内部干扰因素在某次热试车时实际发生了多少变化是未知的。

仅用一次试车数据来确定非线性模型的准确度是不够的，还需用更多次的试车数据来确定，在确定准确度时要结合统计分析的方法。在试车过程中仅测量五个发动机参数是不够的，要尽可能多地增加测量参数，以综合评定非线性模型的准确度。在确定非线性模型准确度时，要通过更高精度的测量设备来校核发动机测量设备的精度，以获得更为准确的实测值的误差范围。

表 2.17 在 95% 置信度下发动机参数 δ 值的范围

稳态工况	$\delta(F)$	$\delta(\dot{m}_o)$	$\delta(\dot{m}_f)$	$\delta(n)$	$\delta(P_{oc})$
No.1	-7.3327×10^{-2} $\sim-3.9929\times10^{-2}$	-3.9265×10^{-2} $\sim-1.2625\times10^{-2}$	-4.0417×10^{-2} $\sim-2.9991\times10^{-2}$	-2.5071×10^{-3} $\sim-1.4748\times10^{-2}$	-4.7606×10^{-2} $\sim-3.3447\times10^{-2}$
No.2	-8.5942×10^{-2} $\sim-5.1575\times10^{-2}$	-5.2697×10^{-2} $\sim-2.4382\times10^{-2}$	-4.2700×10^{-2} $\sim-3.2874\times10^{-2}$	-3.0743×10^{-2} $\sim-2.0690\times10^{-2}$	-6.0642×10^{-2} $\sim-4.6127\times10^{-2}$

注：此表用发动机静特性的非线性模型得到，考虑了 25 个内外干扰因素的变化；表中的 No.1、No.2 分别表示第一稳态工况、第二稳态工况。

表 2.18 发动机参数 δ 值的均值和方差

工况		$\delta(F)$	$\delta(\dot{m}_o)$	$\delta(\dot{m}_f)$	$\delta(n)$	$\delta(P_{oc})$
No.1	均值	-5.6561×10^{-2}	-2.5969×10^{-2}	-3.5041×10^{-2}	-2.0002×10^{-2}	-4.0499×10^{-2}
	方差	7.2766×10^{-5}	4.6304×10^{-5}	7.0939×10^{-6}	6.9511×10^{-6}	1.3079×10^{-5}
No.2	均值	-6.8717×10^{-2}	-3.8591×10^{-2}	-3.7622×10^{-2}	-2.5809×10^{-2}	-5.3360×10^{-2}
	方差	7.7052×10^{-5}	5.2308×10^{-5}	6.3019×10^{-6}	6.5940×10^{-6}	1.3745×10^{-5}

注：此表用发动机静特性的非线性模型得到，考虑了 25 个内外干扰因素的变化；表中的 No.1、No.2 分别表示第一稳态工况、第二稳态工况。

表 2.19 Pearson χ^2 检验的结果

工况	相对偏差	χ^2	$\chi^2_{s-l-1}(0.05)$	S	l	结论
第一稳态工况	$\delta(F)$	5.22213	23.685	17	2	A 成立
	$\delta(\dot{m}_o)$	5.76401	24.996	18	2	A 成立
	$\delta(\dot{m}_f)$	8.92853	24.996	18	2	A 成立
	$\delta(n)$	9.32786	24.996	18	2	A 成立
	$\delta(P_{oc})$	3.16707	23.685	17	2	A 成立
第二稳态工况	$\delta(F)$	2.42284	23.685	17	2	A 成立
	$\delta(\dot{m}_o)$	7.01833	24.996	18	2	A 成立
	$\delta(\dot{m}_f)$	11.82348	24.996	18	2	A 成立
	$\delta(n)$	12.75915	24.996	18	2	A 成立
	$\delta(P_{oc})$	2.79836	23.685	17	2	A 成立

注：表中的 A 是指假设其所在行的 δ 服从正态分布；表中的计算结果是在 25 个内外干扰因素均服从正态分布的条件下得出的。

2.5.3 小节 1. 和 2.5.3 小节 2. 用试车数据对发动机静特性的非线性数学模型进行了验证，验证结果表明：非线性模型是足够准确的，在 95%置信度下，考虑外部干扰因素和发动机参数实测值的实际误差范围，同时考虑内部干扰因素的实际变化范围，用非线性模型预估的发动机参数值与实测值的相对偏差分布在 −8.5942%～−1.2625%的范围内，相对偏差的均值分布在 −6.8717%～ −2.0002%的范围内；用非线性模型得出的 δ 的统计特性明显优越于小偏差模型，非线性模型比小偏差模型准确，在相同的稳态工况下，用小偏差模型预估的发动机参数值与实测值的相对偏差的均值的绝对值和相对偏差的方差更大，干扰因素的变化越大，这两种模型的准确度之间的差别越大；当外部干扰因素均在各自的测量误差范围内按正态分布取随机数而不考虑内部干扰因素的变化时，用两种模型得出的 δ 的统计特性存在共同之处，干扰因素的变化越大或者考虑的干扰因素更多时，用非线性模型和小偏差模型预估的发动机参数的准确度将越低，用非线性模型和小偏差模型预估的发动机参数的相对偏差均近似服从正态分布；在内外干扰因素和发动机参数实测值均服从正态分布时，预估的各个发动机参数值与实测值的相对偏差均近似服从正态分布，这说明发动机静特性数学模型的准确度在某一个值附近的概率大，而太好或太差的准确度的概率是很小的。

2.5.4 小结

(1) 为了确定发动机静特性数学模型的准确度，需要使用随机仿真的方法。

(2) 在用试车数据对发动机静特性的非线性数学模型进行验证时，既要考虑到外部干扰因素的实际测量误差范围、内部干扰因素的实际变化范围，又要考虑到发动机参数实测值的误差范围。

(3) 非线性模型是足够准确的，所用的计算方法是合理的。在 95%置信度下，用非线性模型预估的发动机参数值与实测值的相对偏差分布在 $-8.5942\%\sim-1.2625\%$ 的范围内，相对偏差的均值分布在 $-6.8717\%\sim-2.0002\%$ 的范围内。

(4) 用非线性模型预估的发动机参数值与实测值的相对偏差的统计特性明显优越于小偏差模型，在应用非线性模型和小偏差模型时，要根据外部干扰因素的相对变化量和对不同发动机参数计算值提出的准确度要求，采用不同的数学模型。

(5) 在内外干扰因素和发动机参数实测值均服从正态分布时，预估的各个发动机参数值与实测值的相对偏差均近似服从正态分布，这说明发动机静特性数学模型的准确度在某一个值附近的概率大，而太好或太差的准确度的概率是很小的。在使用发动机静特性数学模型时要注意这一点。

(6) 为了提高发动机非线性数学模型的准确度，建立非线性数学模型时需要更具体的组件试验数据，需要在数学模型中引入在泵的平均特性关系式拟合过程中存在的误差，以及发动机组件水试数据的测量误差，要尽可能详细地测量试车过程中干扰因素的值。

(7) 为了确定描述发动机静特性的非线性数学模型的准确度，需要用大量的同一型号的发动机试车数据进行统计分析，要尽可能多地增加测量参数，需要通过更高精度的测量设备来校核发动机测量设备的精度，以获得更为准确的实测值的误差范围。

2.6 结　论

(1) 本章根据液体火箭发动机压力平衡、流量平衡、功率平衡的原理，从发动机的系统结构出发，用代入消元法使发动机静特性的非线性数学模型的独立变量最少。

(2) 为了使发动机静特性非线性数学模型中各个方程的平衡程度更高，在优化计算的目标函数中引入了加权因子。随机仿真的方法在内部干扰因素对液体火箭发动机性能的影响分析中和在液体火箭发动机静特性非线性模型的验证中得到了应用。

(3) 从干扰因素实际的最大变化量出发，经过优化计算，得出发动机性能参数对单干扰因素的敏感度，从而可以有针对性地对干扰因素提出精度要求。从某次试车测量的干扰因素值出发，计算了发动机性能参数在多干扰因素同时影响时的相对变化量及发动机性能参数对各个干扰因素的敏感度，计算结果表明：在试车时，对发动机进行加载后，发动机的性能参数将会增大，发动机性能参数对干扰因素的敏感度将会增大。

(4) 通过随机仿真方法得出的发动机性能参数在一定置信度下的置信区间，有助于确定发动机故障的阈值，通过随机仿真得出的发动机性能参数的均值和方差有助于确定置信区间的位置和宽度。上述结果可用于发动机试验结果分析，正确评定发动机性能的可靠性和分离试验结果偏差。

(5) 在内部干扰因素服从一定分布规律时，通过随机仿真的方法可获得发动机性能参数所服从的分布规律，这样，可用一个具体的数学表达式近似描述发动机性能参数所服从的分布规律，而数学表达式提供了一种确定发动机性能参数阈值的简便方法，可以预示干扰因素服从某种分布规律时对发动机性能的影响，可以用于计算发动机性能的可靠性，还可以用于飞行器的精确弹道计算。

(6) 为了更确切地确定模型的准确度，在用试车数据对发动机静特性的非线性数学模型进行验证时，既要考虑到外部干扰因素的实际测量误差范围、内部干扰因素的实际变化范围，又要考虑到发动机参数实测值的误差范围。

(7) 模型验证的结果表明：非线性模型是足够准确的，所用的计算方法是合理的。为了推广应用液体火箭发动机静特性的非线性模型，还需要在提高非线性模型的准确度方面进行大量的研究。

(8) 用非线性模型预估的发动机参数值与实测值的相对偏差的统计特性明显优越于小偏差模型，在应用非线性模型和小偏差模型时，要根据外部干扰因素的相对变化量和对不同发动机参数计算值提出的准确度要求，采用不同的数学模型。

第 3 章　干扰因素对液体火箭发动机性能影响的过渡特性研究

3.1　引　　言

干扰因素对液体火箭发动机性能影响的过渡特性研究是液体火箭发动机动力学研究的内容之一。通过研究干扰因素对液体火箭发动机性能影响的过渡特性，可以得出干扰因素对液体火箭发动机性能影响的大小以及性能参数过渡过程的快慢，如果将这种理论研究与试验研究结合起来，就可以改进数学模型、确认理论研究结果的准确度，为理论研究的推广和应用奠定基础。研究干扰因素对液体火箭发动机性能影响的过渡特性，有利于对发动机的过渡过程进行控制，减少发动机在这种不稳定状态下的工作时间，从而提高发动机的性能和可靠性。

干扰因素的变化可能发生在发动机的启动、主级或关机过程，如果在主级过程中干扰因素变化，例如，在飞行器升空过程中，泵前压力将会由于加速度而增大 1 倍以上，那么发动机参数将会过渡到新的稳态工况，实质上这是一个转级过程，转级前后发动机性能参数变化量可以通过以下三种方法求出。

(1) 通过描述发动机静特性的数学模型用优化算法或 Monte-Carlo 法求出，国内外在这方面的研究工作很多，见文献 [5], 文献 [10], 文献 [11], 文献 [13]~[15], 文献 [19]~[22], 文献 [31]。

(2) 直接用描述发动机动态特性的微分方程组进行数值计算，这样做可以得出发动机性能参数变化的大小及过渡过程所需的时间，文献 [24]、文献 [25] 介绍了这种方法，这种方法虽然比较精确，但是计算速度太慢。

(3) 根据发动机组件特征时间的长短，将组件粗略地分为两组：一组的特征时间较长 (大于 50ms)，如燃烧室、燃气发生器和涡轮泵，其数学模型为非线性微分方程组, 用数值积分法计算；另一组的特征时间较短 (小于 5ms)，如推进剂供应管路系统、喷注器，其数学模型为非线性代数方程组 [16,26,27]，用优化算法求解。这种方法与方法 (2) 相比较，精度相同，但前者收敛快，计算所需的时间少，可以满足发动机状态实时仿真的要求。

上述三种方法中，后两种方法还可用于仿真发动机的启动、关机 [16,18] 和故障引起的过渡过程。本章的主要工作是利用方法 (3)，针对图 2.1 所示的泵压式燃气发生器循环的液体火箭发动机，从干扰因素实际可能的最大变化量出发，进行发动机性能参数过渡过程的仿真，并且通过试车数据检验描述发动机动态特性的非线性数学模型的准确度。

3.2 描述发动机动态特性的非线性数学模型

描述液体火箭发动机动态特性的非线性数学模型是集中参数模型，它包括燃烧室、燃气发生器、涡轮泵的动力学方程组和液体管路系统的非线性代数方程组，采用这些方程组可使发动机系统满足流量平衡、压力平衡和功率平衡。在列出方程组以前，做以下假设：①在每一瞬时，燃烧室容积中的每一点上燃气压力都相同，而燃气质量在此容积中的变化看作一个整体；②取燃气做功能力 RT_{C} 在燃烧室容积内的各点上均为常值，与燃烧过程的特殊位置无关；③将燃烧产物看作是理想气体。所用的动力学方程组为非线性微分方程组，分别如下所述。

燃烧室动力学方程组：

$$\begin{aligned}\frac{\mathrm{d}P_{\mathrm{C}}}{\mathrm{d}t} =&\frac{10^{-6}}{V_{\mathrm{C}}}\left[RT_{\mathrm{C}}+\frac{\partial(RT_{\mathrm{C}})}{\partial r_{\mathrm{c}}}(1+r_{\mathrm{c}})\right]\dot{m}_{\mathrm{oc}}\\&+\frac{10^{-6}}{V_{\mathrm{C}}}\left[RT_{\mathrm{C}}-\frac{\partial(RT_{\mathrm{C}})}{\partial r_{\mathrm{c}}}(1+r_{\mathrm{c}})r_{\mathrm{c}}\right](\dot{m}_{\mathrm{f}}-\dot{m}_{\mathrm{ff}})\\&-\frac{1}{\eta_{\mathrm{c}}V_{\mathrm{C}}}\sqrt{RT_{\mathrm{C}}}\,\varGamma_{\mathrm{C}}\,A_{\mathrm{tc}}\,P_{\mathrm{C}}\end{aligned} \tag{3.1}$$

$$\frac{\mathrm{d}r_{\mathrm{c}}}{\mathrm{d}t}=\frac{10^{-6}RT_{\mathrm{C}}}{V_{\mathrm{C}}\,P_{\mathrm{C}}}(1+r_{\mathrm{c}})[\dot{m}_{\mathrm{oc}}-r_{\mathrm{c}}(\dot{m}_{\mathrm{f}}-\dot{m}_{\mathrm{ff}})] \tag{3.2}$$

式中,V_{C} 是燃烧室容积 (m^3)，r_{c} 是燃烧室中的推进剂混合比，t 是时间 (s)。

燃气发生器动力学方程组：

$$\begin{aligned}\frac{\mathrm{d}P_{\mathrm{b}}}{\mathrm{d}t} =&\frac{10^{-6}}{V_{\mathrm{b}}}\left[RT_{\mathrm{b}}+\frac{\partial(RT_{\mathrm{b}})}{\partial r_{\mathrm{b}}}(1+r_{\mathrm{b}})\right]\dot{m}_{\mathrm{of}}+\frac{10^{-6}}{V_{\mathrm{b}}}\left[RT_{\mathrm{b}}-\frac{\partial(RT_{\mathrm{b}})}{\partial r_{\mathrm{b}}}(1+r_{\mathrm{b}})r_{\mathrm{b}}\right]\dot{m}_{\mathrm{ff}}\\&-\frac{1}{\eta_{\mathrm{b}}V_{\mathrm{b}}}\sqrt{RT_{\mathrm{b}}}\,\varGamma_{\mathrm{b}}\,A_{\mathrm{tb}}\,P_{\mathrm{b}}\end{aligned} \tag{3.3}$$

$$\frac{\mathrm{d}r_{\mathrm{b}}}{\mathrm{d}t}=\frac{10^{-6}RT_{\mathrm{b}}}{V_{\mathrm{b}}\,P_{\mathrm{b}}}(1+r_{\mathrm{b}})(\dot{m}_{\mathrm{of}}-r_{\mathrm{b}}\,\dot{m}_{\mathrm{ff}}) \tag{3.4}$$

式中，P_{b} 是燃气发生器的室压 (MPa)，V_{b} 是燃气发生器燃烧室的容积 (m^3)，r_{b} 是燃气发生器中的推进剂混合比，RT_{b} 是燃气发生器的燃气热值 (kJ/kg)，η_{b} 是燃气发生器的燃烧效率，A_{tb} 是燃气发生器的喉部面积 (m^2)，$\varGamma_{\mathrm{b}}$ 是燃气发生器的热力系数。

涡轮泵组件的动力学方程:

$$\frac{\mathrm{d}n}{\mathrm{d}t} = \frac{900\times 10^3}{\pi^2 nJ}\left[\frac{A_{\mathrm{ei}}(\dot{m}_{\mathrm{of}}+\dot{m}_{\mathrm{ff}})}{A_{\mathrm{ei}}+A_{\mathrm{ej}}}\cdot\frac{\gamma_{\mathrm{t}}}{\gamma_{\mathrm{t}}-1}RT_{\mathrm{t}}(1-\beta_{\mathrm{t}}^{\gamma_{\mathrm{t}}/(\gamma_{\mathrm{t}}-1)})\eta_{\mathrm{t}} - \frac{10^3\dot{m}_{\mathrm{o}}\Delta P_{\mathrm{op}}}{\eta_{\mathrm{op}}\rho_{\mathrm{o}}} - \frac{10^3\dot{m}_{\mathrm{f}}\Delta P_{\mathrm{fp}}}{\eta_{\mathrm{fp}}\rho_{\mathrm{f}}} - N_{\mathrm{U}}\right] \tag{3.5}$$

式中，J 是涡轮泵转子的转动惯量 ($\mathrm{kg\cdot m\cdot s^2}$)。

所用的液体管路系统的非线性代数方程组是在式 (2.2)~ 式 (2.15) 的基础上，经代入消元法按独立变量最少的原则推出的，液体管路系统的非线性代数方程组均为压力平衡方程组，它们是

$$\Delta P_{\mathrm{op}} - P_{\mathrm{C}} - a_{13}\frac{\dot{m}_{\mathrm{oc}}^2}{\rho_{\mathrm{o}}} - a_9\frac{(\dot{m}_{\mathrm{o}}-\dot{m}_{\mathrm{of}})^2}{\rho_{\mathrm{o}}} + P_{\mathrm{ipo}} = 0 \tag{3.6}$$

$$\Delta P_{\mathrm{op}} - \left(\frac{a_{17}}{\rho_{\mathrm{o}}}+K_{\mathrm{of}}\right)\dot{m}_{\mathrm{of}}^2 + P_{\mathrm{ipo}} - P_{\mathrm{so}} = 0 \tag{3.7}$$

$$\Delta P_{\mathrm{fp}} - P_{\mathrm{C}} - a_{12}\frac{\dot{m}_{\mathrm{fj}}^2}{\rho_{\mathrm{f}}} - a_{11}\frac{(\dot{m}_{\mathrm{f}}-\dot{m}_{\mathrm{ff}})^2}{\rho_{\mathrm{f}}} - a_{10}\frac{\dot{m}_{\mathrm{f}}^2}{\rho_{\mathrm{f}}} + P_{\mathrm{ipf}} + P_0^{\mathrm{H}} - \Delta P_1 = 0 \tag{3.8}$$

$$a_{14}\frac{(\dot{m}_{\mathrm{f}}-\dot{m}_{\mathrm{ff}}-\dot{m}_{\mathrm{fj}})^2}{\rho_{\mathrm{f}}} - a_{12}\frac{\dot{m}_{\mathrm{fj}}^2}{\rho_{\mathrm{f}}} + P_1^{\mathrm{H}} - \Delta P_1 + \Delta P_2 = 0 \tag{3.9}$$

$$P_{\mathrm{C}} + a_{11}\frac{(\dot{m}_{\mathrm{f}}-\dot{m}_{\mathrm{ff}})^2}{\rho_{\mathrm{f}}} + a_{12}\frac{\dot{m}_{\mathrm{fj}}^2}{\rho_{\mathrm{f}}} - P_0^{\mathrm{H}} + \Delta P_1 - \left(\frac{a_{18}}{\rho_{\mathrm{f}}}+K_{\mathrm{ff}}\right)\dot{m}_{\mathrm{ff}}^2 - P_{\mathrm{sf}} = 0 \tag{3.10}$$

$$K_{\mathrm{ov}}\left(\dot{m}_{\mathrm{o}}-\dot{m}_{\mathrm{oc}}-\dot{m}_{\mathrm{of}}\right)^2 - P_{\mathrm{C}} - a_{13}\frac{\dot{m}_{\mathrm{oc}}^2}{\rho_{\mathrm{o}}} + P_{\mathrm{so}} + P_2^{\mathrm{H}} = 0 \tag{3.11}$$

为了计算发动机的性能参数，现列出其计算公式。

发动机推力计算公式:

$$F = a_{15}(\dot{m}_{\mathrm{o}}+\dot{m}_{\mathrm{f}}-a_{16}) - 10^3 A_{\mathrm{e}}P_0 \tag{3.12}$$

发动机比冲计算公式:

$$I_{\mathrm{SP}} = \frac{10^3 F}{\dot{m}_{\mathrm{f}}+\dot{m}_{\mathrm{oc}}+\dot{m}_{\mathrm{of}}-\dfrac{A_{\mathrm{ej}}(\dot{m}_{\mathrm{of}}+\dot{m}_{\mathrm{ff}})}{A_{\mathrm{ei}}+A_{\mathrm{ej}}}} \tag{3.13}$$

以上各式中，RT_{t}、η_{t}、RT_{C}、$\varGamma_{\mathrm{C}}$、RT_{b}、$\varGamma_{\mathrm{b}}$、ΔP_1、ΔP_2、η_{op}、η_{fp}、ΔP_{op}、ΔP_{fp} 的求解分别如下。

涡轮燃气热值的计算公式:

$$RT_{\mathrm{t}} = a_1 + a_2 a_0 r_{\mathrm{b}} \tag{3.14}$$

涡轮效率的计算公式:

$$\eta_{\mathrm{t}} = a_{23}\omega - a_{24}\omega^2 \tag{3.15}$$

$$\omega = \frac{\pi d_{\mathrm{t}} n}{60\sqrt{2\gamma_{\mathrm{t}} RT_{\mathrm{t}}[1-\beta_{\mathrm{t}}^{(\gamma_{\mathrm{t}}-1)/\gamma_{\mathrm{t}}}]/(\gamma_{\mathrm{t}}-1)}} \tag{3.16}$$

式中,γ_{t} 是涡轮燃气的比热比。

燃烧室燃气热值的计算公式:

$$RT_{\mathrm{C}} = a_{19} + a_{20}r_{\mathrm{c}} + a_{21}r_{\mathrm{c}}^2 + a_{22}r_{\mathrm{c}}^3 \tag{3.17}$$

燃烧室燃气的热力系数 $\varGamma_{\mathrm{C}}$:

$$\varGamma_{\mathrm{C}} = \sqrt{\gamma_{\mathrm{c}}[2/(1+\gamma_{\mathrm{c}})]^{(\gamma_{\mathrm{c}}+1)/(\gamma_{\mathrm{c}}-1)}} \tag{3.18}$$

式中,γ_{c} 是燃烧室燃气的比热比。

燃气发生器燃气热值 RT_{b}(kJ/kg) 的计算公式:

$$RT_{\mathrm{b}} = a_{33} + a_{34}r_{\mathrm{b}} + a_{35}r_{\mathrm{b}}^2 \tag{3.19}$$

式中,系数 a_{33}、a_{34}、a_{35} 分别是燃气发生器燃气热值试验数据的拟合参数。

燃气发生器燃气的热力系数 $\varGamma_{\mathrm{b}}$:

$$\varGamma_{\mathrm{b}} = \sqrt{\gamma_{\mathrm{b}}[2/(1+\gamma_{\mathrm{b}})]^{(\gamma_{\mathrm{b}}+1)/(\gamma_{\mathrm{b}}-1)}} \tag{3.20}$$

式中,γ_{b} 是燃烧室燃气的比热比。

冷却套前节流圈的压降:

$$\Delta P_1 = a_{25}\frac{\dot{m}_{\mathrm{fj}}^2}{\rho_{\mathrm{f}}} \tag{3.21}$$

降温器前液路节流圈的压降:

$$\Delta P_2 = a_{26}\frac{(\dot{m}_{\mathrm{f}} - \dot{m}_{\mathrm{ff}} - \dot{m}_{\mathrm{fj}})^2}{\rho_{\mathrm{f}}} \tag{3.22}$$

泵效率与流量关系的特性方程:

$$\eta_{\mathrm{op}} = a_{27}\left(\frac{\dot{m}_{\mathrm{o}}}{\rho_{\mathrm{o}} n}\right)^2 + a_{28}\frac{\dot{m}_{\mathrm{o}}}{\rho_{\mathrm{o}} n} + a_{29} \tag{3.23}$$

$$\eta_{\mathrm{fp}} = a_{30}\left(\frac{\dot{m}_{\mathrm{f}}}{\rho_{\mathrm{f}} n}\right)^2 + a_{31}\frac{\dot{m}_{\mathrm{f}}}{\rho_{\mathrm{f}} n} + a_{32} \tag{3.24}$$

泵压升与流量关系的特性方程：

$$\Delta P_{\mathrm{op}} = -a_3 \frac{\dot{m}_{\mathrm{o}}^2}{\rho_{\mathrm{o}}} - a_4 \dot{m}_{\mathrm{o}} n + a_5\, \rho_{\mathrm{o}} n^2 \tag{3.25}$$

$$\Delta P_{\mathrm{fp}} = -a_6 \frac{\dot{m}_{\mathrm{f}}^2}{\rho_{\mathrm{f}}} + a_7 \dot{m}_{\mathrm{f}} n - a_8\, \rho_{\mathrm{f}} n^2 \tag{3.26}$$

上述各式中，所有未被说明的符号的含义及其单位在 2.2 节中可以查到。式 (3.1)~式 (3.11) 中，有 11 个发动机参数是相互独立的变量，它们是 P_{C}、r_{c}、P_{b}、r_{b}、n、$\dot{m}_{\mathrm{o}}$、$\dot{m}_{\mathrm{oc}}$、$\dot{m}_{\mathrm{of}}$、$\dot{m}_{\mathrm{f}}$、$\dot{m}_{\mathrm{ff}}$、$\dot{m}_{\mathrm{fj}}$。发动机性能参数 I_{sp}、F 是将独立变量代入到式 (3.12)、式 (3.13) 中求出的，其他发动机参数也可由这 11 个变量推出。式 (3.1)~式 (3.26) 中，有干扰因素 30 个，其含义及单位从表 2.3 中可以查到；$P_i^{\mathrm{H}}(i=0,1,2)$ 表示由液柱高度引起的压降，是定值。干扰因素可取定值，通过改变干扰因素可分析其对发动机性能的影响，也可以使干扰因素反映故障模式，进行故障效应仿真，8 个流阻系数是由相关组件的冷流试验数据及给定工况下的调整计算结果推出的。系数 $a_i(i=0\sim 8,15,16,19\sim 24,27\sim 35)$ 共有 26 个，是定值，通过发动机试验及给定工况下的调整计算结果推出。

此模型中，式 (3.1)~ 式 (3.5) 可表示为

$$\dot{\boldsymbol{y}} = \boldsymbol{f}_1[\boldsymbol{y}(t), \boldsymbol{x}(t), \boldsymbol{D}(t)] \tag{3.27}$$

式 (3.6)~ 式 (3.11) 可表示为

$$\boldsymbol{f}_2[\boldsymbol{x}(t), \boldsymbol{y}(t), \boldsymbol{D}(t)] = 0 \tag{3.28}$$

式 (3.12) 和式 (3.13) 可表示为

$$\boldsymbol{f}_3[\boldsymbol{z}(t), \boldsymbol{x}(t), \boldsymbol{y}(t), \boldsymbol{D}(t)] = 0 \tag{3.29}$$

式 (3.27)~ 式 (3.29) 中，发动机参数矢量 $\boldsymbol{x}(t) = [\dot{m}_{\mathrm{o}}, \dot{m}_{\mathrm{oc}}, \dot{m}_{\mathrm{of}}, \dot{m}_{\mathrm{f}}, \dot{m}_{\mathrm{ff}}, \dot{m}_{\mathrm{fj}}]^{\mathrm{T}}$，发动机参数矢量 $\boldsymbol{y}(t) = [P_{\mathrm{C}}, r_{\mathrm{c}}, P_{\mathrm{b}}, r_{\mathrm{b}}, n]^{\mathrm{T}}$，发动机性能参数矢量 $\boldsymbol{z} = [F, I_{\mathrm{sp}}]^{\mathrm{T}}$。

干扰因素矢量为

$$\begin{aligned}\boldsymbol{D} =& [\eta_{\mathrm{op}}, \eta_{\mathrm{fp}}, d_{\mathrm{t}}, \beta_{\mathrm{t}}, N_{\mathrm{U}}, A_{\mathrm{ej}}, A_{\mathrm{ei}}, P_{\mathrm{ipo}}, P_{\mathrm{ipf}}, P_{\mathrm{so}}, K_{\mathrm{of}}, K_{\mathrm{ov}}, P_{\mathrm{sf}}, K_{\mathrm{ff}}, A_{\mathrm{tc}},\\ & \eta_{\mathrm{c}}, \rho_{\mathrm{o}}, \rho_{\mathrm{f}}, A_{\mathrm{e}}, P_0, a_9, a_{11}, a_{12}, a_{13}, a_{14}, a_{17}, a_{18}, a_{10}, a_{25}, a_{26}]^{\mathrm{T}}\end{aligned}$$

上述模型将在 3.3~3.6 节中用到。

3.3 单干扰因素对发动机性能影响的动态仿真

3.3.1 计算方法

由 3.2 节可知，把干扰因素矢量 $\boldsymbol{D}(t)$ 以阶跃形式输入，并且认为在某一时刻只有一个干扰因素发生变化，而其余干扰因素不变化，这样 $\boldsymbol{D}(t)$ 在计算时成为一个定值，通过改变干扰因素可分析其对发动机性能的影响。现给出以下计算方法以仿真单干扰因素发生阶跃变化时发动机性能参数变化的过渡过程。

在 3.2 节中，式 (3.27) 由 5 个一阶非线性微分方程组成，式 (3.28) 由 6 个非线性代数方程组成。对于前者采用四阶定步长龙格–库塔法求解，步长取 5×10^{-5}s；对于后者，采用 Broyden 优化算法，优化计算的收敛精度为 10^{-5}，Broyden 优化算法的具体步骤已在 2.3.1 小节中介绍了。将发动机参数的计算结果代入式 (3.29) 中，可求出发动机的性能参数。仿真计算的流程图如图 3.1 所示，具体的仿真计算步骤如下：

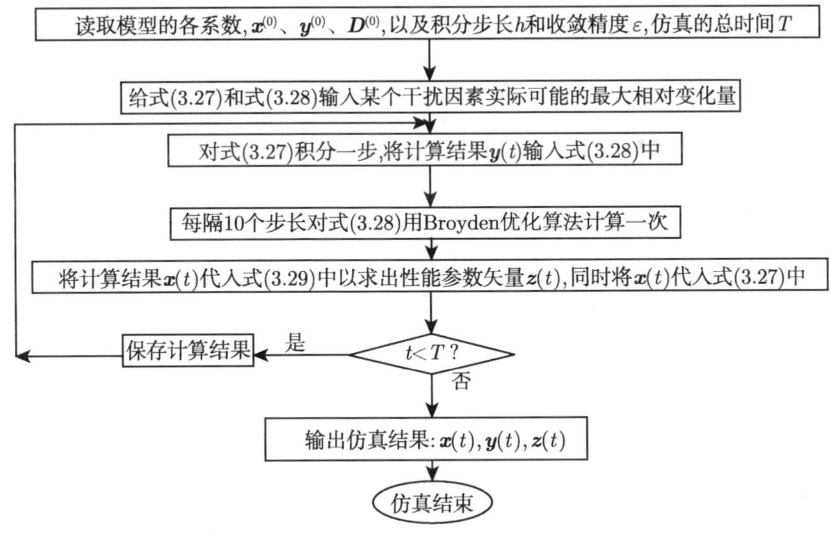

图 3.1 动态特性数学模型计算的流程图

(1) 输入发动机参数 $\boldsymbol{x}^{(0)}$、$\boldsymbol{y}^{(0)}$ 分别为 $\boldsymbol{x}$、$\boldsymbol{y}$ 的初始值，输入各系数和液柱高度引起的压降 P_i^{H}、干扰因素的初值，即在额定工况下计算发动机参数时干扰因素的取值 $\boldsymbol{D}^{(0)}$，以及积分步长 h 和优化计算的收敛精度 ε，输入需要仿真的总时间 T；

(2) 给式 (3.27) 和式 (3.28) 输入某个干扰因素实际可能的最大相对变化量；

(3) 对式 (3.27) 积分一步，将计算结果 $\boldsymbol{y}(t)$ 输入式 (3.28) 中；

(4) 每隔 10 个步长对式 (3.28) 用 Broyden 优化算法计算一次，将计算结果

$\boldsymbol{x}(t)$ 代入式 (3.29) 中以求出性能参数矢量 $\boldsymbol{z}(t)$，同时将 $\boldsymbol{x}(t)$ 代入式 (3.27) 中；

(5) 判断仿真时间 t 是否小于 T，若是，则保存计算结果再转至步骤 (3)，否则转至步骤 (6)；

(6) 输出仿真结果；

(7) 仿真结束。

3.3.2　单干扰因素对发动机性能影响的动态仿真结果

计算时假设：当 $t=0$ s 时，发动机处于额定工况，且只有一个干扰因素发生阶跃变化。根据表 3.1 中的单干扰因素实际相对变化量的最大值，计算发动机性能参数过渡到稳态时的相对变化量及过渡过程所需的时间，其中发动机性能参数的相对变化量可以从表 2.4 的 A'、B' 中查到。表 3.1 给出了发动机性能参数过渡过程所需的时间，表 3.1 中 T_1、T_2 分别是发动机比冲、推力的过渡过程所需的时间，此表中干扰因素 D_k 与表 2.3 中相同代号的干扰因素的含义是一样的，$D_k^{(0)}$ 是在额定工况下计算发动机参数时干扰因素 D_k 的设定值。

表 3.1　单干扰因素影响下发动机性能参数的过渡时间

k	$\delta D_k/D_k^{(0)}$	T_1/s	T_2/s	k	$\delta D_k/D_k^{(0)}$	T_1/s	T_2/s
0	1.5221×10^{-2}	0.38	0.37	14	-7.2133×10^{-3}	0.35	0.28
1	-1.1403×10^{-2}	0.395	0.39	15	-5.2356×10^{-3}	0.35	0.35
2	-5.6146×10^{-4}	0.385	0.385	16	0.06	0.31	0.30
3	0.02	0.35	0.33	17	0.06	0.37	0.37
4	0.05	0.35	0.35	18	-5.7782×10^{-3}	0.005	0.005
5	1.1869×10^{-2}	0.35	0.35	19	-1.0	0.005	0.005
6	6.4671×10^{-3}	0.35	0.35	20	-0.2	0.32	0.30
7	1.5	0.20	0.21	21	-0.09520	0.36	0.35
8	1.0	0.18	0.20	22	-0.11364	0.35	0.35
9	0.6	0.35	0.35	23	-0.08	0.28	0.29
10	3.1227×10^{-2}	0.35	0.35	24	-0.11646	0.35	0.36
11	-1.0490×10^{-2}	0.19	0.35	25	-0.06670	0.36	0.36
12	0.6	0.35	0.35	26	-0.078	0.36	0.36
13	-2.1434×10^{-2}	0.37	0.35				

注：表中的 T_1 和 T_2 分别是发动机比冲和推力的过渡过程所需的时间。

由表 3.1 可知，在 T_1、T_2 各列中，$A_{\rm e}$(即 D_{18}) 或 P_0(即 D_{19}) 引起发动机比冲、推力的过渡时间最短，而 $\eta_{\rm fp}$(即 D_1)、$d_{\rm t}$(即 D_2)、$\eta_{\rm op}$(即 D_0) 引起的发动机比冲和推力的过渡时间较长。$A_{\rm e}$、P_0 的变化直接引起发动机推力的变化，而不影响燃烧室的工作过程，也就是说，不会引起推进剂流量和室压的变化，因此，发动机比冲、推力将会在很短的时间内达到新的稳定状态。由于涡轮泵组件的惯性较大，特征时间较长，因此，$\eta_{\rm fp}$、$d_{\rm t}$、$\eta_{\rm op}$ 的变化将会使发动机比冲、推力的过渡时间较长。表 3.1 中的过渡时间均在 0.4s 以内。

3.4 发动机动态特性数学模型的验证

3.4.1 验证模型的方法

液体火箭发动机动态特性的研究，多年来一直是研究工作中的重要课题，从理论和试验两方面开展了大量研究，取得了许多成果。20 世纪 70 年代以来，通过计算仿真，将发动机动力学理论研究与试验研究进一步结合起来。

美国联合技术公司 (United Technologies Corporation，UTC)，Pratt & Whitney 机构从 20 世纪 80 年代后期开始到 1991 年，设计并研制出功能齐全、方便用户的 ROCETS，经过同 TTBE(Technology Test Bed Engine) 模型仿真结果比较，证明该系统得出的动态特性结果是令人满意的 [18]。为满足美国国家航空航天局（NASA）的需要，UTC 研制出的 ROCETS 软件可预示液体火箭发动机瞬变过程，启动、关机、转级的过渡过程，还可对稳态点或瞬态点进行线化，并提供状态空间模型。ROCETS 软件将发动机各部分的数学模型组合在一起，以描述发动机系统的动态性能。各部分所用的模型为已有的工程表达式。ROCETS 软件有可供再使用的经过验证的模型程序和方法库以及建模技术，可对不同构型的发动机进行仿真，而不需要昂贵的新的计算机代码生成及验证，是一种节省时间和费用的动力学仿真新工具。此系统今后还将不断改进提高。

针对图 2.1 所示的泵压式燃气发生器循环的液体火箭发动机，在 3.2 节列出了描述该发动机动态特性的数学模型，该模型可仿真该发动机的转级过渡过程，在模型中加入故障因子后可仿真故障发生时的过渡过程，此模型与 ROCETS 软件一样，也需要验证其准确度，因为，这为模型的改进和实际应用及推广提供了依据。

验证模型时需要发动机在热试车转级过渡过程中的测量数据，包括干扰因素的测量数据及发动机参数的测量数据，还需要在转级前稳态工况下的干扰因素和发动机参数的测量数据。

验证模型的方法如下：

(1) 输入描述发动机动态特性数学模型的系数值，发动机参数和干扰因素的初值，即在转级前的稳态工况下干扰因素的实测值 $\boldsymbol{D}^{(0)}$ 以及由其代入模型后算出的发动机参数矢量 $\boldsymbol{x}^{(0)}$、$\boldsymbol{y}^{(0)}$ 和发动机性能参数矢量 $\boldsymbol{z}(t)$，以及积分步长 h 和优化算法的收敛精度 ε，$t_0=0\text{s}$，在转级过程中发动机参数或干扰因素测量的时间间隔 ΔT_1，整个转级过渡时间 ΔT_2，转级前的初始时刻 T_0；

(2) 判断 $t_0 + \Delta T_1$ 是否小于 ΔT_2，若是，则转至步骤 (3)，若不是，则转至步骤 (7)；

(3) 将 $t_0 + \Delta T_1$ 赋值给 t_0，输入 $t_0 + T_0$ 时刻的干扰因素的实测值到数学模型中；

(4) 对微分方程组积分 10 步，将计算结果 $\boldsymbol{y}(t)$ 输入代数方程组中；

(5) 用 Broyden 方法计算代数方程组，将计算结果 $\boldsymbol{x}(t)$ 代入微分方程组，并用计算结果 $\boldsymbol{x}(t)$、$\boldsymbol{y}(t)$ 推导出发动机的性能参数值 $\boldsymbol{z}(t)$；

(6) 判断仿真时间 t 是否小于 ΔT_1，若是，则保存计算结果再转至步骤 (4)，否则转至步骤 (2)；

(7) 输出整个过渡过程中发动机参数的计算结果并与实测值相比较；

(8) 仿真结束。

以上各步骤的流程图如图 3.2 所示。

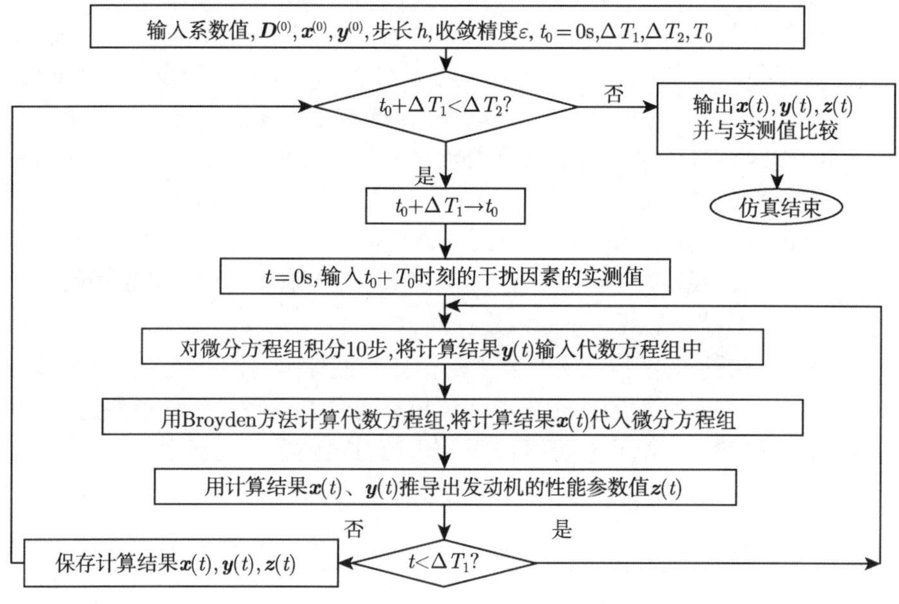

图 3.2　用于验证模型的仿真计算流程图

3.4.2　验证的结果及分析

现用某次试车两个稳态工况之间的过渡段的数据来验证液体火箭发动机动态特性的非线性数学模型。关于该次地面试车的概况已在 2.5.3 小节中介绍过，这里再补充几点。

(1) 根据试车数据，在两个稳态工况中，以下干扰因素与在额定工况下计算发动机参数时设定的干扰因素值相比较，发生了变化：ρ_{o}、ρ_{f}、P_{so}、P_{sf} 和 P_{ipo}、P_{ipf}。

前四个干扰因素的实测值在整个试车过程中取定值，后两个干扰因素的实测值分别可从氧化剂、燃料启动阀前的压力换算得出。

图 2.10 和图 3.3 分别是无量纲泵入口压力在整个试车过程中的测量结果，图中 $P_{\mathrm{ipf}}^{(*)}$ 是额定工况下 P_{ipf} 的设定值，从图可知，发动机在两个稳态工况之间的过渡段是 60~148s。

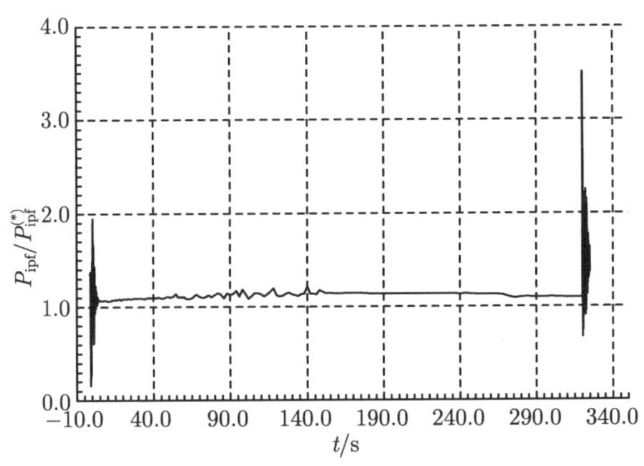

图 3.3　$P_{\mathrm{ipf}}/P_{\mathrm{ipf}}^{(*)}$ 的时间历程

(2) 在稳态工况的过渡段，P_{ipo}、P_{ipf} 以及 5 个发动机参数 F、$\dot{m}_{\mathrm{o}}$、$\dot{m}_{\mathrm{f}}$、n、P_{oc} 是被连续测量的参数，测量的时间间隔为 ΔT_1=2s。

(3) 在计算发动机推力时，环境大气压应取试车实测值，它在试车过程中是定值。

在仿真发动机参数的过渡过程时，要综合考虑外部干扰因素 ρ_{o}、ρ_{f}、P_{so}、P_{sf}、P_{ipo}、P_{ipf} 的影响，其中，P_{ipo}、P_{ipf} 是分别参考图 2.10 和图 3.3 得出的。仿真计算时未考虑内部干扰因素的变化，积分步长 h=0.001s，收敛精度 $\varepsilon = 10^{-5}$，ΔT_1=2s，ΔT_2=88s，T_0=56s。在仿真计算时，将干扰因素 P_{ipo}、P_{ipf} 的测量值从 56s 开始，每隔 ΔT_1 就将其输入数学模型中 (图 3.2)，并认为 P_{ipo}、P_{ipf} 在 $t_0+T_0 \sim t_0+T_0+\Delta T_1$ 的时间内是不变的。从输入的 P_{ipo}、P_{ipf} 所对应的时刻 t_0+T_0 开始，仿真出该时刻后 ΔT_1 时间段的发动机参数值，然后再输入 $t_0+T_0+\Delta T_1$ 时刻的 P_{ipo}、P_{ipf}，并从此时刻开始仿真。重复上述输入、仿真的过程，直至整个过渡过程结束，最后将整个过渡过程中发动机参数的仿真值与实测值进行比较。发动机参数的仿真结果与实测值如图 3.4~ 图 3.7 所示。

图 3.4 是过渡过程中发动机无量纲推力的曲线，由图可知，过渡过程中两条曲线是很接近的，推力计算值随着时间的增大而增大，最后达到稳态，在稳态时推力的计算值比实测值低，按照式 (2.68) 定义的发动机参数的计算值相对于实测值的相对偏差 δ，可知在第二稳态工况时 $\delta(F) = -4.134\%$。从表 2.13 的 6 个干扰因素

在第二稳态工况下的相对变化量相比较可知，P_{ipo} 的相对变化量最大，它是引起发动机参数变化的主要干扰因素；根据表 2.4 可知，在单干扰因素 P_{ipo} 增大时，将引起发动机推力的增大；由图 2.10 可知，过渡过程中 P_{ipo} 随着时间的增大呈增大的趋势，因此，图 3.4 中的无量纲推力计算值的曲线随着时间的增大而增大，$F^{(*)}$ 是额定工况下推力 F 的设定值。

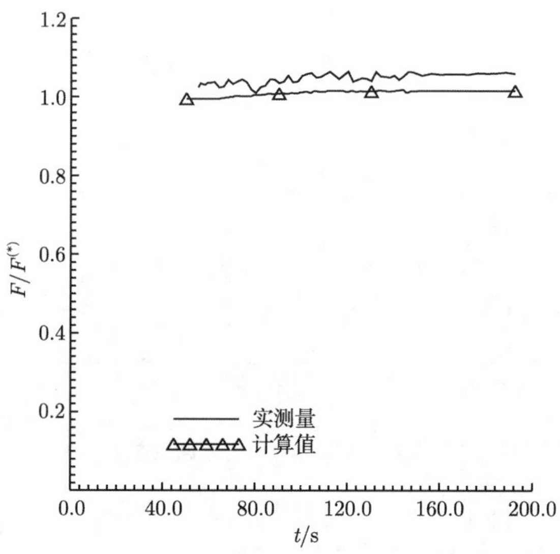

图 3.4　发动机无量纲推力的计算值与实测值的比较

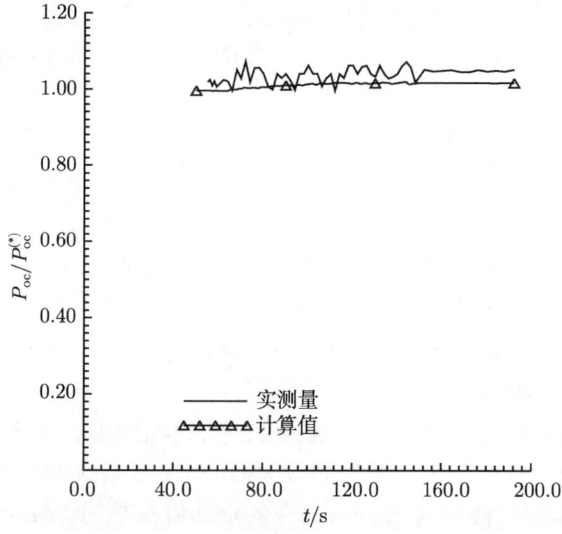

图 3.5　燃烧室无量纲氧化剂喷前压力的计算值与实测值的比较

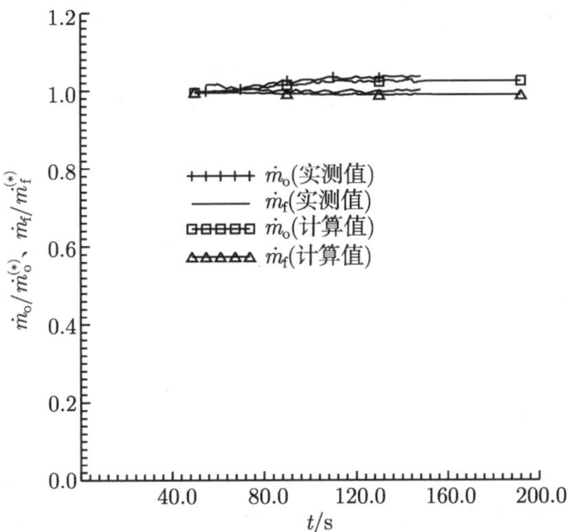

图 3.6　发动机无量纲流量的计算值与实测值的比较

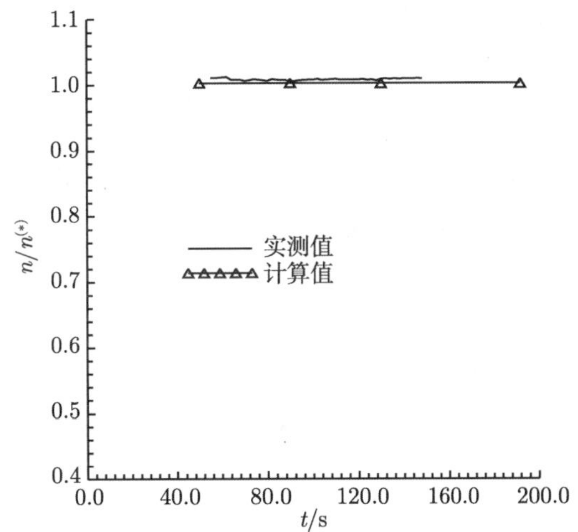

图 3.7　涡轮泵无量纲转速的计算值与实测值的比较

图 3.5 是过渡过程中燃烧室氧化剂喷前压力 P_{oc} 的曲线，$P_{oc}^{(*)}$ 是额定工况下 P_{oc} 的设定值。由图可知，过渡过程中两条曲线是很接近的，P_{oc} 的计算值随着时间的增大而增大，约在 148s 时刻达到稳态值，此时 P_{oc} 的计算值比实测值大约低 0.33MPa，在第二稳态工况时 $\delta(P_{oc}) = -3.289\%$。

图 3.6 是发动机无量纲流量在过渡段的曲线，$\dot{m}_o^{(*)}$、$\dot{m}_f^{(*)}$ 分别是额定工况下氧化剂和燃料流量设定值。由图可知，流量的计算值与实测值非常接近，在第二稳态工况时 $\delta(\dot{m}_o) = -1.077\%$，$\delta(\dot{m}_f) = -1.186\%$，$\dot{m}_o$ 随着时间的增大而增大，最后达到稳态值，而 $\dot{m}_f$ 在整个过渡过程中变化不明显。由此可知，发动机组元比在过渡

段有增大的趋势，这是由于 P_{ipo} 为发动机参数变化的主要干扰因素。由图 2.10 可知，过渡过程中 P_{ipo} 随着时间的增加有增大的趋势，利用发动机静特性非线性数学模型计算单干扰因素 P_{ipo} 对发动机参数的影响，可以得出 P_{ipo} 的增大将引起组元比增大的结果，此结果与图 3.6 所示的组元比在过渡段后比过渡段前更大的结果是一致的。

图 3.7 是在过渡段无量纲转速的曲线，由图可知，转速的计算值与实测值非常接近，在过渡段的变化不明显。在第二稳态工况时，转速的计算值比实测值约小 73 r/min，$\delta(n) = -0.6883\%$。

以上求取计算值与实测值之间的差距时没有考虑实测值的误差，实际上，发动机参数的实测值是存在误差的 (表 2.12)，现在考虑实测值的误差，按照式 (2.68) 求取发动机参数计算值与实测值之间的相对偏差，则在整个过渡过程中发动机参数的相对偏差的范围分别为：$\delta(F)$ 在 $-5.7638\% \sim 0.4379\%$ 的范围内，$\delta(P_{\mathrm{oc}})$ 在 $-7.0990\% \sim 2.8308\%$ 的范围内，$\delta(n)$ 在 $-1.1751\% \sim -0.6797\%$ 的范围内，$\delta(\dot{m}_{\mathrm{o}})$ 在 $-2.0475\% \sim 0.3282\%$ 的范围内，$\delta(\dot{m}_{\mathrm{f}})$ 在 $-2.5122\% \sim 0.3098\%$ 的范围内。

由上可以看出，发动机动态特性模型的不准确度是在工程应用的容许范围以内，估计非线性模型的不准确由以下几个部分引起：

(1) 模型中的泵特性关系式是建立在大量的泵试验数据统计基础上的平均特性关系式，而不是某次热试车时所用泵的特性关系式；

(2) 建立模型时用到的燃烧室、冷却套、喷嘴、隔板、发生器、降温器的水试数据换算结果是统计的水试数据换算结果，而不是某次热试车时发动机所用组件的水试数据换算结果。

(3) 内部干扰因素在某次热试车时实际发生了多少变化是未知的。

3.5　结　　论

本章采用非线性数学模型分析干扰因素对某泵压式燃气发生器循环的液体火箭发动机的性能的影响，从单干扰因素实际可能的最大变化量出发，进行发动机性能参数过渡过程的仿真，并且通过试车数据检验描述发动机动态特性的非线性数学模型的准确度。

在考虑单干扰因素对发动机性能的影响时，A_{e}(即 D_{18}) 或 P_0(即 D_{19}) 引起发动机比冲、推力的过渡时间最短，而 η_{fp}(即 D_1)、d_{t}(即 D_2)、η_{op}(即 D_0) 引起的发动机比冲和推力的过渡时间较长，但是过渡时间不会超过 0.4s。

用试车数据检验描述发动机动态特性的非线性数学模型的准确度时，在整个过渡过程中，所有可以实际测量的发动机参数的计算值与实测值之间的偏差均在 $\pm 7.1\%$ 以内，此偏差在工程应用的容许范围以内。

第 4 章　推进剂利用系统对液体火箭发动机性能的影响分析

4.1　引　　言

推进剂利用系统是调节飞行过程中液体火箭发动机推进剂组元比，以保证飞行器的燃料和氧化剂贮箱中推进剂二组元同时耗尽的控制系统。由于内外干扰因素的影响，发动机实际工作混合比会偏离额定混合比，这一方面将影响比冲，另一方面将导致一种推进剂组元提前用完而另一种推进剂组元则剩余过多，使发动机工作时间缩短、飞行器关机点质量增大，运载工具的性能降低。采用推进剂利用系统可减少推进剂剩余量，从而减小关机时飞行器的质量，并可放宽对飞行器加注准确性和推进剂流量的调整精度的要求，这时发动机可在较宽的混合比范围内正常工作。但是，推进剂利用系统将会对发动机的性能产生影响，计算这种影响的大小就是本章的主要内容。

从文献 [13], 文献 [92]~[94] 可知，美国的航天飞机主发动机 SSME、RL10A-3-3A 发动机、J-2 发动机上均有混合比调节装置, 这三种发动机的组元比调节范围分别是 ±8.33%、±10%、±10%。我国已在大型液体火箭发动机上使用了推进剂利用系统 [95,96]，文献 [95] 介绍了我国首次在氢氧低温推进剂泵压式液体火箭发动机上进行组元比调节的进展，其调节方案是：在发动机氧主液路上并联两个推进剂利用阀，该阀的进口各设置一个调节元件，控制调节流量，每个阀配一个电动气活门，用于控制阀的开关、改变液氧的流量。此方案可使组元比的调节范围在 ±5% 以内，并且组元比的变化是阶跃式的。此推进剂利用系统已经通过了地面试车和飞行试验的考核，能够可靠地工作，参数满足设计要求。

本章针对某台带有推进剂利用系统的泵压式液体火箭发动机 (图 4.1)，建立了描述液体火箭发动机稳态工况的非线性数学模型，按照发动机额定工况参数和试验数据确定了方程的各系数，提高了数学模型的准确度，用 Broyden 法求解发动机的各参数，详细地分析了推进剂利用系统调节阀控制燃料流量的情况下对发动机性能的影响，并将计算结果与用小偏差方法计算的结果作了对比。

图 4.1 中所示的推进剂利用系统对组元比进行调节的过程如下：液位传感器给出连续或阶梯式的液位信号，通过计算机算出贮箱中推进剂组元的相对剩余量，并给出电脉冲，电脉冲信号被放大后，伺服电动机根据电脉冲数转动一定角度，带

动组元比调节阀开大或关小。图 4.1 中组元比调节阀安装在燃料泵出口至推力室头腔之间的旁通管路中，通过调节旁通管路燃料流量来实现组元比调节，旁通管路燃料流量 (即为 D_4) 的实际调节范围是 1~6kg/s。本章在计算中认为液位传感器给出了连续的液位信号。

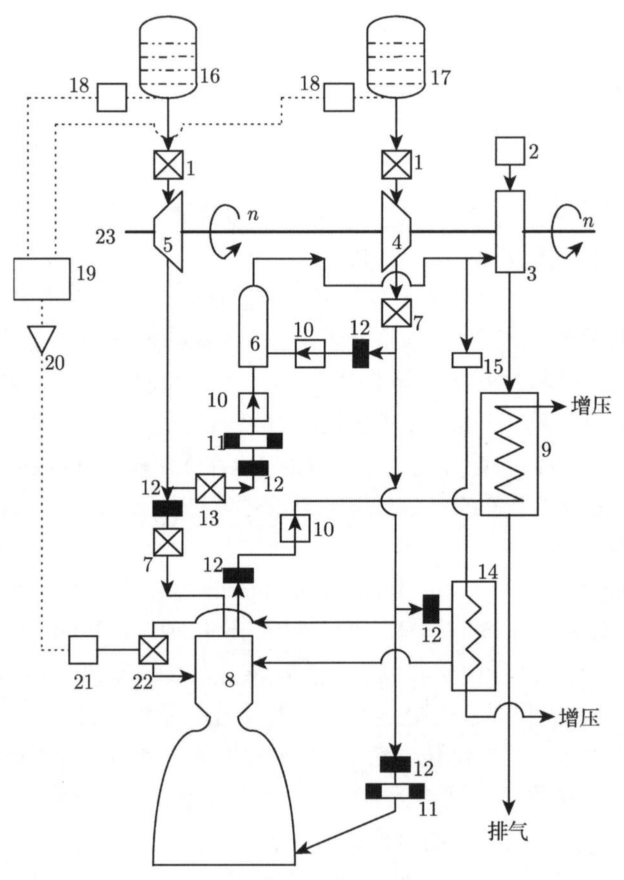

图 4.1 发动机系统示意图

1. 启动活门；2. 火药启动器；3. 涡轮；4. 燃料泵；5. 氧化剂泵；6. 燃气发生器；7. 主活门；8. 推力室；9. 蒸发器；10. 单向活门；11. 节流圈；12. 文氏管；13. 断流活门；14. 降温器；15. 音速喷嘴；16. 氧化剂贮箱；17. 燃料贮箱；18. 贮箱液位传感器；19. 计算机；20. 信号放大器；21. 伺服电动机；22. 混合比调节器；23. 涡轮泵转轴

4.2 发动机的非线性数学模型

根据发动机系统中各组件参数与各内外干扰因素的关系，建立满足系统的压力平衡、流量平衡、功率平衡的方程，其中有一部分是非线性方程。在发动机工作过程中，当干扰因素发生变化时，发动机的各参数将平衡在一个新的稳定状态，这时对所有方程联立求解，即可得出发动机的各参数值。推进剂利用系统调节阀所控制的燃料流量就是一个干扰因素，此流量变化时，将导致发动机混合比、比冲、推力等性能参数发生变化，通过建模和优化计算就可得出此流量对发动机性能的影响。

推进剂利用系统由感应两个贮箱推进剂组元质量的敏感元件、计算贮箱中推进剂贮量比并与控制量进行比较的计算机，以及调节发动机工作组元比的执行机构组成。推进剂利用系统属于闭环组元比调节系统，它在发动机系统中的组成如图 4.1 所示，图 4.1 中的组件 18~22 构成了推进剂利用系统。该发动机系统使用的推进剂是四氧化二氮和偏二甲肼。

图 4.1 所示发动机系统的非线性数学模型如下所述。

流量平衡方程：

$$x(2)+x(3)-x(0)=0 \tag{4.1}$$

$$x(5)+x(4)+x(14)-x(1)+D_4=0 \tag{4.2}$$

$$x(0)+x(1)-x(15)=0 \tag{4.3}$$

$$x(24)+x(16)-x(3)-x(4)=0 \tag{4.4}$$

$$\frac{D_5x(16)}{D_6}-x(24)=0 \tag{4.5}$$

压力平衡方程：

$$(D_{20}+a_1/D_{16})\cdot x^2(2)-x(25)+D_9=0 \tag{4.6}$$

$$x(8)-x(25)-\frac{a_0x^2(0)}{D_{16}}+D_7=0 \tag{4.7}$$

$$x(9)-x(11)-\frac{a_9x^2(1)}{D_{17}}+D_8=0 \tag{4.8}$$

$$D_{12}+(D_{21}+a_{10}/D_{17})\cdot x^2(5)-x(11)=0 \tag{4.9}$$

$$x(7)-x(10)+a_{13}[x(2)-x(6)]^2/D_{16}=0 \tag{4.10}$$

$$D_{12}+(D_{22}+a_{12}/D_{17})\cdot x^2(14)-x(11)=0 \tag{4.11}$$

$$D_9+D_{11}\cdot x^2(6)-x(10)+P_0^{\mathrm{H}}=0 \tag{4.12}$$

$$D_9+(D_{10}+a_2/D_{16})\cdot x^2(3)-x(25)=0 \tag{4.13}$$

$$D_{12}+(D_{13}+a_{11}/D_{17})\cdot x^2(4)-x(11)=0 \tag{4.14}$$

$$x(7)-x(13)+a_{14}[x(5)+x(14)+D_4]^2/D_{17}=0 \tag{4.15}$$

$$x(26) + x(13) - x(11) + \frac{a_{15}D_4^2}{D_{17}} = 0 \tag{4.16}$$

功率平衡方程：

$$\frac{10^3 x(0)\, x(8)}{D_0 D_{16}} + \frac{10^3 x(1)\, x(9)}{D_1 D_{17}} - 5\, x(22)\, x(16)\, D_2\, (1 - D_3^{0.2}) = 0 \tag{4.17}$$

燃烧室压力的计算公式：

$$10^3 D_{14}\, x(7) - a_{16}\, D_{15}\, [\, x(2) - x(6) + x(5) + x(14) + D_4] = 0 \tag{4.18}$$

泵压升与流量关系的特性方程：

$$x(8) + \frac{a_3 x^2(0)}{D_{16}} + a_4 x(0)\, x(12) - a_5 D_{16}\, x^2(12) = 0 \tag{4.19}$$

$$x(9) + \frac{a_6 x^2(1)}{D_{17}} - a_7 x(1)\, x(12) + a_8 D_{17}\, x^2(12) = 0 \tag{4.20}$$

副系统余氧系数的计算公式：

$$x(17) - \frac{a_{17} x(3)}{x(4)} = 0 \tag{4.21}$$

发动机组元比的计算公式：

$$x(18) - x(0)/x(1) = 0 \tag{4.22}$$

氧化剂泵功率的计算公式：

$$x(19) - \frac{10^3 x(0) x(8)}{D_0 D_{16}} = 0 \tag{4.23}$$

燃料泵功率的计算公式：

$$x(20) - \frac{10^3 x(9)\, x(1)}{D_1 D_{17}} = 0 \tag{4.24}$$

涡轮功率的计算公式：

$$x(21) - x(19) - x(20) = 0 \tag{4.25}$$

涡轮燃气热值与副系统余氧系数的关系式：

$$a_{18} x(17) + a_{19} - x(22) = 0 \tag{4.26}$$

发动机推力的计算公式：

$$a_{20}[x(1)+x(0)-a_{21}]-10^3D_{18}D_{19}-x(23)=0 \tag{4.27}$$

发动机比冲的计算公式：

$$x(27)-x(23)/[x(1)+x(0)-x(24)-x(6)]=0 \tag{4.28}$$

式 (4.17) 中，涡轮效率 D_2 按下式计算:

$$D_2=w_0(w_1b-w_2b^2) \tag{4.29}$$

$$b=\frac{w_3\,x(12)}{100\sqrt{x(22)(1-D_3^{0.2})}} \tag{4.30}$$

上述前 28 个方程中，$x(0)\sim x(27)$ 为发动机参数，是变量；系数 $a_k(k=0,\cdots,21)$ 是定值，由给定工况下的调整计算结果推出；$D_k(k=0,\cdots,22)$ 和流阻系数 $a_0\sim a_2$、$a_9\sim a_{15}$ 均为干扰因素，可取定值，通过改变干扰因素可分析干扰因素对发动机性能的影响，还可根据故障模式在上述方程中增加系数 a_k，使之反映故障的影响，进行稳态故障效应仿真；组元比调节阀所控制的燃料旁通管路流量 D_4 就是干扰因素之一；$w_k(k=0,\cdots,3)$ 是用于计算涡轮效率的经验系数，通过发动机试验而得到；P_0^{H} 表示由液柱高度引起的压降，由试验数据得到；w_k、P_0^{H} 均为定值。$x(k)$、D_k 的含义及单位分别列入表 4.1、表 4.2 中，a_k 的含义列入表 4.2 中。

表 4.1 发动机参数说明

含义	代号	符号	单位	含义	代号	符号	单位
发动机氧化剂流量	$x(0)$	$\dot{m}_{\mathrm{o}}$	kg/s	推力室头部隔板流量	$x(14)$	$\dot{m}_{\mathrm{fg}}$	kg/s
发动机燃料流量	$x(1)$	$\dot{m}_{\mathrm{f}}$	kg/s	发动机总流量	$x(15)$	$\dot{m}$	kg/s
氧化剂主文氏管流量	$x(2)$	$\dot{m}_{\mathrm{ov}}$	kg/s	涡轮燃气流量	$x(16)$	$\dot{m}_{\mathrm{t}}$	kg/s
燃气发生器氧化剂流量	$x(3)$	$\dot{m}_{\mathrm{of}}$	kg/s	副系统余氧系数	$x(17)$	α_{f}	
燃气发生器燃料流量	$x(4)$	$\dot{m}_{\mathrm{ff}}$	kg/s	推进剂组元比	$x(18)$	MR	
冷却套流量	$x(5)$	$\dot{m}_{\mathrm{fj}}$	kg/s	氧化剂泵功率	$x(19)$	N_{o}	kW
蒸发器流量	$x(6)$	$\dot{m}_{\mathrm{oz}}$	kg/s	燃料泵功率	$x(20)$	N_{f}	kW
燃烧室压力	$x(7)$	P_{C}	MPa	涡轮功率	$x(21)$	N_{t}	kW
氧化剂泵压力增量	$x(8)$	ΔP_{op}	MPa	涡轮燃气热值	$x(22)$	RT_{t}	kJ/kg
燃料泵压力增量	$x(9)$	ΔP_{fp}	MPa	发动机推力	$x(23)$	F	kN
燃烧室氧喷前压力	$x(10)$	P_{oc}	MPa	声速喷嘴流量	$x(24)$	$\dot{m}_{\mathrm{j}}$	kg/s
燃料主导管分支处压力	$x(11)$	$P_{\mathrm{f}}^{\mathrm{L}}$	MPa	氧化剂泵后分支处压力	$x(25)$	$P_{\mathrm{o}}^{\mathrm{L}}$	MPa
涡轮泵转速	$x(12)$	n	r/min	混合比调节阀的压降	$x(26)$	ΔP_{u}	MPa
燃烧室燃料喷前压力	$x(13)$	P_{fc}	MPa	发动机比冲	$x(27)$	I_{sp}	m/s

表 4.2 干扰因素说明

含义	代号	符号	单位	含义	代号	符号	单位
氧化剂泵效率	D_0	η_{op}		燃料饱和蒸气压	D_{12}	P_{sf}	MPa
燃料泵效率	D_1	η_{fp}		燃料副系统文氏管汽蚀系数	D_{13}	$\mathrm{k_{ff}}$	$\mathrm{MPa \cdot s^2/kg^2}$
涡轮效率	D_2	η_t		推力室喉部面积	D_{14}	A_{tc}	$\mathrm{m^2}$
涡轮落压比	D_3	γ_{bd}		燃烧室燃烧效率	D_{15}	η_c	
燃料旁通管路流量	D_4	$\dot{m}_{fu}$	kg/s	氧化剂密度	D_{16}	ρ_o	$\mathrm{kg/m^3}$
声速喷嘴面积	D_5	A_{ej}	$\mathrm{m^2}$	燃料密度	D_{17}	ρ_f	$\mathrm{kg/m^3}$
涡轮喷嘴面积	D_6	A_{ei}	$\mathrm{m^2}$	喷管出口面积	D_{18}	A_e	$\mathrm{m^2}$
氧化剂泵入口压力	D_7	P_{ipo}	MPa	大气压力	D_{19}	P_0	MPa
燃料泵入口压力	D_8	P_{ipf}	MPa	氧化剂主文氏管汽蚀系数	D_{20}	k_o	$\mathrm{MPa \cdot s^2/kg^2}$
氧化剂饱和蒸气压	D_9	P_{so}	MPa	燃料主文氏管汽蚀系数	D_{21}	k_f	$\mathrm{MPa \cdot s^2/kg^2}$
氧化剂副系统汽蚀系数	D_{10}	k_{of}	$\mathrm{MPa \cdot s^2/kg^2}$	燃料隔板文氏管汽蚀系数	D_{22}	k_{fg}	$\mathrm{MPa \cdot s^2/kg^2}$
蒸发器文氏管汽蚀系数	D_{11}	k_{oz}	$\mathrm{MPa \cdot s^2/kg^2}$				

表 4.3 系数 a_k 的说明

符号	含义
a_0	氧化剂泵出口至分支处段的流阻系数
a_1	氧化剂管路分支处至主文氏管入口处段的流阻系数
a_2	氧化剂管路分支处至副文氏管入口处段的流阻系数
a_3	氧泵压力损失和进、出口管影响系数
a_4	氧泵流道几何形状影响系数
a_5	叶轮尺寸对氧泵扬程的影响系数
a_6	燃料泵压力损失和进、出口管影响系数
a_7	燃料泵流道几何形状影响系数
a_8	叶轮尺寸对燃料泵扬程的影响系数
a_9	燃料管路从泵出口至分支处段的流阻系数
a_{10}	燃料管路分支处至主文氏管入口处段的流阻系数
a_{11}	燃料管路分支处至副文氏管入口处段的流阻系数
a_{12}	燃料管路分支处至隔板文氏管入口处段的流阻系数
a_{13}	氧化剂喷前至燃烧室段的流阻系数
a_{14}	燃料喷前至燃烧室段的流阻系数
a_{15}	燃料旁通管路中除调节阀之外的管路的流阻系数
a_{16}	$\sqrt{RT_C}/\Gamma_C$
a_{17}	推进剂化学当量比的倒数
a_{18}	涡轮燃气热值试验数据拟合参数之一
a_{19}	涡轮燃气热值试验数据拟合参数之二
a_{20}	喷管出口燃气速度
a_{21}	推力计算经验参数之一

注: 流阻系数 $a_0 \sim a_2$、$a_9 \sim a_{15}$ 均为干扰因素。

4.3 计 算 方 法

在求解 4.2 节的数学模型时，采用非线性优化方法，即 Broyden 法，为了进行计算结果的对比，还采用了小偏差方法。以下分别叙述这两种方法。

4.3.1 Broyden 法

式 (4.1)~ 式 (4.28) 可表示为 $f_i(\boldsymbol{x}) = 0, (i = 1, 2, \cdots, 28)$, 其中，$\boldsymbol{x} = [x(0), x(1), \cdots, x(27)]$。用 Broyden 法求解的步骤如下所述。

(1) 给出 $\boldsymbol{F}(\boldsymbol{x}) = 0$ 的初始点 $\boldsymbol{x}^{(0)}$，其中，$\boldsymbol{F}(\boldsymbol{x}) = [f_1(\boldsymbol{x}), f_2(\boldsymbol{x}), \cdots, f_{28}(\boldsymbol{x})]^{\mathrm{T}}$, 给定 $j = 0$;

(2) 求初始迭代矩阵 $\boldsymbol{H}_0$;

(3) 计算:

$$\boldsymbol{F}_j = \boldsymbol{F}(\boldsymbol{x}^{(j)})$$

(4) 计算搜索方向:

$$\boldsymbol{p}_j = -\boldsymbol{H}_j \boldsymbol{F}_j$$

(5) 选择步长 t_j，计算 $\boldsymbol{x}^{(j+1)} = \boldsymbol{x}^{(j)} + t_j \boldsymbol{p}_j$; 使得 $\|\boldsymbol{F}_{j+1}\| < \|\boldsymbol{F}_j\|$，这里 $\|\boldsymbol{F}\|$ 是 $\boldsymbol{F}$ 的谱范数:

$$\|\boldsymbol{F}\| = \sqrt{f_1^2 + f_2^2 + f_3^2 + \cdots + f_{28}^2}$$

(6) 对于给定的收敛精度 ε，检验是否有 $\|\boldsymbol{F}_{j+1}\| < \varepsilon$，如果是，便停止计算，输出计算结果;

(7) 计算:

$$\boldsymbol{Y}_j = \boldsymbol{F}_{j+1} - \boldsymbol{F}_j$$

(8) 计算:

$$\boldsymbol{H}_{j+1} = \boldsymbol{H}_j - \frac{(\boldsymbol{H}_j \boldsymbol{Y}_j - t_j \boldsymbol{p}_j)\boldsymbol{p}_j^{\mathrm{T}} \boldsymbol{H}_j}{\boldsymbol{p}_j^{\mathrm{T}} \boldsymbol{H}_j \boldsymbol{Y}_j}$$

(9) 将 $j+1$ 赋值给 j，转至步骤 (3)。

此方法属于多维弦截法的范畴，不需对式 (4.1)~式 (4.28) 作任何变形处理，不必计算雅可比 (Jacobi) 矩阵，对初值要求较宽松，可以达到小于 10^{-4} 的收敛精度。

4.3.2 小偏差方法

将式 (4.1)~ 式 (4.28) 进行泰勒级数展开，略去二阶以上的级数项，这样，剩余的一阶项构成了线性化的小偏差方程，将它们化成以下形式:

$$\boldsymbol{AY} = \boldsymbol{BX} \Rightarrow \boldsymbol{Y} = \boldsymbol{A}^{-1}\boldsymbol{BX}$$

式中，$\boldsymbol{Y}$ 是发动机参数偏差量的矩阵，$\boldsymbol{X}$ 是内外干扰因素变化量的矩阵，$\boldsymbol{A}^{-1}\boldsymbol{B}$ 是小偏差系数矩阵，$\boldsymbol{A}^{-1}\boldsymbol{B}$ 反映了发动机各参数偏差量与内外干扰因素变化量之间的量的关系。

4.4　计算结果及分析

表 4.4 中的发动机参数的相对变化量是在 $\delta D_4/D_4=-1$ 的条件下算出的结果，可以看出：Broyden 法与小偏差方法的计算结果比较接近。$\delta D_4/D_4=-1$，实质上说明燃料旁通管路的流量为 0，可以认为这是旁通管路中发生阻塞时的一种故障现象 [86]。在这种情况下，隔板、冷却套、燃料副系统流量均增大，$P_{\mathrm{f}}^{\mathrm{L}}$ 增大，导致 ΔP_{fp} 增大，涡轮泵转速增大，ΔP_{op} 增大，氧化剂流量增大，发动机的组元比增大，由于副系统需要的推进剂流量增大，实质上进入燃烧室的推进剂流量是减少的，所以燃烧室压力减小，发动机推力减小，比冲 I_{SP} 降低。从表 4.4 中可以看出，发动机的推力、燃烧室压力等性能参数的相对变化量均为负值，组元比的相对变化量为正值。经过计算，比冲的相对变化量 $\delta I_{\mathrm{SP}}/I_{\mathrm{SP}}$ 等于 -4.250×10^{-4}，泵扬程、涡轮泵转速、推进剂主管路分支处压力、副系统推进剂流量等发动机参数的相对变化量均为正值。单纯靠推进剂利用系统调节不能保持燃烧室压力为定值，因此，还要在氧化剂主管路和燃烧室之间安装燃烧室压力调节器，以保持燃烧室压力的稳定；或者在氧化剂副系统管路上安装压力稳定器，以保持燃气发生器的混合比不变。

表 4.4　$\dfrac{\delta D_4}{D_4}=-1$ 时发动机参数的相对变化量

i	$\delta x(i)/x(i)$		i	$\delta x(i)/x(i)$	
	Broyden 法	小偏差方法		Broyden法	小偏差方法
0	1.50593×10^{-2}	1.10676×10^{-2}	13	-4.80815×10^{-3}	-9.04744×10^{-3}
1	-2.48025×10^{-2}	-2.82419×10^{-2}	14	1.95682×10^{-2}	1.62128×10^{-2}
2	1.50599×10^{-2}	1.11408×10^{-2}	15	-2.49355×10^{-3}	-1.32405×10^{-3}
3	1.49635×10^{-2}	1.11887×10^{-2}	16	1.87809×10^{-2}	1.51869×10^{-2}
4	1.95682×10^{-2}	1.60116×10^{-2}	17	-4.51639×10^{-3}	-4.82285×10^{-3}
5	1.95682×10^{-2}	1.59362×10^{-2}	18	4.08756×10^{-2}	3.93095×10^{-2}
6	2.99754×10^{-3}	7.63290×10^{-4}	19	4.69965×10^{-2}	3.40294×10^{-2}
7	-2.05020×10^{-3}	-1.72670×10^{-3}	20	8.53514×10^{-3}	8.27348×10^{-3}
8	3.14634×10^{-2}	2.29061×10^{-2}	21	2.77660×10^{-2}	2.11515×10^{-2}
9	3.41856×10^{-2}	2.60267×10^{-2}	22	-2.86175×10^{-3}	-3.05594×10^{-3}
10	5.83346×10^{-3}	1.48322×10^{-3}	23	-2.77741×10^{-3}	-1.47478×10^{-3}
11	3.94767×10^{-2}	3.14679×10^{-2}	24	1.87809×10^{-2}	1.51869×10^{-2}
12	1.55296×10^{-2}	1.13959×10^{-2}	25	3.01508×10^{-2}	2.19499×10^{-2}

图 4.2 是推进剂组元比的变化量与 $\delta D_4/D_4$ 的关系曲线，图中的两条曲线分

别是 Broyden 法和小偏差方法的计算结果，图中 $\delta D_4/D_4$ 的变化范围是 $-1\sim+1$，由图可见，用 Broyden 法算出的曲线与用小偏差方法算出的直线在 $\delta D_4/D_4$=0 处是相切的，二者均随 $\delta D_4/D_4$ 的增大而减小，这种变化趋势与表 4.4 是一致的。

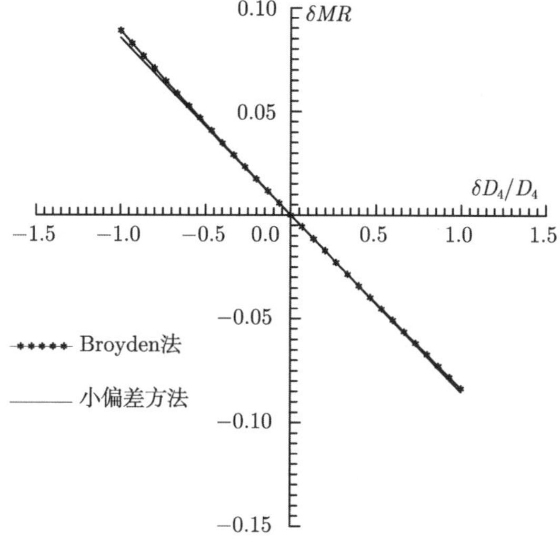

图 4.2　δMR 随 $\delta D_4/D_4$ 变化的曲线

当干扰因素在较小的范围内变化时，小偏差方法是适用的，但是当干扰因素的变化较大时, 就会使计算出的发动机参数与实际值偏离较大。现在将小偏差方法与非线性方法的计算结果进行对比，以显示它们之间的差别。图 4.3 是 $P_{\rm f}^{\rm L}$ 的变化

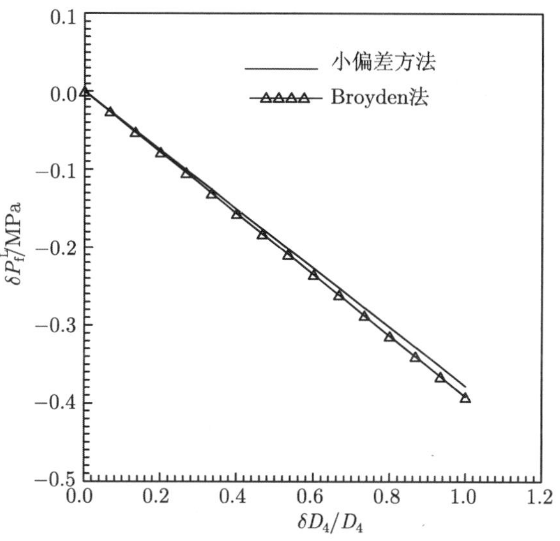

图 4.3　$\delta P_{\rm f}^{\rm L}$ 随 $\delta D_4/D_4$ 变化的曲线

量与 $\delta D_4/D_4$ 的关系曲线，图 4.4 是转速 n 的变化量与 $\delta D_4/D_4$ 的关系曲线，图 4.3、图 4.4 中各有两条线，反映出 Broyden 法与小偏差方法计算结果的差异，$\delta D_4/D_4$ 从 0 增大到 1 时，$P_{\rm f}^{\rm L}$、n 的变化量均为负值，这个结果与表 4.4 正好相反。

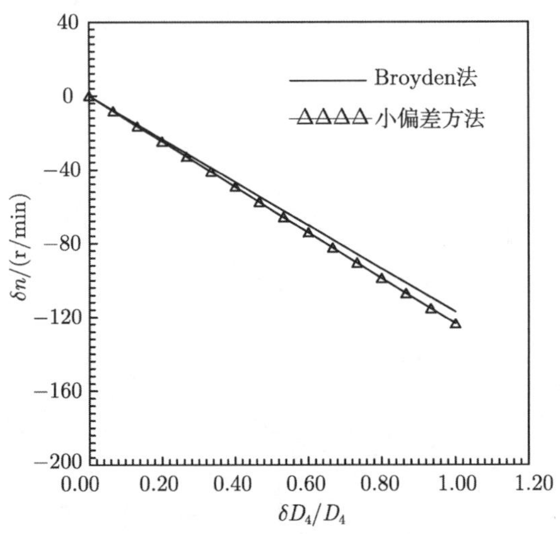

图 4.4　δn 随 $\delta D_4/D_4$ 变化的曲线

从图 4.2～ 图 4.4 中可以看出，随着 $|\delta D_4/D_4|$ 的增大，Broyden 法与小偏差方法计算结果的差别增大。

图 4.5 是 $\dot{m}_{\rm o}$、$\dot{m}_{\rm f}$、$P_{\rm oc}$、F、$I_{\rm SP}$ 的相对变化量与 $\delta D_4/D_4$ 的关系曲线，图中的 5 条曲线均为 Broyden 法的计算结果，图中 $\delta D_4/D_4$ 的变化范围是 0～1，由图可

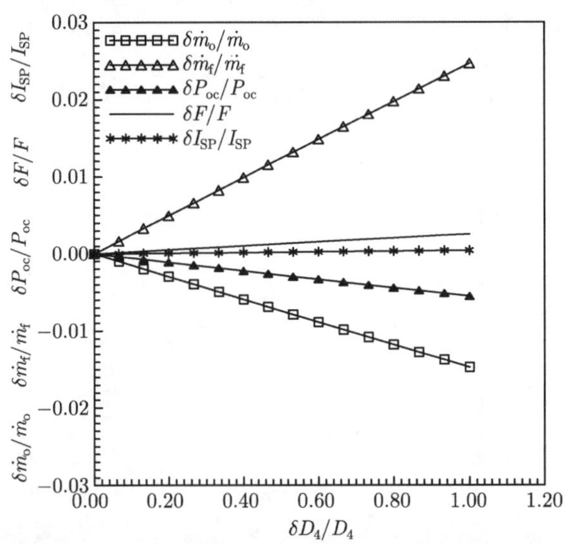

图 4.5　$\delta\dot{m}_{\rm o}/\dot{m}_{\rm o}$、$\delta\dot{m}_{\rm f}/\dot{m}_{\rm f}$、$\delta P_{\rm oc}/P_{\rm oc}$、$\delta F/F$、$\delta I_{\rm SP}/I_{\rm SP}$ 随 $\delta D_4/D_4$ 变化的曲线

知，$\delta\dot{m}_{\mathrm{f}}/\dot{m}_{\mathrm{f}}$、$\delta F/F$、$\delta I_{\mathrm{SP}}/I_{\mathrm{SP}}$ 增大，$\delta\dot{m}_{\mathrm{o}}/\dot{m}_{\mathrm{o}}$、$\delta P_{\mathrm{oc}}/P_{\mathrm{oc}}$ 减小，这个结果也与表 4.4 正好相反。

4.5 结　论

(1) 推进剂利用系统调节阀所控制的燃料流量减小时，此泵压式液体火箭发动机的组元比将增大，比冲、推力、燃烧室压力将降低，涡轮泵转速、泵扬程、发动机氧化剂流量将增大；调节阀所控制的燃料流量增大时，发动机的上述参数的变化趋势则相反。

(2) 当推进剂利用系统调节阀所控制的燃料流量变化为 -100%时，此类发动机比冲的相对变化量为 -0.0425%，发动机推力的相对变化量为 -0.2777%，推进剂组元比的相对变化量为 4.0876%，由此可见, 推进剂利用系统对此类发动机性能的影响较小。在使用此类发动机的实际飞行器中装用推进剂利用系统以后，可以使飞行器的有效载荷增加 1/6 左右。因此，飞行器装用推进剂利用系统以后，发动机比冲的变化较小，而飞行器的有效载荷增加较大，推进剂利用系统对于提高飞行器的性能有重要意义。

(3) Broyden 法与小偏差方法的计算结果非常接近, 但是这两种方法的计算结果之间的差别随着干扰因素相对变化量的增大而增大。

第 5 章　小推力推进系统响应特性的分析

5.1　引　　言

在国内外小推力液体火箭发动机中，采用高压燃烧室的发动机较少，例如，美国空间飞行器推进系统多采用低室压液体火箭发动机；随着轻质量、高强度、密封性好的复合材料的日益发展和轻质量、响应快的电动气阀的研制成功，以及层板式喷注器 [97,98] 的推广应用，小推力液体火箭发动机使用高室压能够成为现实，而不会由于高室压使发动机系统整体质量增大，例如, 俄罗斯在空间飞行器 [56] 的推进系统中采用了高室压液体火箭发动机，此类高室压发动机的推力室尺寸小, 发动机系统整体质量轻、启动快。可见，高室压小推力液体火箭发动机有较好的应用前景 [55]。为了分析小推力推进系统的响应特性，本章利用系统各部件的数学模型 [56,99~101]，分析了燃烧时滞对高压燃烧室推进系统动态响应特性的影响，对比了小推力高、低室压推进系统启动过程的计算结果。

5.2　系统方案的设定

空间飞行器对小推力推进系统要求质量小、响应快，对其工作方式则要求既能以定推力稳态方式工作，又能以脉冲方式工作。空间飞行器以轨控发动机和姿控发动机为动力，为了减小推进系统的质量，轨控发动机和姿控发动机通常共用一个采用并行方案的推进剂供应系统，如图 5.1 所示。

该方案具有以下优点: 系统简单，元件数量少，系统中各台发动机的入口条件一样。这有利于管路系统的安装调试和空间拦截器控制系统的工作。

氧化剂、燃料管路系统参数列于表 5.1，表中包括管道号、管道直径、长度、波速、阻力系数，表 5.1 既适用于高室压推进系统，又适用于低室压推进系统。图 5.1 中注明了管道号的位置。管路系统中各部件的压力分配列于表 5.2 中。在小推力推进系统中，轨控发动机与姿控发动机的燃烧室压力相同，贮箱的气垫压力为恒压，性能参数列于表 5.3 中。

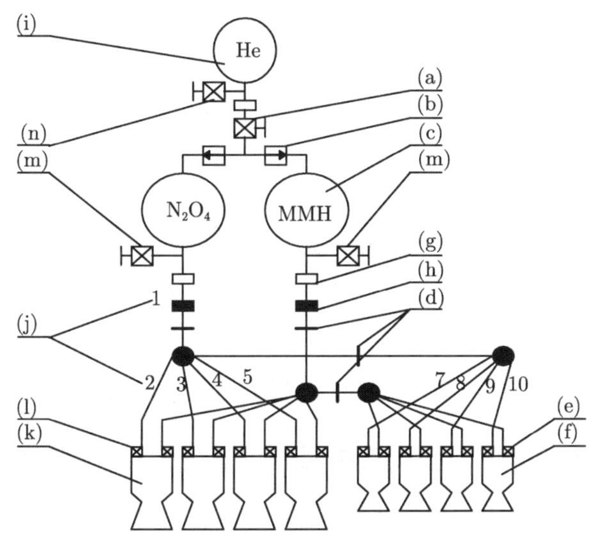

图 5.1 小推力推进剂供应系统方案示意图

(a) 减压器；(b) 单向阀；(c) 推进剂贮箱；(d) 孔板；(e) 姿控发动机电动气阀；(f) 姿控发动机；(g) 电爆阀；(h) 过滤器；(i) 气瓶；(j)1~10 为管道序号；(k) 轨控发动机；(l) 轨控发动机电动气阀；(m) 推进剂的加注泄出阀；(n) 充气阀

表 5.1 氧化剂、燃料管路系统参数

管路系统参路	管道号			
	1	2~5(1)	6	7~10(2)
管路直径/m	0.008	0.004	0.002	0.002
管路长度/m	0.39	0.49	0.49	0.45
管路波速/(m/s)	1300	1400	1500	1500
阻力系数 (3)	0.0826	0.00194	0.0305	0.1757
阻力系数 (4)	0.0801	0.00051	0.0107	0.1705

注：(1) 燃料管路与氧化剂管路的直径、长度、波速相同；

(2) 第 2~5 号管道末端均接电动气阀、喷注器、轨控发动机的推力室；

(3) 第 7~10 号管道末端均接电动气阀、喷注器、姿控发动机的推力室；

(4) 是指小推力推进系统氧化剂管路的阻力系数；

(5) 是指小推力推进系统燃料管路的阻力系数。

表 5.2 氧化剂或燃料管路系统各部件的压力分配表

部件名称	高室压系统压降/MPa	低室压系统压降/MPa	数量	部件名称	高室压系统压降/MPa	低室压系统压降/MPa	数量
燃烧室	5.6	0.7	8	孔板	0.05	0.05	2
喷注器	2.0	0.5	8	系统管道	0.05	0.05	10
电动气阀 (1)	0.15	0.15	8	贮箱	8.05	1.65	1
过滤器	0.15	0.15	1	高压气瓶	30	6.5	1
电爆阀	0.05	0.05	1				

注：(1) 小推力推进系统有 8 个电动气阀。

表 5.3 高、低压系统的性能参数表

系统名称	发动机类型	数量/台	推力/N	真空稳态比冲/(m/s)	混合比	推进剂
低压系统	轨控发动机	4	500	3000	1.64	N_2O_4 + MMH
	姿控发动机	4	10	3000	1.64	
高压系统	轨控发动机	4	1000	3000	1.25	N_2O_4 + MMH
	姿控发动机	4	10	3000	1.25	

注: 表中的低压系统是指小推力低室压推进系统，高压系统是指小推力高室压推进系统, MMH 表示一甲基肼。

5.3 系统各部件的数学模型的建立

液体火箭发动机是一个相当复杂的动力学系统，其动力学特性可以通过其工作介质 (推进剂或燃烧产物) 及各个部件的运动件的运动方程及质量、能量方程来研究。当发动机启动、关机或作大幅度工作参数调整时，其主要参数燃烧室压力随时间变化，流量不仅随时间变化，而且还随管道位置的不同而变化。因此，必须采用偏微分方程来描述其动态过程，再用计算机作数值计算才可得到发动机响应特性的计算结果。

液体火箭发动机的启动过程是一个瞬变过程，其过程参数 (压力、速度、温度、流量等) 变化很大，从初始值很快达到额定值，关机过程也是瞬变过程，过程参数很快从额定值变到零。对于小推力挤压式液体火箭发动机而言，这样的瞬变过程主要由电动气阀或电动气阀的开启或关闭程度的快慢引起；对前述的小推力推进系统而言，在 8 台发动机中，任何一台的开关都将影响其他发动机的工作。

以下数学模型的求解方法是：对管道模型、电动气阀的准稳态方程、喷注器的准稳态方程采用特征线法求解，对燃烧室模型采用四阶龙格–库塔法求解。该数学模型的具体求解方法及求解过程列入附录中。特征线法是分析液体火箭发动机瞬变过程的常用方法，此方法把两个偏微分方程 (运动方程和连续方程) 变换成四个常微分方程，然后将这些方程表示成有限差分的形式，用规定时间间隔的方法，通过计算机进行求解。特征线法不仅可以用于本章的分析中，还可以用于大型泵压式液体火箭发动机瞬变过程的分析中 [102]。

5.3.1 管道模型

在给出管道的瞬变流的基本微分方程之前，作如下假设：①管道中的流体是一维的，管道横截面上的速度分布是均匀的；②管壁和流体服从线性弹性关系，也就是应力与应变的正比关系；③在瞬变状态，摩擦损失用管道中稳态流动的摩擦损失计算公式来计算，即阻力方向与速度方向相反，阻力大小与速度的平方成正比；④在推进剂充填管道以前，管道内是真空。

对于刚性较大的管道中的瞬变流而言，管道中流体的运动方程 [103,104] 是

$$gH_x + V_t + fV\,|V|\,/(2D) = 0 \tag{5.1}$$

流体的连续方程是

$$H_t + a^2 V_x/g = 0 \tag{5.2}$$

式 (5.1)、式 (5.2) 是一对准线性双曲型微分方程，V 与 H 是因变量，t 与 x 是自变量。上式中，a、V、H、t、x、D、g、f 分别指压力传播速度 (m/s)、推进剂流动速度 (m/s)、压头 (m)、时间 (s)、沿管距离 (m)、管径 (m)、重力加速度 (m/s^2)、阻力系数，H_t、V_t 分别是 H、V 关于 t 的偏导数，H_x 是 H 关于 x 的偏导数。

5.3.2 电动气阀的准稳态方程

轨控发动机的电动气阀在管路中的位置如图 5.2 所示。假定姿控发动机电动气阀的出口压头等于喷注器的入口压头。如果图 5.2 中的管道为第 i 根管道，则

$$Q_{Pi,\mathrm{NS}} = \tau Q_0 \sqrt{(H_{Pi,\mathrm{NS}} - H_{j,\mathrm{inj}})/H_0} \tag{5.3}$$

式中，$\tau = C_d A_\mathrm{G}/(C_d A_\mathrm{G})_\mathrm{O}$，其中 $(C_d A_\mathrm{G})_\mathrm{O}$ 是 $\tau = 1$ 时的稳态值。

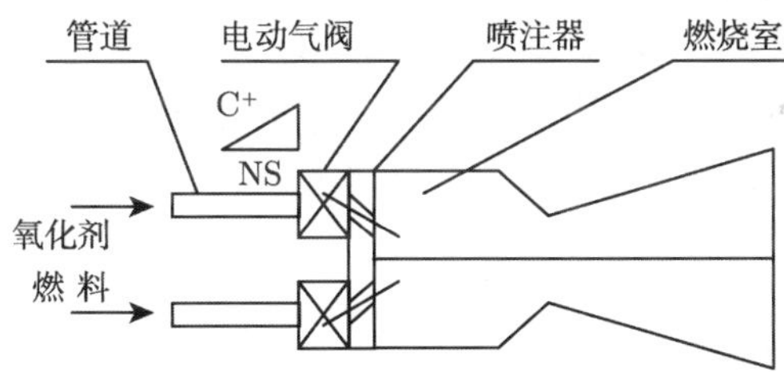

图 5.2 电动气阀在系统中的位置

当电动气阀打开时 [104]，

$$\tau = \begin{cases} (t/t_\mathrm{C})^m, & t < t_\mathrm{C} \\ 1, & t \geqslant t_\mathrm{C} \end{cases} \tag{5.4}$$

当电动气阀关闭时，

$$\tau = \begin{cases} (1 - t/t_\mathrm{C})^m, & t < t_\mathrm{C} \\ 0, & t \geqslant t_\mathrm{C} \end{cases} \tag{5.5}$$

式中，t_C 是阀接收控制电信号后从开始动作到结束动作所需要的时间。根据空间飞行器常用的电动气阀实际响应时间，在计算时选取小推力推进系统的电动气阀的启动、关闭响应时间为 5ms。m 是上述两式中的指数项，$m = 1 \sim 3$，计算时，

取 m=2。$Q_{Pi,\mathrm{NS}}$ 和 $H_{Pi,\mathrm{NS}}$ 分别是第 i 根管道最后一点的体积流量 (m^3/s) 和压头 (m)，$H_{j,\mathrm{inj}}$ 是喷注器入口处的压头 (m)，H_0、Q_0 分别是稳态时流经喷注器的推进剂的定常压头降 (m) 和体积流量 (m^3/s)，C_d 和 A_G 分别是流量系数、阀口开启面积 (m^2)。

5.3.3　喷注器的准稳态方程

喷注器紧挨电动气阀的出口和燃烧室的入口，喷嘴是直流式喷嘴，因此可得

$$Q_{\mathrm{inj}} = Q_0^*\sqrt{(H_{j,\mathrm{inj}} - H_\mathrm{C})/H_0^*} \tag{5.6}$$

式中, Q_{inj} 和 Q_0^* 分别是瞬态时和稳态时流经喷注器的体积流量 (m^3/s)。计算时设 $Q_0^* = Q_0$; H_0^* 和 H_C 分别是稳态时流经喷注器的推进剂的定常压头降和燃烧室入口的压头 (即喷注器出口的压头)。显然，

$$Q_{\mathrm{inj}} = Q_{Pi,\mathrm{NS}} \tag{5.7}$$

5.3.4　燃烧室模型

燃烧室中燃烧过程和喷管中燃气的流动过程是个相当复杂的物理化学过程，为了对燃烧室建立一个比较简单、合理的数学模型，作了如下 3 点假设 [46]：①采用单燃烧时滞的燃烧室模型，认为推进剂喷入燃烧室到转换成燃气是在经过一个时滞 τ_C 之后瞬间完成的，并假设燃烧时滞 τ_C 为一个常数；②任何瞬间，整个燃烧室中燃气压力、温度及气体成分都是均匀一致的；③推进剂的燃烧产物服从完全气体状态方程。

基于上述 3 点假设，燃烧室压力的方程是

$$\begin{aligned}&\frac{V_\mathrm{C}}{R_\mathrm{C}T_\mathrm{C}}\frac{\mathrm{d}P_\mathrm{C}}{\mathrm{d}t} + \left[\frac{\varGamma\cdot A_\mathrm{T}}{\sqrt{R_\mathrm{C}T_\mathrm{C}}} - \frac{V_\mathrm{C}}{(R_\mathrm{C}T_\mathrm{C})^2}\frac{\partial R_\mathrm{C}T_\mathrm{C}}{\partial K_\mathrm{C}}\frac{\mathrm{d}K_\mathrm{C}}{\mathrm{d}t}\right]P_\mathrm{C}\\ &= \dot{m}_{\mathrm{co}}(t-\tau_\mathrm{C}) + \dot{m}_{\mathrm{cf}}(t-\tau_\mathrm{C})\end{aligned} \tag{5.8}$$

燃烧室内混合比的方程是

$$\frac{\mathrm{d}K_\mathrm{C}}{\mathrm{d}t} = \frac{(1+K_\mathrm{C})R_\mathrm{C}\,T_\mathrm{C}}{P_\mathrm{C}\,V_\mathrm{C}}[\dot{m}_{\mathrm{co}}(t-\tau_\mathrm{C}) - K_\mathrm{C}\,\dot{m}_{\mathrm{cf}}(t-\tau_\mathrm{C})] \tag{5.9}$$

式中,

$$R_\mathrm{C}T_\mathrm{C} = g\sigma\mathrm{e}^{A_1K_\mathrm{C}^2 + A_2K_\mathrm{C} + A_3} \tag{5.10}$$

系数 A_1、A_2、A_3 由一组热力计算的理论值 (R_C、T_C、K_C) 用最小二乘法拟合得到，由于最小二乘法拟合时会带来误差，所以引入了修正系数 σ。P_C、V_C、R_C、T_C、K_C 分别是燃烧室的压力 (Pa)、体积 (m^3)、燃气气体常数 (J/(kg· K))、燃气温度

(K)、推进剂在燃烧室内气态组元的混合比，A_{T} 是喷管的喉部面积 (m^2)，$\dot{m}_{\mathrm{co}}$ 和 $\dot{m}_{\mathrm{cf}}$ 分别是喷注器出口处的氧化剂流量、燃料流量 (kg/s)，γ 是燃气的比热比。

$$\Gamma = \sqrt{\gamma[2/(\gamma+1)]^{(\gamma+1)/(\gamma-1)}} \tag{5.11}$$

5.4 计算结果及分析

以下简称小推力高室压推进系统为高压系统，简称小推力低室压推进系统为低压系统。

因推进系统是在真空环境下工作的，同时又考虑到地面模拟真空热试车的实际水平，所以设环境压力为 1000Pa。为了将计算结果介绍清楚，先给出几个符号的意义：T_{90} 是燃烧室压力从初始值上升，第一次达到稳态值的 90%所需要的时间 (ms)，它反映了发动机启动过程的快速性; T_{10} 是燃烧室压力从稳态值开始下降，第一次下降到稳态值的 10%所需要的时间 (ms)，它反映了发动机关机过程的快速性; P_{co} 是燃烧室的稳态压力值 (MPa); $\dot{m}_{\mathrm{o}}$ 是喷注器出口处的氧化剂的稳态流量 (kg/s); F 是单台发动机的推力 (N); T 是一个脉冲周期 (ms)。

5.4.1 燃烧时滞对高压系统响应特性的影响

下面分析 τ_{c}=0.5ms、1ms、1.5ms时对高压系统响应特性的影响，这里所取的几个 τ_{c} 值可能比推进剂的实际的燃烧时滞大，但是这种分析方法可以作为研究小推力推进系统瞬变过程的一个参考。

图 5.3 表明轨控发动机以稳态方式工作时，不同燃烧时滞对 $P_{\mathrm{c}}/P_{\mathrm{co}}$-$t$ 曲线的影响。由图可知，燃烧时滞较大时，压力曲线在启动过程中，振荡越剧烈，超调量较大，达到稳态所需的时间更长，响应更慢，T_{90} 增大。这是因为较大的燃烧时滞使推进剂需要较长的时间才能充分燃烧，并且在 $t=\tau_{\mathrm{c}}$ 时刻累积在燃烧室的推进剂的流量较多，根据 5.3.4 小节的第①点假设，在 τ_{c} 时刻推进剂立刻充分燃烧，这必然导致燃烧室内有较大的压力峰值，因此，室压的超调量较大，室压需要较长的时间才能稳定。在 t 坐标上，τ_{c}=1.5ms 的压力曲线比 τ_{c}=0.5ms 的压力曲线靠后约 1ms。从 5.3.2 节可知，电动气阀的开度从 0 到 1 需要 5ms 的时间，同时，启动过程也是推进剂对管路系统的充填过程，所以，轨控发动机在不同燃烧时滞下达到稳态的时间均大于 5ms。

图 5.4 表明轨控发动机在稳态工作方式时，不同的燃烧时滞对喷注器出口氧化剂无量纲流量的影响，图中的三条曲线的共同点是：启动瞬间，振荡剧烈，然后很快达到稳定状态。不同点是：燃烧时滞较大时，无量纲流量的超调量大，达到稳态所需的时间长，响应变慢，与图 5.3 有相似之处。在 $t=\tau_{\mathrm{c}}\sim T_{90}$ 阶段，当 τ_{c} 较大时，燃烧室建压慢，在同一时刻的室压较小，由于室压对于推进剂供应系统而言是

反压，在不同的 τ_c 下推进剂贮箱出口压力相同，因此，当 τ_c 较大时在同一时刻的推进剂流量必然较大，喷注器出口氧化剂流量 $\dot{m}_{co}$ 有较大的峰值。图 5.4 与图 5.3 相比较，P_c 的最大峰值滞后于 $\dot{m}_{co}$ 的最大峰值。

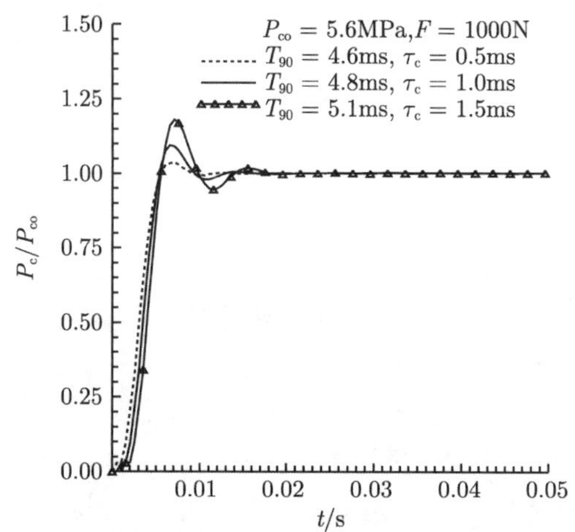

图 5.3 燃烧时滞对轨控发动机燃烧室压力的影响

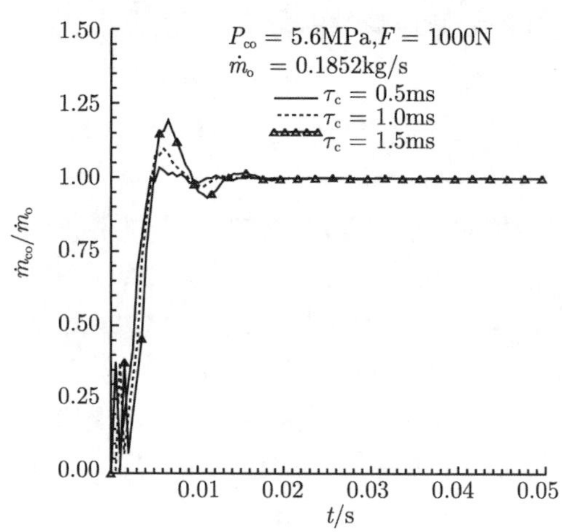

图 5.4 燃烧时滞对轨控发动机流量的影响

图 5.5 是轨控发动机在脉冲工作方式时燃烧时滞对无量纲燃烧室压力的影响，T=30ms，在 15ms 时开始关机，由图可知，燃烧时滞越大，则燃烧室压力曲线将向后平移，而且波形有所变化，在启动过程中，压力振荡更为剧烈，从启动到稳态所需的时间加长，T_{90}、T_{10} 也加长，响应变慢。T_{90}、T_{10} 的值已标注于图中。从 5.3.2 节可知，从关机指令发出以后，电动气阀的开度从 1 到 0 需要 5ms 的时间，在喷注器和燃烧室内的剩余推进剂需要一定的时间才能燃烧完毕，最终使 P_c

衰减为环境压力，当燃烧时滞较大时，P_c 需要较长的时间才能完全衰减为环境压力，这一分析结果与图 5.5 所示的计算结果是一致的。

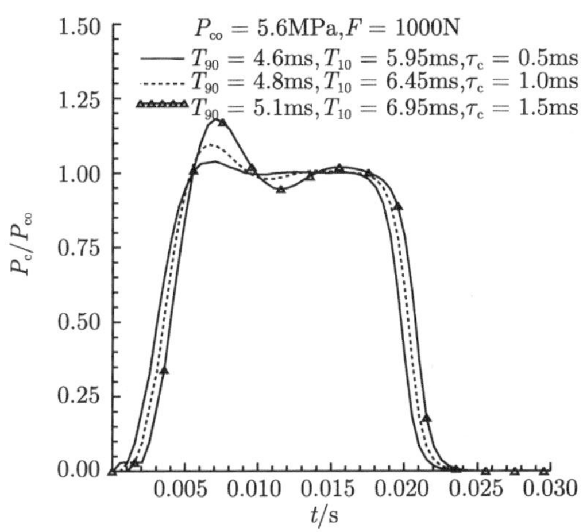

图 5.5 单脉冲内轨控发动机的燃烧室压力曲线

图 5.6 是姿控发动机在稳态工作方式下的 P_c/P_{co} -t 曲线，由图可知，燃烧时滞越大时，波形衰减得越慢，且超调量大，振荡剧烈，τ_c=1.5ms 的曲线比 τ_c=0.5ms 的曲线向后平移约 1ms。这是因为，较大的燃烧时滞使推进剂需要较长的时间才能充分燃烧，并且在 $t=\tau_c$ 时刻累积在燃烧室的推进剂的流量较多，根据 5.3.4 小节的第①点假设，在 τ_c 时刻推进剂立刻充分燃烧，这必然导致燃烧室内有较大的压力峰值，因此，室压的超调量较大，室压需要较长的时间才能稳定。

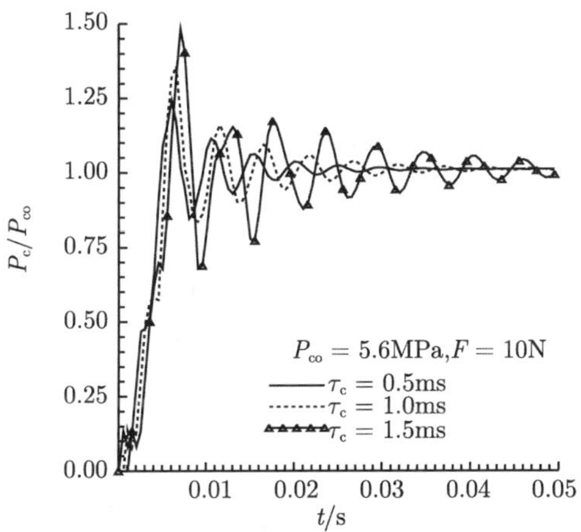

图 5.6 燃烧时滞对姿控发动机燃烧室压力的影响

图 5.7 是姿控发动机在稳态工作方式下的 $\dot{m}_{co}/\dot{m}_o$-t 曲线，由图可知，燃烧

时滞越大，波形振荡越剧烈，其剧烈程度已超过图 5.4，τ_c=0.5ms 的曲线到 30ms 时才稳定下来。若燃烧时滞增大，则流量将需要更长的时间才能稳定下来。与图 5.4 比较，可知轨控发动机受燃烧时滞的影响比姿控发动机受燃烧时滞的影响要小得多。

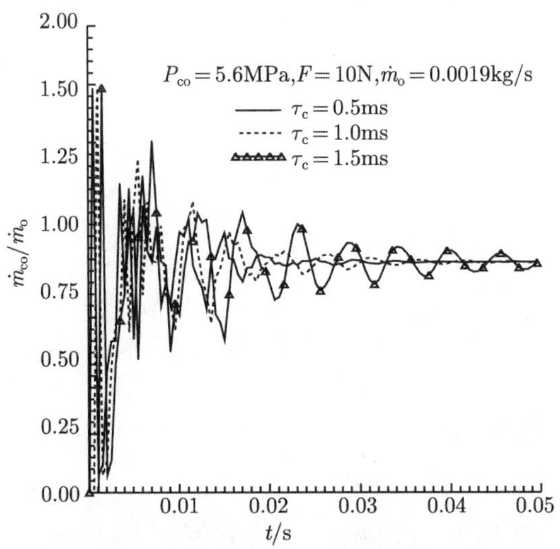

图 5.7　燃烧时滞对姿控发动机流量的影响

图 5.8 是姿控发动机在脉冲工作方式下的 P_c/P_{co}-t 曲线，T=30ms，在工作到 15ms 时开始关机，由图可知，τ_c=1.5ms 的曲线振幅大，衰减慢，在 15ms 时发

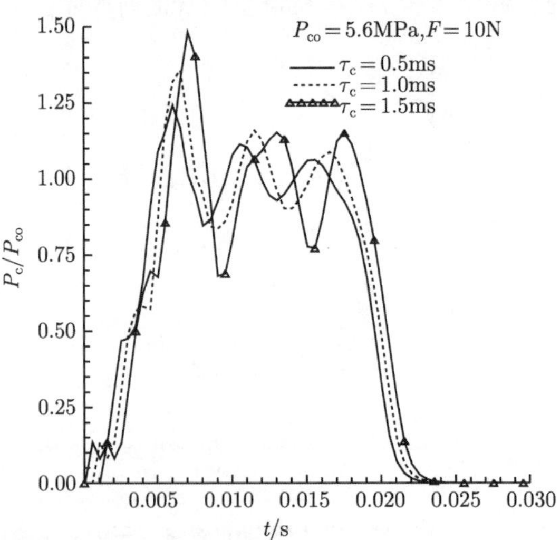

图 5.8　单脉冲内姿控发动机的燃烧室压力曲线

动机并未稳定下来就进入关机阶段，该曲线比 τ_c=0.5ms 的曲线沿 t 轴方向平移约 2ms，较大的燃烧时滞使姿控发动机的响应变慢。从式 (5.5) 可知，从关机指令发出以后，电动气阀的开度从 1 到 0 需要 5ms 的时间，在喷注器和燃烧室内的剩余推进剂需要一定的时间才能燃烧完毕，最终使 P_c 衰减为环境压力，当燃烧时滞较大时，P_c 需要较长的时间才能完全衰减为环境压力，这一分析结果与图 5.8 所示的计算结果是一致的。

5.4.2 高、低压系统响应特性的比较

图 5.9 是高、低室压轨控发动机在稳态工作方式下 P_c/P_{co}-t 的曲线，由图可知，低室压轨控发动机的压力曲线波动不大，P_c/P_{co} 随着 t 的增大而从初始值趋于稳态值 1，高室压轨控发动机的 T_{90}= 4.8ms，低室压轨控发动机的 T_{90}= 9.25ms。在电动气阀响应能力相同的情况下，高室压轨控发动机的 T_{90} 比低室压轨控发动机的 T_{90} 大约快一倍的时间，但是，高室压轨控发动机在启动过程中室压波动较大，超调量较大。这是因为，在启动过程中，高、低压系统相比较，高压系统的贮箱出口压力较大，在相同的推进剂管路中，推进剂充填管路所需的时间短，并且有较大的推进剂流量，导致进入燃烧室的推进剂流量较大。另外，高室压轨控发动机的燃烧室体积小，因此，在相同的 τ_c 下，燃烧室建压快，P_c/P_{co} 的峰值较大，压力波动的幅度较大，T_{90} 较小。

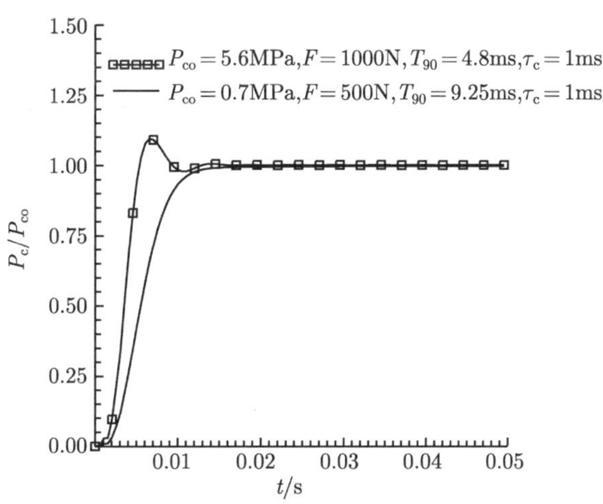

图 5.9 高、低室压轨控发动机的燃烧室压力曲线

图 5.10 是高、低室压轨控发动机在稳态工作方式下 $\dot{m}_{co}/\dot{m}_o$-t 的曲线，图 5.10 与图 5.9 相比较，在 0~2ms 内，流量曲线的波动较大，由图 5.10 可知，在启动过程中，高室压轨控发动机较快地达到稳态值，但其超调量较大，而低室压轨控发动机的流量曲线平滑地过渡到稳态值。

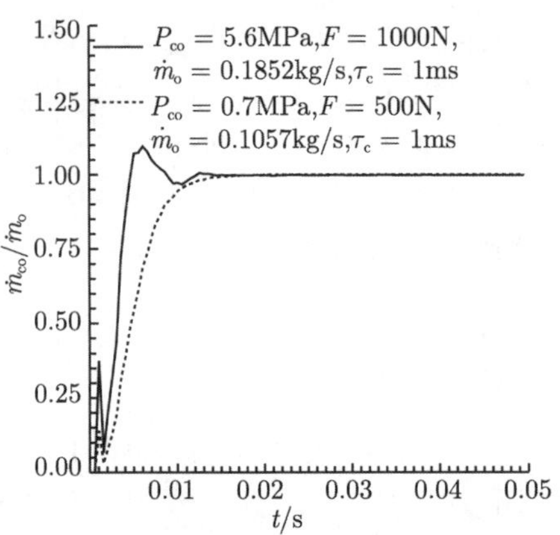

图 5.10　高、低室压轨控发动机的流量曲线

图 5.11 是单脉冲内高、低室压轨控发动机以脉冲方式工作时 P_c/P_{co}-t 的曲线，这两台发动机均在 15ms 时开始关机，T=30ms，由图可知，高室压轨控发动机的无量纲室压曲线接近于矩形，与电流脉冲矩形波近似，高室压轨控发动机启动过程的响应明显快于低室压轨控发动机, 高室压轨控发动机关机过程的响应稍快于低室压轨控发动机。这是因为，对于高室压轨控发动机而言，在阀门关闭后，在喷注器和燃烧室内的剩余推进剂在较高的室压下燃烧，燃烧速率较快，使剩余推进剂以较快的速度耗尽，P_c/P_{co} 衰减较快。因此，高室压轨控发动机的稳态工作时间比低室压轨控发动机长。

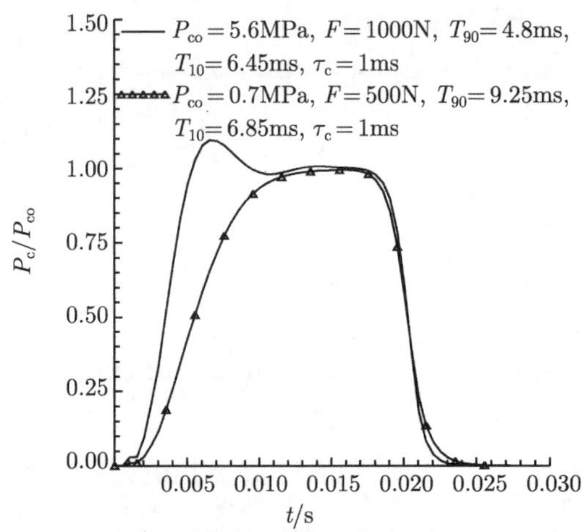

图 5.11　单脉冲内高、低室压轨控发动机的燃烧室压力曲线

图 5.12 是高、低室压姿控发动机在稳态工作方式下 P_c/P_{co}-t 的曲线，由图可知，高室压姿控发动机的启动过程快，但超调量大，达到稳态值所需的时间长。此

图与图 5.9 有相似之处。

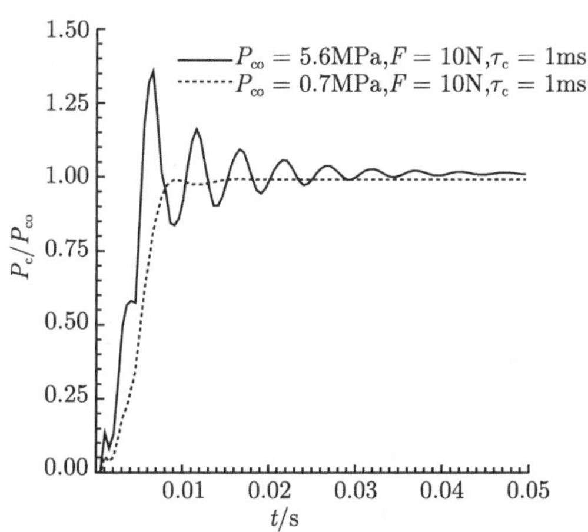

图 5.12 高、低室压姿控发动机的燃烧室压力曲线

图 5.13 反映了 τ_c 对高、低室压轨控发动机 T_{90}、T_{10} 的影响，由图可知，τ_c 越大时，T_{90}、T_{10} 越大，轨控发动机的响应越慢。

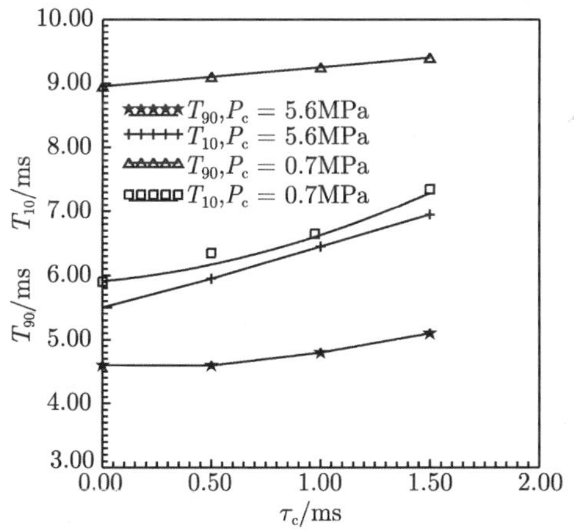

图 5.13 τ_c 对高、低室压轨控发动机 T_{90}、T_{10} 的影响

5.5 结 论

本章利用小推力推进系统的各部件数学模型，用特征线法和四阶龙格–库塔法进行了数值计算，得出以下结论:

在燃烧时滞较大的情况下，高压燃烧室推进系统响应较慢，发动机参数的超调

量变大，达到稳态所需的时间加长；轨控发动机与姿控发动机共用同一个推进剂供应系统，姿控发动机的启动和关机过程受燃烧时滞的影响更大，燃烧时滞较大时，发动机参数的振荡更为剧烈，响应较慢。因此，为了提高推进系统在响应过程中的响应能力，必须设法减小燃烧时滞。

在发动机的启动阶段，同一台发动机的无量纲燃烧室压力曲线与无量纲流量曲线相比较，前者的振荡频率小于后者。高压系统比低压系统响应快，高室压轨控发动机参数能较快地稳定下来，但其超调量较大，在相同的脉冲周期内，其稳态工作的时间长于低室压轨控发动机；高室压姿控发动机虽然响应快，但其超调量大，达到稳态所需的时间长于低室压姿控发动机。

在应用上述结论时应注意以下三点:

(1) 要对上述结论进行试验验证；

(2) 在仿真发动机瞬变过程时要用实际的推进剂燃烧时滞代入燃烧室模型中；

(3) 在仿真发动机瞬变过程时要用实测的电动气阀或电动气阀的阀开度与响应时间的关系式。

第 6 章　阀门组件响应特性分析

6.1　引　　言

在液体火箭发动机中，使用了大量的阀门，而且品种多，结构复杂，性能要求特殊。在发动机试验和实际飞行任务中，阀门是最易发生故障的组件之一。因此，对阀门性能进行深入的分析研究，并在此基础上做好设计与调试工作，是发动机研制过程中的一项重要工作内容。

6.2　电动气阀响应特性分析

电动气阀被广泛应用于液体火箭发动机供应系统、吹除系统、气动控制系统 [92,94] 中，实现流体通路的开启和断流。电动气阀可以多次工作，特别是在小推力液体火箭发动机中，电动气阀实现了发动机的重复启动和脉冲工作 [76,85,105,106]。

发动机工作时，在稳定的参数输入条件下，电动气阀必须保持稳定的参数输出，在启动瞬间或有外界干扰的情况下 (如反力因素、电压发生变化时)，电动气阀必须在很短时间内做出反应，使输出参数迅速稳定并保持在设计允许的范围内，以保证发动机正常工作，这就需要对电动气阀进行响应特性分析，还应分析干扰因素对电动气阀响应特性的影响。本章给出了用于液体火箭发动机的电动气阀的结构图，对其吸动过程建立了非线性数学模型并进行了响应特性的数值计算，详细分析了改变输入参数时电动气阀在吸动过程中所表现出的响应特性。

6.2.1　电动气阀概况

1. 结构

在液体火箭发动机中多采用直流螺管式电动气阀，这是因为该阀所用的螺管式电磁铁具有较大的吸力，且结构紧凑，另外，发动机上的电源多为直流电，该阀的典型结构如图 6.1 所示。该阀是常闭式二位三通阀，图 6.1 中的电动气阀正处于关闭状态，该阀由电磁机构和阀门本体组成，而电磁机构则由线圈和铁芯组成，该阀可用于控制压缩气的流通和断开，在断电时还可放出下游的压缩气。

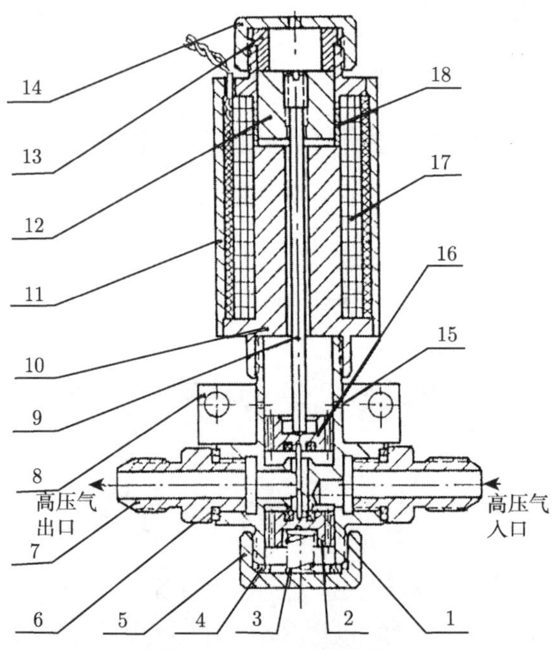

图 6.1　电动气阀示意图

1. 顶杆；2. 下阀芯；3. 弹簧；4. 下端盖垫圈；5. 下端盖帽；6. 管嘴垫圈；7. 管接头；8. 阀体；9. 顶杆；10. 静铁芯；11. 线圈外壳；12. 衔铁；13. 定位套；14. 上端盖帽；15. 排气孔；16. 上阀芯；17. 线圈；18. 隔磁环

2. 工作原理

电磁铁断电时，在弹簧回位力的作用下，电动气阀的下阀芯关闭，上阀芯打开，如图 6.2(a) 所示，此时阀出口与大气相通，放出了下游的高压气体。电磁铁通电时，在电磁吸力的作用下，电动气阀的下阀芯打开，上阀芯关闭，如图 6.2(b) 所示，高压气体经下阀芯进入电动气阀的出口。

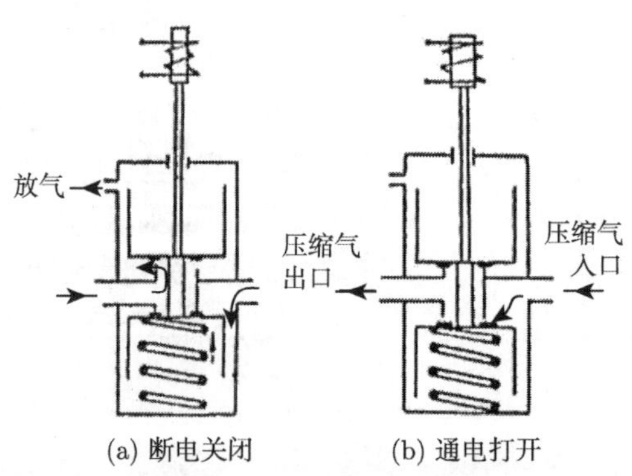

图 6.2　电动气阀工作原理

6.2.2 电动气阀的数学模型

为了揭示电动气阀的动态行为，研究各参量随时间的变化过程和参量与参量间相互关系的规律，首先需建立电动气阀的数学模型。

电动气阀的动态过程，在电路上必须遵循电压平衡方程，在运动上必须遵循牛顿第二定律，在磁场上必须遵循麦克斯韦方程，以及在热力学方面应遵循热平衡方程，这些方程存在着相互联系，构成了描述动态过程的数学模型。由于电动气阀的动态过程历时极短，电磁系统又存在着热惯性，故温度变化极微，引起电阻的变化很小，可忽略不计，因此，数学模型中可不包含热平衡方程。以下为电动气阀吸合过程的数学模型，数学模型中的符号的含义及其单位已列入本章的主要符号表中。

$$\mathrm{d}\Psi/\mathrm{d}t = U - iR \tag{6.1}$$

$$\mathrm{d}V/\mathrm{d}t = [F_X - F_\mathrm{f}(X, V)]/m \tag{6.2}$$

$$\mathrm{d}X/\mathrm{d}t = V \tag{6.3}$$

初始条件为

$$\begin{cases} \Psi|_{t=0} = \Psi_0 = 0, \quad i|_{t=0} = i_0 = 0 \\ V|_{t=0} = V_0 = 0, \quad X|_{t=0} = X_0 = 0 \end{cases} \tag{6.4}$$

式 (6.1)~ 式 (6.4) 中，Ψ、X、i、F_X 都属于磁路参数，在已知时刻 t 的 Ψ、X 的条件下，可从以下的磁路非线性联立方程组中求解出 i、F_X：

$$\begin{cases} iN = \dfrac{\phi_\delta}{\Lambda_\delta} + H_\mathrm{C} L_\mathrm{C} & (6.5) \\ \Psi = N \cdot \phi_\mathrm{C} & (6.6) \\ F_X = \phi_\delta^2/(2\mu_0 S) & (6.7) \\ i = iN/N & (6.8) \\ \sigma = \phi_\mathrm{C}/\phi_\delta & (6.9) \end{cases}$$

上述各式中, L_C 为磁路长度，如图 6.3 中的虚线所示，电磁铁的尺寸参数标注于图 6.3 中。

$$\Lambda_\delta = \mu_0 S/\delta \tag{6.10}$$

$$\delta = \delta_\mathrm{MAX} - X \tag{6.11}$$

对于直流螺管式电磁铁而言，漏磁系数 [107] 为

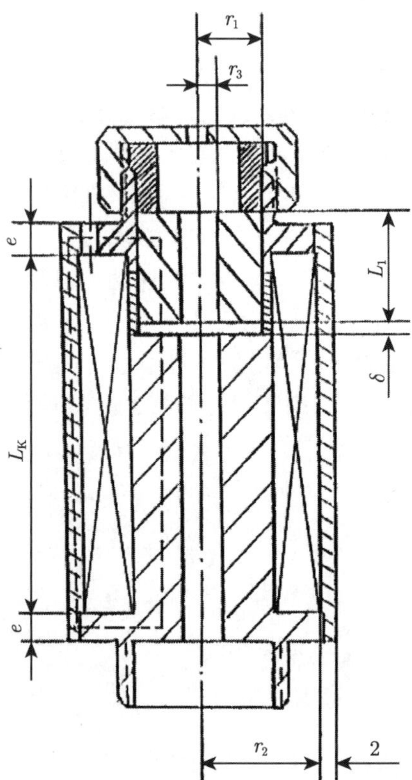

图 6.3 电动气阀电磁机构示意图

$$\sigma = 1 + \frac{\delta}{r_1}\left\{0.67 + \frac{0.13\,\delta}{r_1} + \frac{r_1 + r_2}{\pi\, r_1}\left[\frac{\pi L_K}{8(r_2 - r_1)} + \frac{2(r_2 - r_1)}{\pi L_K} - 1\right] + 1.465\lg\frac{r_2 - r_1}{\delta}\right\} \tag{6.12}$$

$$S = \pi(r_1^2 - r_3^2) \tag{6.13}$$

$B_C = \phi_C/S$，对磁化曲线用分段线性插值法查找 B_C 所对应的 H_C。$\mu_0 = 4\pi \times 10^{-7}\text{H/m}$。

计算之前，根据液体火箭发动机常用电动气阀的结构参数，设定了电动气阀电磁铁的材料及其尺寸参数：

线圈标号为 QQ 的高强度漆包线，线径为 0.35mm，手动密绕 1250 匝，即 N=1250 匝，线圈电阻 R=18Ω，衔铁材料为电工纯铁 DT3E。

$\delta_{MAX} = 1.0\text{mm}$，$r_1$=7mm，$r_2$=17mm，$r_3$=2mm，$L_K$=50mm，$e$=4mm，$\rho_{Fe} = 7860\text{kg/m}^3$，衔铁高度 L_1=12mm，U=27V(直流电)，$m = \pi(r_1^2 - r_3^2)\cdot L_1\cdot \rho_{Fe}$。

由导磁体的磁滞回线可知，电动气阀在关闭时 (即断电时)，磁路中的磁感应强度并不为 0。若衔铁在吸合状态下气隙为 0，剩磁将产生一定的剩余吸力，这个力是阻止衔铁释放的。因此，应使衔铁在吸合状态下气隙不为 0，断电时整个磁路仍有较大的磁阻，这样可基本消除剩磁。在计算中取非工作气隙 $\delta_{\rm MIN}$=0.3mm，又称 $\delta_{\rm MIN}$ 为最小气隙。

电动气阀在开启时应能克服反力作用，而反力由弹簧预紧力 $F_{\rm f0}$ 和入口气体压力 P 组成，反力特性由下式表示：

$$F_{\rm f}=CX+F_{\rm f0}+PA \tag{6.14}$$

$A=\pi(r_4^2-r_5^2), C$=5232N/m，P=6.1MPa，r_4=1.0mm，r_5=0.5mm，尺寸 r_5 为图 6.1 中部件 1 的半径，r_4 为最靠近部件 1 的阀座的内半径。

6.2.3 数学模型的非线性特点

将上述数学模型的式 (6.1)、式 (6.2) 写成输入–输出形式，为此，将式 (6.3)、式 (6.5)~ 式 (6.11) 代入式 (6.1)、式 (6.2) 中，得

$$\frac{{\rm d}\varPsi}{{\rm d}t}=-\frac{R\varPsi}{\varLambda_\delta\sigma N^2}-\frac{H_{\rm C}L_{\rm C}R}{N}+U \tag{6.15}$$

$$\frac{{\rm d}^2X}{{\rm d}t^2}=\frac{\varPsi^2}{2N^2\sigma^2\mu_0 Sm}-\frac{CX}{m}-\frac{F_{\rm f0}+PA}{m} \tag{6.16}$$

以上两式中，

$$\begin{aligned}\sigma=1+\frac{\delta_{\rm MAX}-X}{r_1}\Bigg\{&0.67+\frac{0.13\,(\delta_{\rm MAX}-X)}{r_1}\\&+\frac{r_1+r_2}{\pi r_1}\left[\frac{\pi L_{\rm K}}{8(r_2-r_1)}+\frac{2(r_2-r_1)}{\pi L_{\rm K}}-1\right]+1.465\lg\frac{r_2-r_1}{\delta_{\rm MAX}-X}\Bigg\}\end{aligned} \tag{6.17}$$

衔铁材料属于铁磁体的范畴，在控制系统中是一种常见的非线性元件，式 (6.15) 中，$\varPsi=NB_{\rm C}S$，而 $B_{\rm C}$ 与 $H_{\rm C}$ 的关系是非线性的，如图 6.4 的磁化曲线所示。因此，式 (6.15) 的 $\varPsi$ 与 $H_{\rm C}$ 呈非线性关系，式 (6.15) 是非线性方程。从式 (6.17) 可知，σ 与 X 也呈非线性关系，因此，式 (6.16) 也是非线性微分方程。将式 (6.15)、式 (6.16)、式 (6.3) 转换成以下输入–输出形式的动态特性方程为

$$\begin{cases}{\rm d}\boldsymbol{Z}/{\rm d}t=f(\boldsymbol{Z})+\boldsymbol{W}\\ \boldsymbol{Y}=\boldsymbol{Z}\end{cases}$$

式中，$\boldsymbol{Z}=(\varPsi,V,X)^{\rm T}$，为输出向量；$\boldsymbol{W}=\left(U,-\dfrac{F_{\rm f0}+PA}{m},0\right)^{\rm T}$，为输入向量，与

时间无关；$f(\boldsymbol{Z})=\left(-\dfrac{\Psi R}{\Lambda_\delta\sigma N^2}-\dfrac{H_\mathrm{C}L_\mathrm{C}R}{N},\ \dfrac{\Psi^2}{2N^2\sigma^2\mu_0 S m}-\dfrac{CX}{m},\ V\right)^\mathrm{T}$，此向量内含有非线性函数。

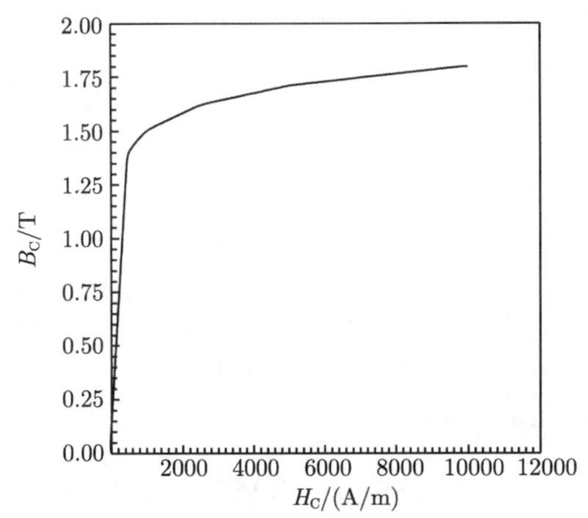

图 6.4　衔铁材料的磁化曲线

从电动气阀吸动过程的数学模型可以看出，电动气阀是非线性系统，其输出响应的大小和形式都按所述非线性方程随输入信号大小的不同而产生相应的变化。通过分析，不仅可求得 Ψ、X、V 的响应特性曲线，而且还可求得吸力、反力、电流的响应特性曲线，以判断电动气阀是否吸动以及吸动的快慢，还可判断电流是否符合吸动过程电流变化的规律。对上述数学模型用四阶龙格–库塔积分法求解，所得结果如下小节所述。

6.2.4　电动气阀的计算结果及分析

对于直流螺管式电磁铁而言，其吸动过程的电流变化曲线 [108~110] 如图 6.5 所示，吸动过程通常分为两个阶段：第一个阶段是从线圈通电和电流增长到吸动电流为止的过程，即图 6.5 中的第 I 段，这个阶段吸力小于或等于反力，衔铁尚未运动，称之为触动过程。在这个阶段

$$i=U(1-\mathrm{e}^{-t/T})/R=I_\mathrm{S}(1-\mathrm{e}^{-t/T})\tag{6.18}$$

$$T=L/R\tag{6.19}$$

$$t_\mathrm{c}=T\cdot Ln[K/(K-1)]\tag{6.20}$$

式中，动作安匝储备系数 $K=I_\mathrm{S}/i_c$，i_c 为触动电流，即图 6.5 中 c 点的电流。

第二个阶段，吸力大于反力，衔铁开始运动，气隙逐渐减小，直至衔铁与静铁芯完全闭合，称之为运动过程。图 6.5 中的 cb 段为第二阶段，即图中的第 II 段。在

此阶段，由于气隙逐减，衔铁速度增加，产生运动反电动势，所以电流下跌，直至衔铁终止运动。图中 a 点的电流为 i_{p}，相应的时间 t_{p} 为峰值电流时间。图中 b 点的时间为 t_b，此点的电流为 i_b，在此点时，衔铁运动至最小气隙处，衔铁与静铁芯完全闭合。b 点之后，电流又按新的指数规律上升，直至 $i = I_{\mathrm{S}}$，达到稳态。b 点至稳态这一阶段即图 6.5 中的第III段，此阶段并不属于吸动过程，本章未研究此阶段。

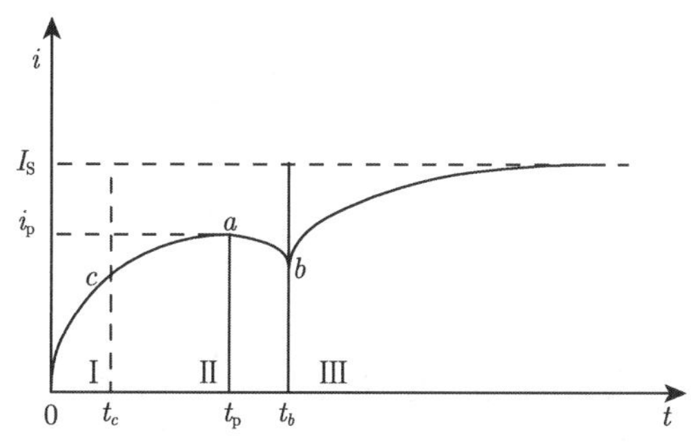

图 6.5 吸动过程的电流变化曲线

在使用电动气阀时，用户最关心的是其吸动过程的快慢及峰值电流的大小，以下详细分析改变输入向量 $\boldsymbol{W}$ 及最大气隙 δ_{MAX} 时对吸动过程的影响。

1. 响应特性分析

1) 电流特性

在 6.2.2 节设定的已知条件下，I_{S}=1.5A，i_{p}=0.3708A，K=4.419，从图 6.6 可知，i 从 0 开始增至 i_{p}，然后下降至 i_b，动作时间 t_b=7.7ms。

2) 速度与位移特性

从图 6.6 可知，在衔铁运动以前，X、V 均为 0，运动过程中，X、V 总是大于 0，可见，衔铁能可靠地吸合到最小气隙处。

3) 吸、反力特性

图 6.7 是对应于图 6.6 的吸、反力响应特性曲线，由图 6.6、图 6.7 可知，衔铁动作以前，吸力大于反力，使衔铁获得加速能量，不断加速，最终可靠地吸合，动作时间为 7.7ms。由图 6.6 可知，吸、反力响应特性曲线的交点即衔铁开始运动的时刻。

2. δ_{MAX} 对响应特性的影响

改变 δ_{MAX} 而其他尺寸参数均同 6.2.2 节。图 6.8 为 δ_{MAX} 取 0.8mm、1.0mm、1.2mm 时的吸、反力特性曲线和速度特性曲线，图 6.9 是与图 6.8 相对应的电流、位移特性曲线。从图 6.8 可见，吸、反力特性曲线的交点随 δ_{MAX} 的减小而靠前，响应变快，在运动过程中，吸力处处大于反力。δ_{MAX} 较小，则衔铁吸合时的吸、反

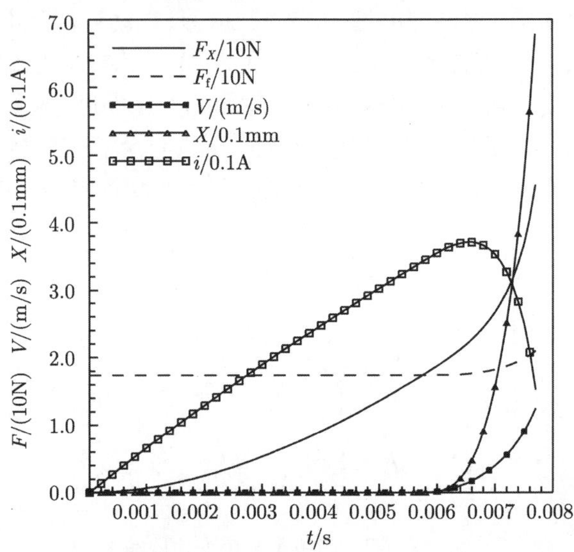

图 6.6　响应特性计算结果

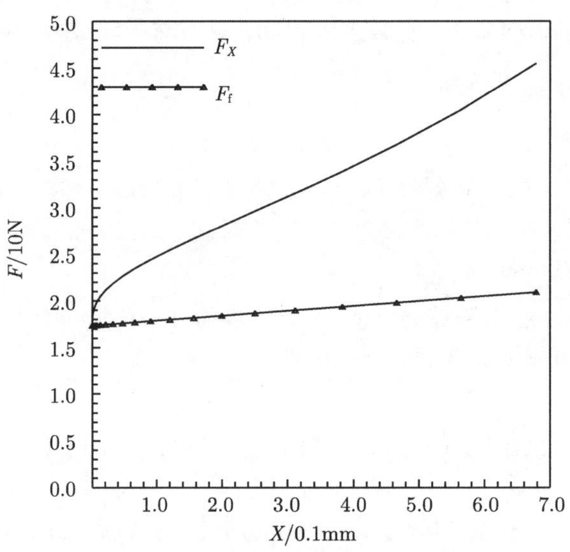

图 6.7　吸、反力响应特性曲线

力之差较小，使行程终了时、衔铁碰撞前具有的动能较小，将有利于延长电磁铁的机械寿命。行程末速度 V_b 和行程终了时的吸、反力之差 $(F_X - F_f)_b$ 的计算结果列入表 6.1 中。由图 6.8 可知，δ_{MAX} 较小时，同一时刻的吸力较大。

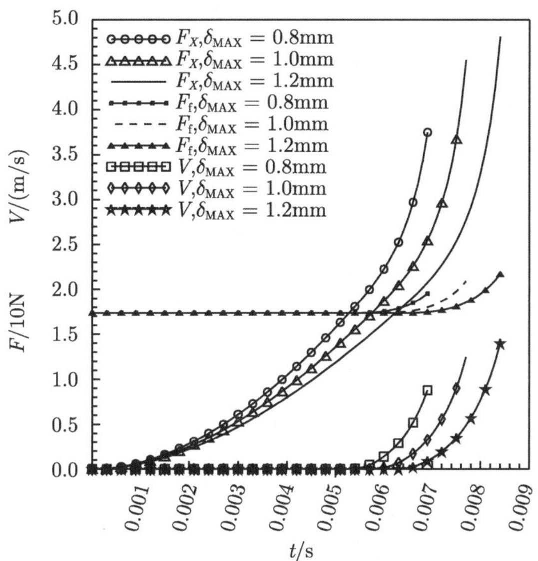

图 6.8 不同 δ_{MAX} 时 V 和 F_X、F_f 的响应特性曲线

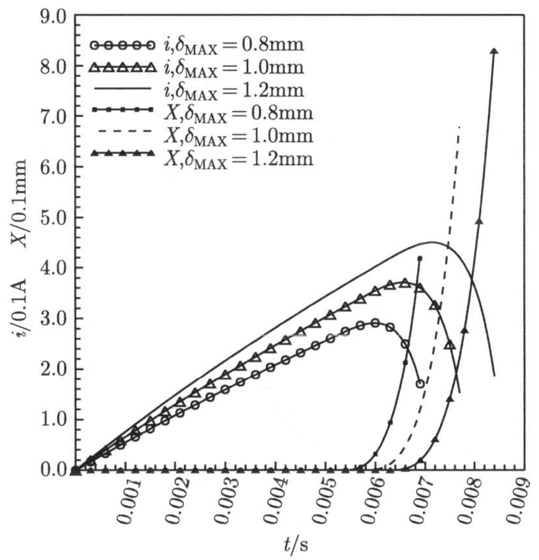

图 6.9 不同 δ_{MAX} 时 i 和 X 的响应特性曲线

由图 6.5 和 6.9 可知，δ_{MAX} 较小时，则 i_c、i_p、t_c、t_b 较小，K 较大，磁通势 iN 储备量较大，衔铁能较快地吸合。一般情况下，图 6.5 中的第 II 段所用的时间在 t_b 中所占的比例较小，主要通过 t_c 的大小来评价衔铁动作的快慢。由图 6.8、图 6.9 和表 6.1 可知，δ_{MAX} 越大时，i_c 越大，t_c 越大，这是因为：不论 δ_{MAX} 的大小，为了触动衔铁，最小需要的吸力是相同的，从式 (6.14) 和式 (6.2) 可知，此最小需要

的吸力等于 $F_{f0}+PA$，在此吸力下由式 (6.7) 可确定最小需要的 ϕ_δ，当 δ_{MAX} 较大时，由式 (6.10)、式 (6.12) 可知，必然使 Λ_δ 较小、σ 较大，由于 ϕ_δ 是确定的，从式 (6.9) 可知 ϕ_C 较大，B_C 较大，由图 6.4 可知 H_C 较大，由式 (6.5) 可推出 iN 较大，必然使 i 较大，而此时的 i 值就是触动电流 i_c，电流为了增长到较大的 i_c 必然需要较长的时间 t_c，图 6.8、图 6.9 和表 6.1 都反映了这一点结论。

表 6.1　不同 δ_{MAX} 时的计算结果对比

指标	δ_{MAX} /mm		
	0.8	1.0	1.2
i_c/A	0.265	0.339	0.413
i_p/A	0.291	0.371	0.45
t_c/ms	5.2	5.7	6.2
t_b/ms	6.9	7.7	8.4
V_b/(m/s)	0.878	1.246	1.4
$(F_X-F_f)_b$/N	17.93	24.585	26.414

3. *反力因素对响应特性的影响*

1) 气压对电动气阀响应特性的影响

电动气阀可用于控制气动液阀的开启和关闭，气动液阀用于控制流入燃烧室的推进剂流量，而且，在启动时燃烧室压力将出现波动，因此，要保证电动气阀能可靠而快速的工作，就需分析气压对电动气阀响应特性的影响。气压 P 就是电动气阀的气体的入口压力。

气压 P=5.1MPa、6.1MPa、7.1MPa 时的计算结果如图 6.10、图 6.11 所示。

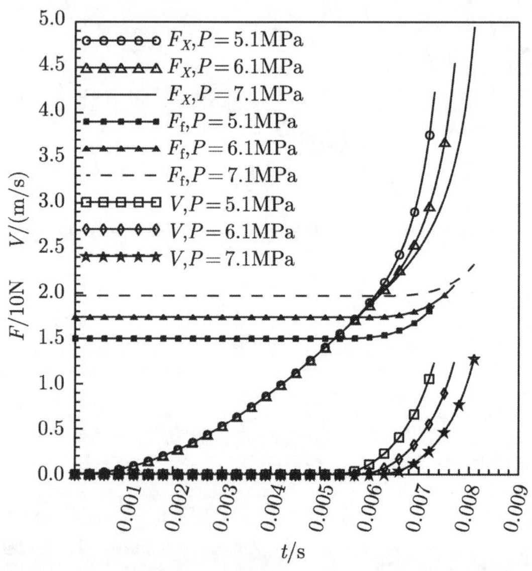

图 6.10　不同 P 时 V 和 F_X、F_f 的响应特性曲线

图 6.10 是速度和吸、反力响应特性曲线，显然，随着 t 的增大，吸力在不断地增大，在其未超过反力时 (此时反力等于 $F_{f0}+PA$)，衔铁不动，当吸力超过反力时，衔铁动作。从图 6.10 可知，衔铁动作后，吸力一直大于反力，因此，衔铁能可靠地吸到底；在衔铁动作以前，在不同的 P 下，P 并不影响吸力的增大，i 按相同的指数规律增大，但是，当吸力增大到 $F_{f0}+PA$ 时，衔铁开始动作，P 较大时，则吸力需要较长的 t_c 才能达到较大的 $F_{f0}+PA$，从图 6.10 可知，P 较大时吸、反力特性曲线的交点靠后，这说明 t_c 较大，因此，计算结果与分析结果是一致的。

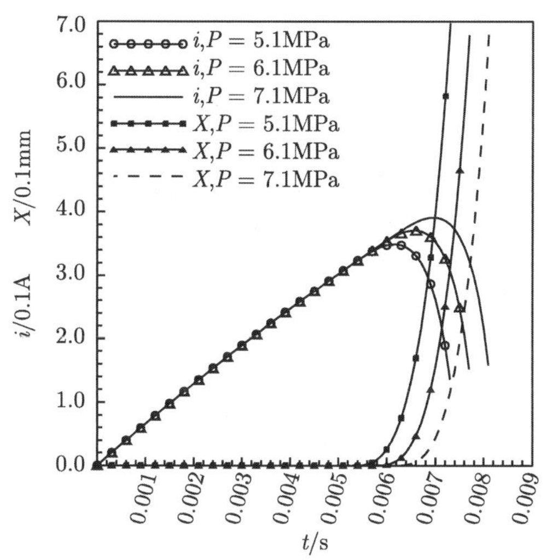

图 6.11 不同 P 时 i 和 X 的响应特性曲线

2) 弹簧预紧力对电动气阀响应特性的影响

为了使电动气阀在关闭时密封性能好，应使弹簧有预紧力 F_{f0}，而电动气阀若要打开就要克服这个预紧力的作用，从式 (6.14) 可见，弹簧预紧力 F_{f0} 对电动气阀响应特性的影响类似于气压 P 对电动气阀响应特性的影响。图 6.12 是不同 F_{f0} 时 V 和 F_X、F_f 的响应特性曲线，由图可知，F_{f0} 较大时，吸力曲线与反力曲线的交点靠后，在交点之后，衔铁动作较慢，同一个时刻的吸力、衔铁运动速度较小，但是，衔铁的行程末速度几乎相等。在衔铁动作以前，F_{f0} 对吸力的增大无影响，在 F_{f0} 不同的情况下，i 按相同的指数规律增大，但是，当吸力增大到 $F_{f0}+PA$ 时，衔铁开始动作，F_{f0} 较大时，吸力需要较长的 t_c 才能达到较大的 $F_{f0}+PA$，从图 6.12 可知，F_{f0} 较大时吸、反力特性曲线的交点靠后，这说明 t_c 较大。

4. 电压对响应特性的影响

电压也是输入参数之一，U=24V、27V、30V 时的响应特性曲线如图 6.13、图 6.14 所示，电流特性参数和衔铁的行程末速度的计算结果列入表 6.2 中。U 越高，

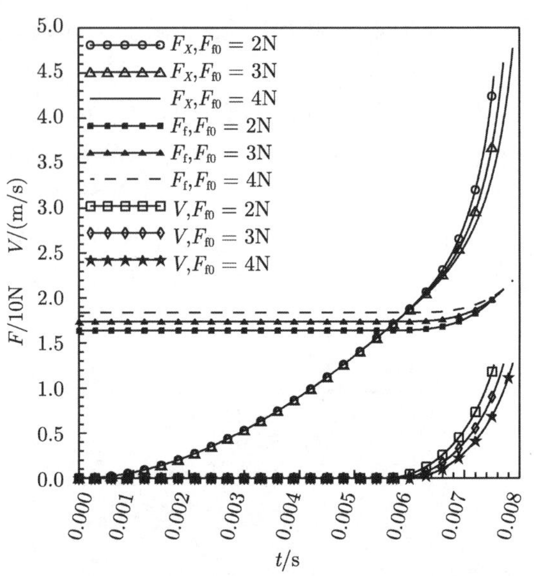

图 6.12　不同 F_{f0} 时 V 和 F_X、F_f 的响应特性曲线

从式 (6.18) 可知 I_S 越大，则在衔铁动作以前 i 增长得越快，动作安匝储备系数 K 越大即磁通势 iN 的储备量越大，由式 (6.20) 可知 t_c 越小，由图 6.13、图 6.14 和表 6.2 可见，上述分析结果与计算结果是一致的。因此，提高电压可使衔铁动作加快。

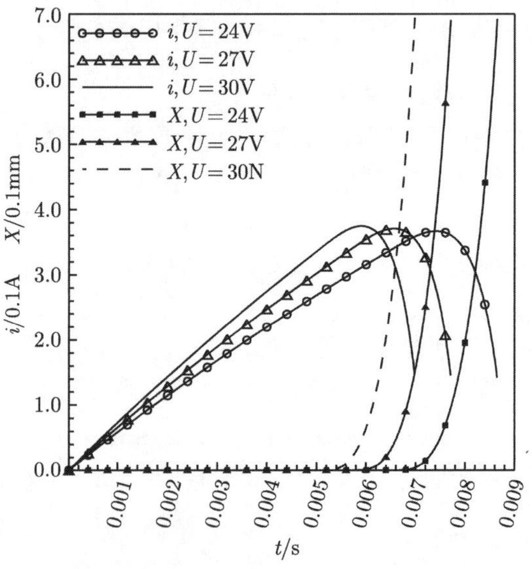

图 6.13　不同 U 时 i 和 X 的响应特性曲线

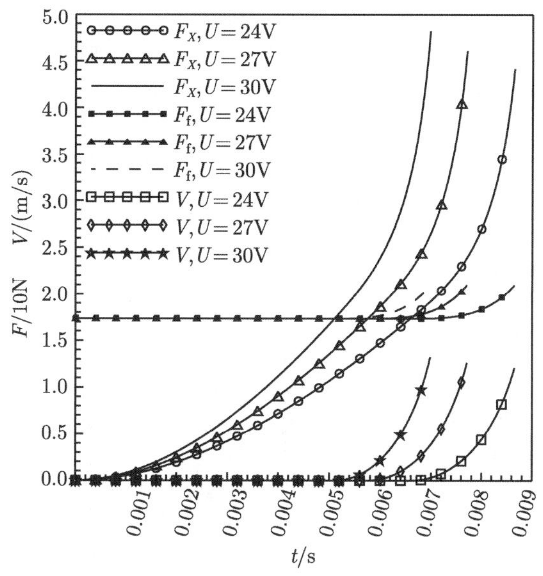

图 6.14 不同 U 时 V 和 F_X、F_f 的响应特性曲线

表 6.2 不同 U 下的计算结果对比

指标	U/V		
	24	27	30
I_S/A	1.333	1.500	1.667
i_p/A	0.367	0.371	0.375
K	3.900	4.385	4.876
V_b/(m/s)	1.212	1.267	1.326

6.2.5 小结

本节对电动气阀的吸动过程建立了非线性数学模型，从计算结果可以看出：在改变 δ_{MAX}、P、F_{f0}、U 时，响应特性曲线明显不同。该阀的衔铁在被触动后能很快地吸到最小气隙处；在减小最大气隙时，不仅衔铁的动作更快，而且衔铁在吸合时吸、反力之差较小，这使得行程终了时衔铁在撞击静铁芯前具有的动能较小，将有利于延长电磁铁的机械寿命；适当减小入口气压有利于提高电动气阀的响应能力，有利于延长其机械寿命；在保证电动气阀关闭时能可靠密封的条件下，适当地减小弹簧预紧力有利于提高电动气阀的响应能力；适当地提高输入电压有利于提高电动气阀的响应能力。

在使用上述结论时要注意以下几点：

(1) 要验证上述结论；

(2) 在仿真计算时要用到电动气阀的各个元件的实际尺寸和材料特性。

表 6.3 为 6.2 节主要符号表。

表 6.3　6.2 节主要符号表

符号	物理含义	单位	符号	物理含义	单位
B_{C}	磁路中的磁感应强度	T	C	弹簧刚度	N/m
$(F_X-F_{\mathrm{f}})_b$	行程终了时的吸、反力之差	N	F_{f}	反力	N
F_X	吸力	N	F_{f0}	电动气阀的弹簧预紧力	N
H_{C}	磁场强度	A/m	i	电流	A
i_c	触动电流	A	i_{p}	运动过程中的峰值电流	A
iN	磁通势	安匝	I_{S}	线圈的稳态电流	A
K	动作安匝储备系数		L	电感	H
L_{K}	线圈组件的高度	m	L_{C}	磁路长度 (不含气隙长度)	m
m	衔铁质量	kg	N	线圈匝数	匝
P	电动气阀的气体入口压力	Pa	R	线圈电阻	Ω
r	半径	m	S	导磁体截面积	m^2
t	时间	s	T	电磁铁时间常数	s
t_c	触动时间	s	t_{p}	峰值电流时间	s
t_b	衔铁的吸动时间即动作时间	s	U	电压	V
V_b	行程终了时的速度	m/s	V	衔铁运动速度	m/s
X	衔铁位移	m	Ψ	磁链	Wb
Λ_δ	气隙磁导	H	δ	气隙长度	m
δ_{MAX}	最大气隙	m	δ_{MIN}	最小气隙即非工作气隙	m
σ	漏磁系数		μ_0	真空磁导率	H/m
ϕ_δ	气隙中的磁通量	Wb	ϕ_{C}	磁路中的磁通量	Wb
ρ_{Fe}	电工纯铁的密度	kg/ m^3			

6.3　气动液阀启动特性分析

气动液阀被广泛应用于液体火箭发动机的推进剂供应系统之中，该阀常与电动气阀配合使用, 可多次工作，直接控制着推进剂的开启和关闭，本节以小推力高室压发动机用的气动液阀为研究对象 [111,112]，建立此阀开启过程的非线性数学模型并进行数值模拟，分析压力、尺寸参数和反力因素对此阀启动特性的影响。

6.3.1　气动液阀的数学模型

气动液阀的结构如图 6.15 所示，此阀由一个控制腔及气孔、两块膜片、两个活塞、两个弹簧、两个推进剂入口和出口、一个阀体构成。在图 6.15 中，气动液阀的气孔上接电动气阀，下接气动液阀的控制腔，该阀的推进剂出口紧挨喷注器入口，而喷注器出口又紧挨发动机燃烧室入口。高压气体从电动气阀流入到气动液阀的控制腔内，就开始对控制腔充气。在充气过程中，腔内气体的温度是逐增的，在活塞未动作以前，腔内气体的体积不变。当气压增至一定值时，将使膜片变形并同时推动两个活塞克服液压力、摩擦力、弹簧力而运动，从而使推进剂流入喷注器容腔中。在活塞的运动过程中，活塞位移总是在增大，速度为正值，速度特性曲线经过一定的波动后逐渐衰减并趋于一个稳态值，控制腔内气体的压力逐渐减小并趋于一个稳态值，压力特性曲线略有波动，温度是逐减的，腔内的气体体积总是在增大。在电动气阀关闭时，气动液阀控制腔中的气体在控制腔与电动气阀排气孔外 (该处压力为环境压力) 之间的压差作用下，经导管从电动气阀的排气孔中排出，控制腔压力减至一定值后，弹簧力和液压力大于活塞气压力使阀瓣回位，回位后控制腔压力继续降低，直至与环境压力相等。在活塞运动过程中，伴随着气体流量、压力、体积、密度、温度和活塞位移、速度、弹簧伸缩量的变化，因此，气动液阀动态过程应遵循质量守恒定律、牛顿第二定律、能量守恒定律。

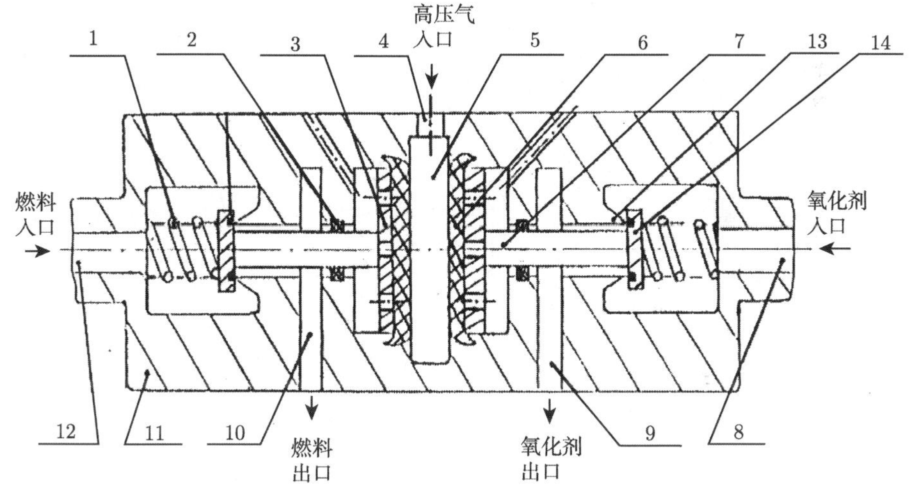

图 6.15　气动液阀示意图

1. 弹簧; 2. 密封件; 3. 活塞; 4. 控制腔的气孔; 5. 控制腔; 6. 膜片; 7. 活塞杆; 8. 氧化剂入口孔; 9. 氧化剂出口孔; 10. 燃料出口孔; 11. 阀体; 12. 燃料入口孔; 13. 阀座; 14. 阀芯

为建立气动液阀动态过程的数学模型, 先作如下假设 [113]：①由于该阀的动态过程极短，不考虑阀内的传热过程；②不考虑推进剂的可压缩性；③该阀两端的推进剂入口压力相等，出口压力相等；④该阀两端的结构关于控制腔气孔的中轴线完全对称，该阀两端对应部件的材料相同、尺寸相等。

以下为气动液阀开启过程的非线性数学模型，数学模型中所用的变量符号及其物理含义和单位已列入表 6.5 中。

$$\frac{\mathrm{d}P}{\mathrm{d}t}=\frac{K-1}{V}\left(i_{\mathrm{in}}\,\dot{m}_{\mathrm{in}}-i_{\mathrm{ou}}\,\dot{m}_{\mathrm{ou}}-\frac{2K}{K-1}PA_Y\,W\right)\tag{6.21}$$

$$\mathrm{d}V/\mathrm{d}t=2A_Y\,W\tag{6.22}$$

$$\mathrm{d}\rho/\mathrm{d}t=(\dot{m}_{\mathrm{in}}-\dot{m}_{\mathrm{ou}}-2\rho A_Y\,W)/V\tag{6.23}$$

$$\mathrm{d}X/\mathrm{d}t = W \tag{6.24}$$

$$\mathrm{d}W/\mathrm{d}t = [-fW - cX + PA_Y - P_0(A_Y - A_n) - P_1A_{\mathrm{C}} + P_2(A_{\mathrm{C}} - A_n) - F_{\mathrm{CO}}]/m_\Sigma \tag{6.25}$$

初始条件：

t=0 s 时，$P = P_0$，W=0，V=V_{C}，X=0，T=T_{S}=298K，ρ=$P/(RT_{\mathrm{S}})$。

式 (6.21)~ 式 (6.25) 中，

$$m_\Sigma = (D_Y^2Y_3 + D_n^2Y_2 + D_X^2Y_1)\rho_{\mathrm{st}}\pi/4 \tag{6.26}$$

$A_Y = D_Y^2\pi/4, A_n = D_n^2\pi/4, A_{\mathrm{C}} = D_{\mathrm{C}}^2\pi/4, D_{\mathrm{C}}$ 、D_n 、D_Y 等尺寸参数表示在图 6.16 中。

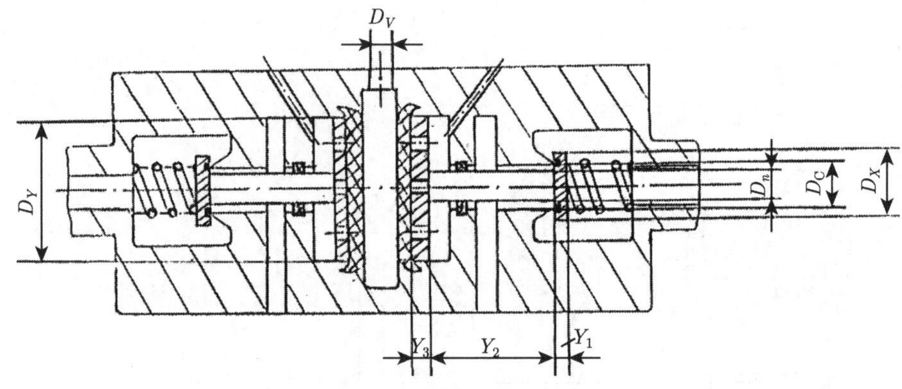

图 6.16　气动液阀尺寸参数示意图

气动液阀控制腔充气时，设腔内气压从初始压力 P_0 逐增到启动压力 P_Y 所需的时间为启动时间 τ_1，经推导，P_Y、τ_1 可由以下 2 式求出：

$$P_Y \geqslant [P_0(A_Y - A_{\mathrm{C}}) + P_1A_{\mathrm{C}} + F_{\mathrm{CO}}]/A_Y \tag{6.27}$$

$$\tau_1 = \frac{V_{\mathrm{C}}\left[(P_1 - P_0)A_{\mathrm{C}} + F_{\mathrm{CO}}\right]}{A_Y\, K\, A_{\mathrm{ef}}\, P_{\mathrm{S}}\sqrt{R_{\mathrm{S}}\, T_{\mathrm{S}}}} \tag{6.28}$$

在式 (6.28) 中，A_{ef} 由下式求出 [114]：

$$A_{\mathrm{ef}} = \mu A_{\mathrm{V}}\sqrt{K\left(\frac{2}{K+1}\right)^{(K+1)/(K-1)}} \tag{6.29}$$

式中，$A_{\mathrm{V}} = \pi D_{\mathrm{V}}^2/4$，$\mu$、$D_{\mathrm{V}}$ 分别为控制腔气孔的流量系数和孔径。

气动液阀在 τ_1 以后，活塞开始运动。在给定的初始条件下，用四阶龙格–库塔法计算数学模型，模拟气动液阀的动态过程。计算中，还要用到以下各式和设定的已知条件：

$$i_{\mathrm{in}} = C_{\mathrm{P}}\,T_{\mathrm{S}} = \frac{KRT_{\mathrm{S}}}{K-1},\quad \dot{m}_{\mathrm{in}} = A_{\mathrm{ef}}\,\rho_{\mathrm{S}}\,\sqrt{R_{\mathrm{S}}\,T_{\mathrm{S}}},\quad i_{\mathrm{ou}} = \frac{KRT}{K-1}$$

$$\dot{m}_{\text{ou}} = \begin{cases} 0 & (P < P_Y) \\ A_{\text{ef}}\,\rho\sqrt{RT} & (P \geqslant P_Y) \end{cases} \tag{6.30}$$

给定高压气体为氮气，活塞材料为钢材。

P_S = 7.6MPa，T_S= 298K，μ= 0.8，K=1.66，R = R_S=2079.72J/(kg· K)，P_0=1.01325×10^5Pa；ρ_{st} = 7750kg/m^3，C=24525N/m，D_Y=18mm，D_n=6mm，D_X=12mm，D_C= 8mm，D_V=2mm；Y_1= 4mm，Y_2 =20mm，Y_3= 4mm，V_C= 8×10^{-6}m^3，P_1=7.75MPa，P_2=7.6MPa；F_{CO}=1300N，f = 5 kg/s，D_{MAX}=1mm，h = 10^{-6}s。

6.3.2　计算结果及分析

在 6.3.1 小节给定的已知条件下，对气动液阀进行了数值计算，结果如图 6.17 所示。图中给出了控制腔内气体的 P、V、ρ、T 随 t 变化的曲线，还给出了活塞运动速度 W、位移量 X 随 t 变化的曲线。由图可知，在 P 小于 P_Y 时，活塞未动，控制腔内的气体体积 V 不变，此时属于充气过程，控制腔内的 P、T、ρ 是逐增的，且 P、ρ 分别按线性规律逐增，从式 (6.21)、式 (6.23)、式 (6.30) 可以推出这一结论。在 P 大于 P_Y 时，活塞开始运动，V 增大，T 减小，由于反力因素的影响，P 开始波动，并且逐渐接近稳态值。W 增大，但仍有波动，而 X 将持续增大至最大行程，至最大行程所需的动作时间 t_w=2.12ms，这说明气动液阀在高压气体的作用下能较快地打开。在气动液阀的开启过程中，控制腔内的气体温度增加了 192K。

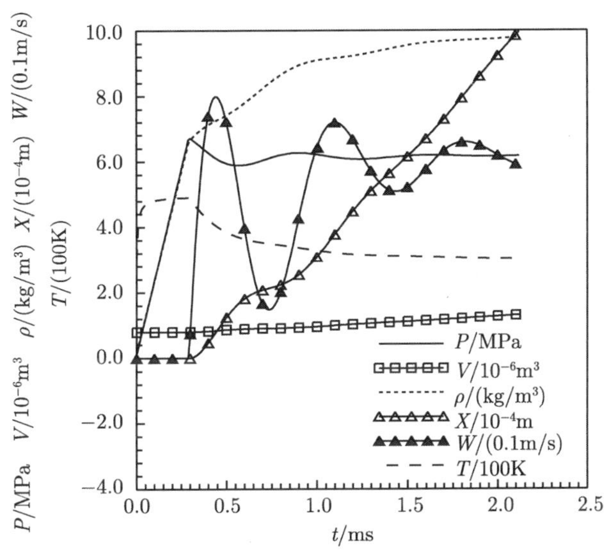

图 6.17　气动液阀的响应特性曲线

影响气动液阀动态特性的因素很多，下面将要讨论压力、尺寸参数和反力因素对气动液阀启动特性的影响，从而为优化设计此类阀门，提高其响应能力提供依据。

1. 压力对气动液阀启动特性的影响

1) P_S 的影响

高压气体经过气瓶后的减压器至电动气阀，认为从电动气阀至气动液阀的来流气体的 P_S、T_S 为恒定值。P_S 是推动活塞的动力来源，若 P_S 太小，将使气动液阀的响应变慢，甚至推不动活塞，若 P_S 太大，将使活塞以较大的末速度撞击阀体，降低了气动液阀的工作寿命。图 6.18～ 图 6.20 是不同 P_S 下的 P、V、ρ、X、T、W 的特性曲线，其中 W 的特性曲线反映了上述规律，即 P_S 越大，则在同一时刻的 W 越大，活塞的行程末速度 W_1 越大，由图 6.20 可知，P_S 较小时，在最大行程相等的情况下，活塞的动作时间较长，W 的特性曲线波动较大，还出现了 $W<0$ 的情况，这可能是由于在阀芯开始动作后，控制腔内的气压 P 低于逐增的反力，而反力的增大主要是由弹簧压缩力的增大引起的。经计算，P_S= 6.6MPa 时，t_w= 6ms；P_S= 8.6MPa 时，t_w=1.32ms。

由图 6.18～ 图 6.20 可知，不同的 P_S 下，P、ρ、T 的特性曲线基本相同，均由波动状态逐渐过渡到一个稳定值。P_S 较小时，V 较小，X 较小，且 X 的特性曲线波幅较大，由图 6.19 可知，X 最终可达到 D_{MAX}。

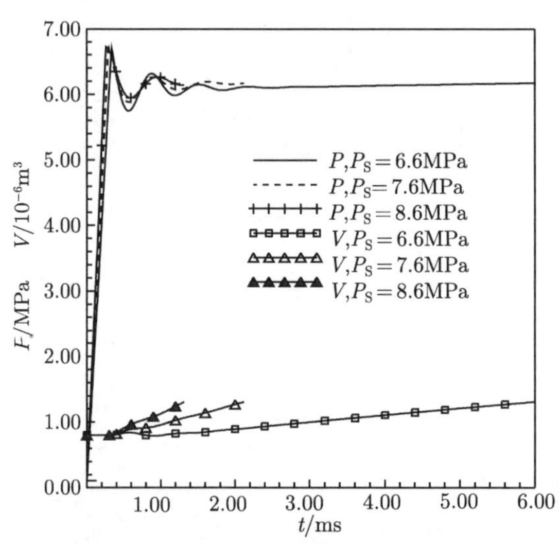

图 6.18　不同 P_S 下的 P、V 特性曲线

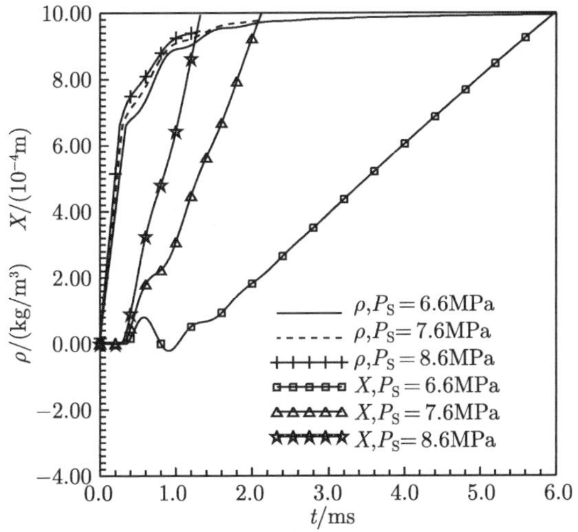

图 6.19 不同 P_S 下的 ρ、X 特性曲线

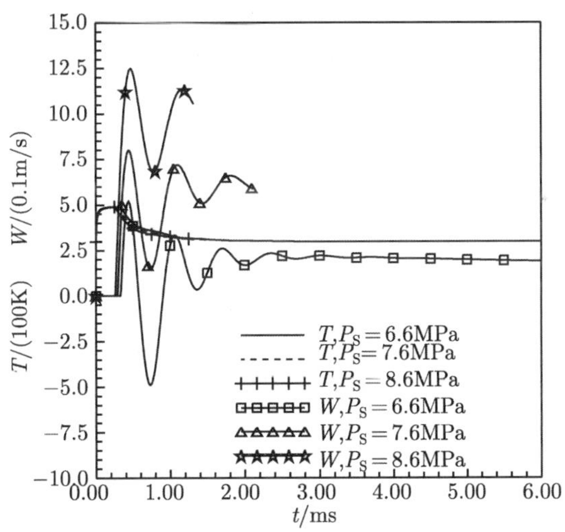

图 6.20 不同 P_S 下的 T、W 特性曲线

2) P_1 、P_2 的影响

在图 6.15 中，气动液阀的推进剂出口是紧挨喷注器入口的，而喷注器出口又紧挨发动机的燃烧室。现设定发动机的室压为 5.6MPa，喷注器压降为 2MPa，则气动液阀出口的推进剂压力 P_2=7.6MPa，设定阀压降为 0.15MPa，则 P_1=7.75MPa。现改变 P_1 而 P_2 不变，由图 6.21~6.23 可知，P_1 较大时，响应较慢，在同一时刻的 P 较大、ρ 较小，X、W、V 较小，但不同 P_1 下的特性曲线的差别很小，尤其是 T 的特性曲线几乎不变。在阀芯动作以前，W= 0，X= 0，由式 (6.21) 可知，在不同

的 P_1 下，P 按相同的线性规律增大，较大的 P_1 将需要较大的 P_Y，导致 τ_1 较大，因此，较大的 P_1 使阀芯的响应较慢。

为了与上述高室压工况比较，下面分析了用于低压燃烧室的气动液阀的启动特性，并将高、低室压工况的计算结果绘于同一图中，如图 6.21～ 图 6.23 所示。气动液阀用于低室压发动机时，根据国外同类型发动机的数据，设定气动液阀的

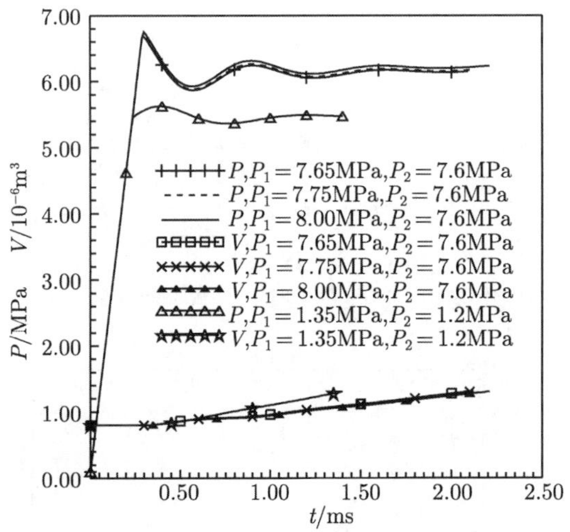

图 6.21　不同 P_1、P_2 下的 P、V 特性曲线

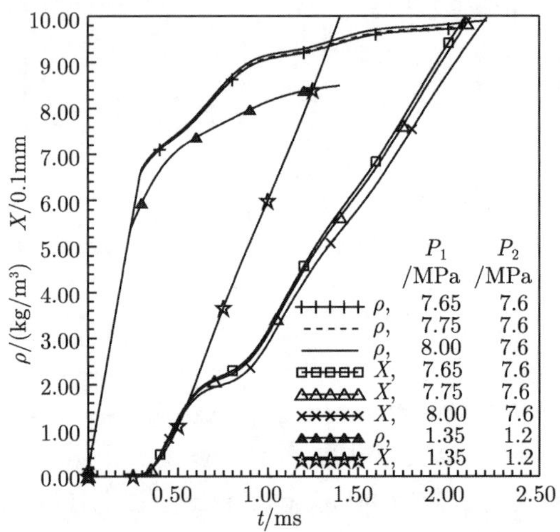

图 6.22　不同 P_1、P_2 下的 ρ、X 特性曲线

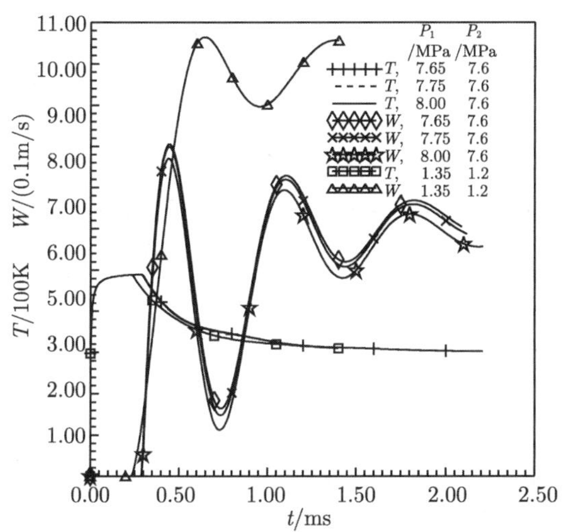

图 6.23 不同 P_1、P_2 下的 T、W 特性曲线

P_1=1.35MPa，P_2=1.2MPa，P_S=7.6MPa，由图可知，高、低室压工况的特性曲线有一定差距，低室压工况下，T、ρ 较小，V、W、X 较大，X、W 的特性曲线上升较快，动作时间很短。表 6.4 为不同工况下的 t_w、W_1、P_Y 的对比。当 P_1 较小时，从式 (6.27)、式 (6.28) 可知，P_Y、τ_1 较小，从式 (6.25) 可知，W 的增长速率较大，因此，从图 6.23 可见，低室压工况下在同一时刻的阀芯运动速度明显大于高室压工况下的阀芯运动速度，阀芯的响应较快。

表 6.4 不同工况下气动液阀特性参数对比

	高室压工况	低室压工况
P_1/MPa	7.75	1.35
P_2/MPa	7.60	1.20
t_w/ms	2.12	1.40
W_1/(m/s)	0.587	1.057
P_Y/MPa	6.72	5.46

2. 尺寸参数对气动液阀启动特性的影响

1) D_V 的影响

控制腔气孔直径 D_V 的大小将控制进入腔内的气体流量，从而影响腔内的充气过程，腔内气体的 P、V、ρ、T 均受 D_V 的影响。图 6.24~ 图 6.27 描述了 D_V 对 P、V、ρ、X、W、T 的影响。由图 6.24 可知，D_V 较大时，P 上升较快，然后迅速降至稳态值，D_V=3mm 时，t_w=1ms，而 D_V=1mm 时，t_w=8.4ms。D_V 较小时，P 的波动较大，且波幅逐渐衰减，P 最终趋于一个平稳值，t_w 较大。

D_V 较大时, ρ 、W、X 较大，曲线波动较小，T 较小，由图 6.26 可知，W 的特性曲线波幅也是逐渐衰减的，最终趋于一个平稳值。可见，增大 D_V 有利于提高气动液阀的响应能力。

在阀芯动作以前，W=0，$\dot{m}_{ou}$=0，从式 (6.29) 可知，D_V 较大则 A_{ef} 较大，使 $\dot{m}_{in}$ 较大，从式 (6.21) 可知，P 将以较大的斜率线性增大，图 6.24 的 P 特性曲线就说明了这一点；从式 (6.23) 可知，D_V 较大时在阀芯动作以前，ρ 也将以较大的

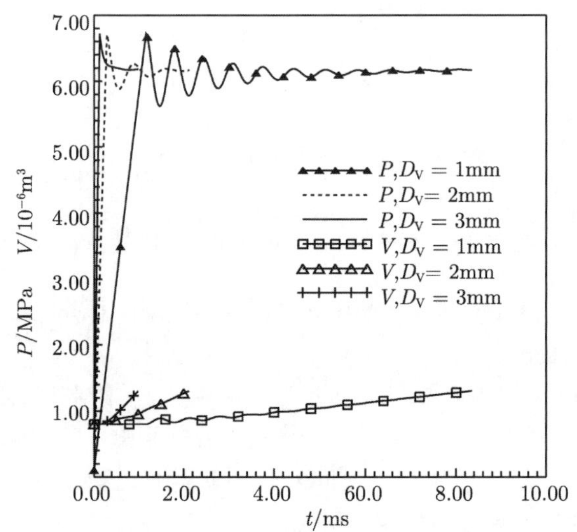

图 6.24　不同 D_V 下的 P、V 特性曲线

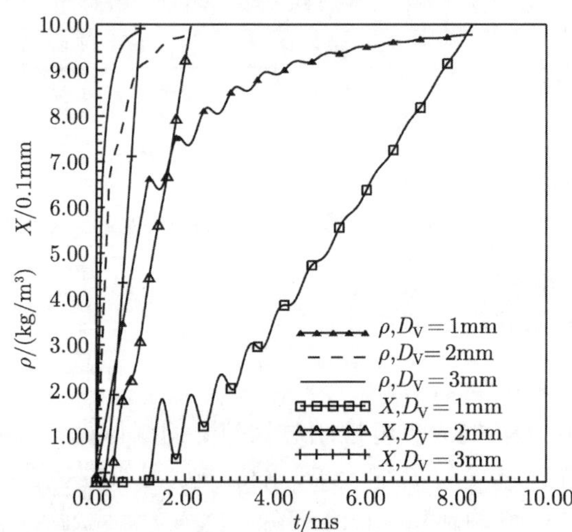

图 6.25　不同 D_V 下的 ρ、X 特性曲线

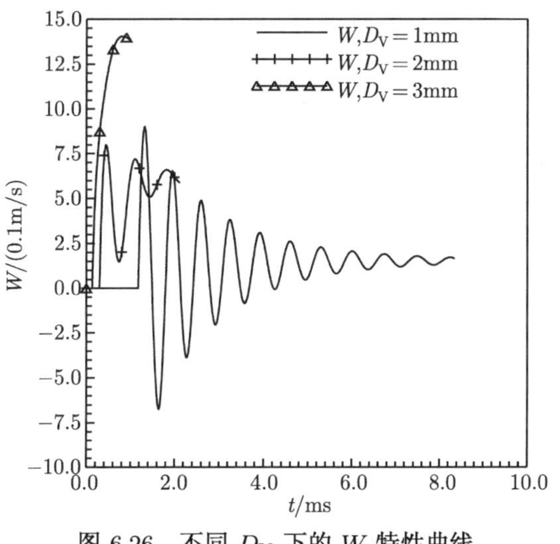

图 6.26 不同 D_V 下的 W 特性曲线

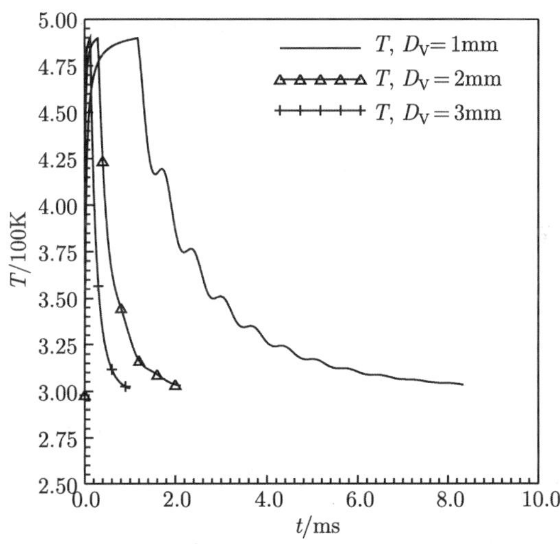

图 6.27 不同 D_V 下的 T 特性曲线

斜率线性增大，图 6.25 的特性曲线说明了这一点。阀芯开始动作以后，由于 $\dot{m}_{ou}$ 已不等于 0，由式 (6.30) 可知，较大的 D_V 将导致较大的 $\dot{m}_{ou}$，从式 (6.21) 可知，P、ρ 曲线的波动较小，有迅速趋于稳态值的趋势。图 6.24、图 6.25 的 P、ρ 曲线说明了上述分析结果与计算结果的一致性。在阀芯动作以前，D_V 较大时气压 P 较大，致使阀芯经过较短的时间 τ_1 才开始动作，从式 (6.27) 可知，P_Y 与 D_V 无关，P_Y 是一个定值，由式 (6.25) 可知，D_V 较大时，τ_1 时刻的阀芯运动加速度是较大的，这将导致 W、X、V 较大，图 6.24～ 图 6.26 的 V、X、W 特性曲线说明了这一点。在阀芯动作的过程中，D_V 较大时，P 较快地下降至稳态值，同时 V 持续上升，这意味着控制腔的膜片在气体压力与反力之差的作用下向阀芯方向鼓起来，根据理想气体状态方程可知，控制腔内的气体温度 T 将较快地下降，图 6.27 说明了这一点。

2) D_n、D_X、D_C 的影响

由图 6.16 可知，活塞的尺寸参数 D_n、D_X、D_C 是紧密相关的，D_X 较小时，由于阀座与阀芯之间密封的需要，D_C 应取较小值，活塞杆的直径必将取较小值，因此，在分析 D_n、D_X、D_C 对气动液阀响应特性的影响时，将 D_n、D_X、D_C 同时取较大值或较小值。计算中取三组 D_n、D_X、D_C，相邻两组的相同参数的尺寸之间相差 2mm，如图 6.28～ 图 6.31 的图例所示。

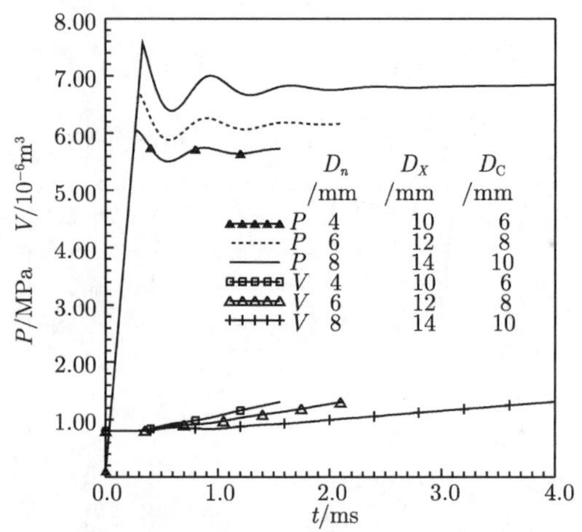

图 6.28 不同 D_n、D_X、D_C 下的 P、V 特性曲线

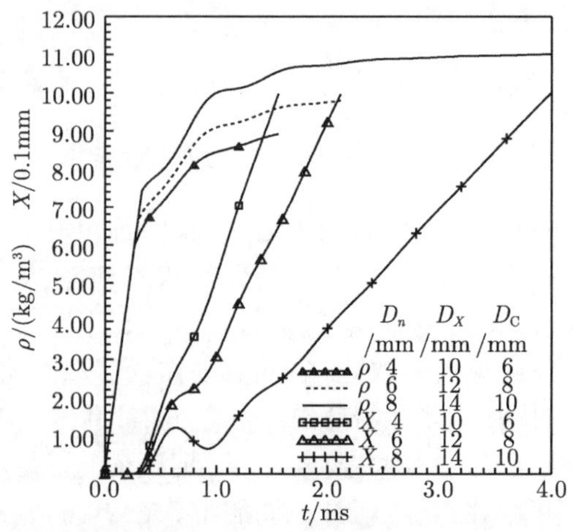

图 6.29 不同 D_n、D_X、D_C 下的 ρ、X 特性曲线

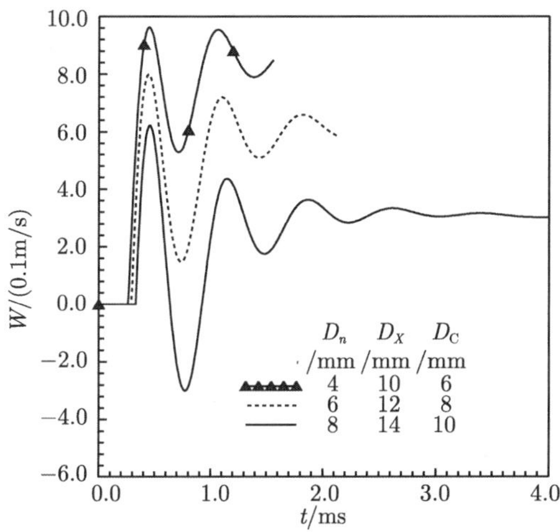

图 6.30 不同 D_n、D_X、D_C 下的 W 特性曲线

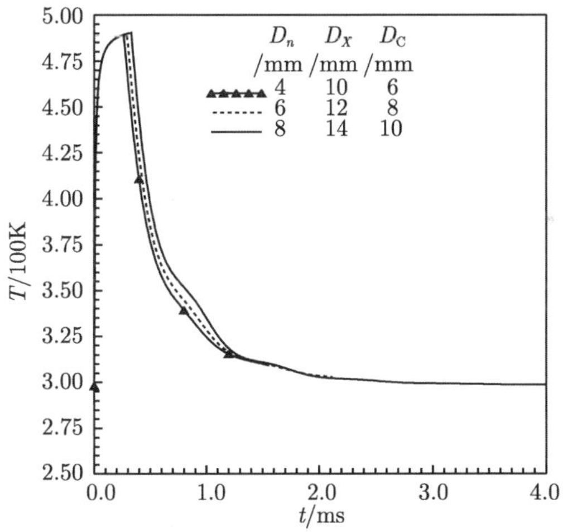

图 6.31 不同 D_n、D_X、D_C 下的 T 特性曲线

D_n、D_X、D_C 较大时，由式 (6.26)、式 (6.27) 可知，活塞质量 m_Σ 增大了，活塞气、液两端的面积比减小了，在 P_1、P_2 相同的情况下，需要较大的 P_Y 才可推动活塞，由图 6.28 的 P 特性曲线可知，P_Y 和 τ_1 较大，这与分析结果是一致的。图 6.28 中的 P 特性曲线相比较，D_n、D_X、D_C 较大时，P 特性曲线的波幅较大，需要较长的时间才可达到稳定状态，t_w 较大。由图 6.28～图 6.31 可知，D_n、D_X、D_C 较大时，V、X、W 较小，ρ、T 较大，且 X、W 的波幅较大，W、T 最终可分别趋于一个稳态值，这是因为，D_n、D_X、D_C 较大时，由式 (6.25) 可知，作用在活塞上的反力较大，使活塞的运动加速度较小，甚至为负值，这将使 W 需要较长的

时间才能达到稳态值，活塞需要较长的时间才能达到 D_{MAX} 处。图 6.31 的曲线说明：D_n、D_X、D_{C} 不同时，虽然 T 的特性曲线有所不同，但差别很小。

3) D_Y 的影响

不同 D_Y 下的计算结果如图 6.32~ 图 6.34 所示。较大的 D_Y 使活塞气、液两端的面积比增大，在 P_{S}、P_1、P_2 不变的情况下，使活塞动作加快，t_{w} 减小，P 特性曲线的波动较弱，由式 (6.27) 和式 (6.28) 可知，P_Y、τ_1 较小，X、V、W 较大，W 特

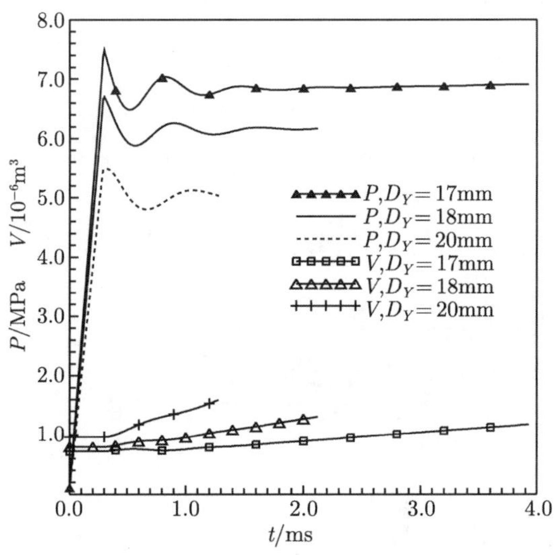

图 6.32　不同 D_Y 下的 P、V 特性曲线

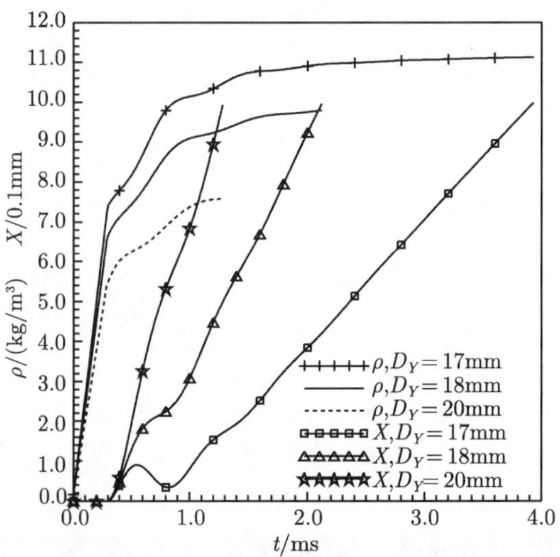

图 6.33　不同 D_Y 下的 ρ、X 特性曲线

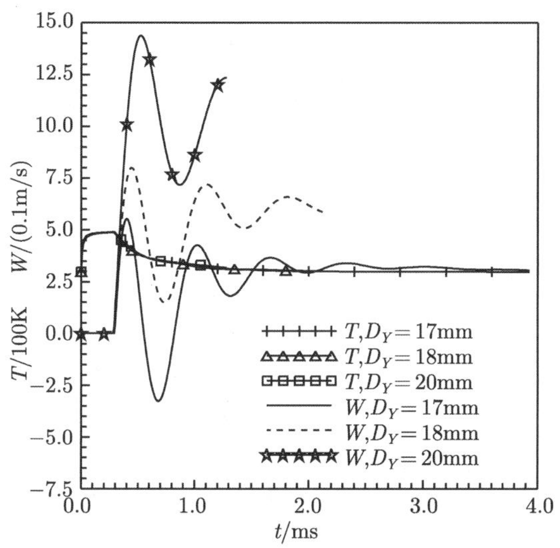

图 6.34 不同 D_Y 下的 T、W 特性曲线

性曲线的波幅较小并有逐渐衰减趋于稳态值的趋势。从图 6.34 可知，不同 D_Y 的 T 特性曲线几乎一样。D_Y=17mm 时的 $t_{\rm w}$=3.9ms，而 D_Y=20mm 时的 $t_{\rm w}$=1.28ms，因此，适当增大 D_Y 有利于缩短动作时间。

3. 反力因素对气动液阀启动特性的影响

1) C 的影响

C 是弹簧的刚度，C 越大则反力越大，阀芯的响应越慢。由式 (6.25) 可知，在阀芯动作以前，C 对控制腔气体的状态参数无影响，在阀芯动作以后，C 较大时则弹簧压缩力较大，导致作用在活塞上的反力较大，阀芯的加速度较小，W 的振荡衰减较慢，随着 X 的增大，C 对阀芯运动速度 W 的影响逐渐显著起来 (图 6.35)。由图 6.35 可知，C 较大时，ρ 稍有增大，X 稍有减小，W 的振荡衰减较慢，$t_{\rm w}$ 稍有增长。C =14525N/m 时，$t_{\rm w}$=2.08ms，而 C=34525N/m 时，$t_{\rm w}$= 2.17ms。可见，减小 C 可使气动液阀的响应时间稍有缩短，但是 W 的振荡衰减较慢。

2) $F_{\rm CO}$ 的影响

$F_{\rm CO}$ 是弹簧预紧力，用于关闭气动液阀，并保证关闭时阀芯与阀座之间密封性能良好。$F_{\rm CO}$ 太小，虽然有较快的开阀响应，但关阀时响应较慢，甚至关不死，密封不可靠；$F_{\rm CO}$ 太大，则开阀响应较慢，因此，应该选择合适的 $F_{\rm CO}$。

图 6.36~图 6.38 说明，$F_{\rm CO}$ 较大时，从式 (6.27) 和式 (6.28) 可知，P_Y、τ_1 较大，响应特性曲线的波动较大，趋于一个稳态值，阀芯动作后，在同一时刻的 ρ 较大，X 较小且活塞的 $t_{\rm w}$ 较大，W 的特性曲线的波幅较大，从式 (6.27) 和式 (6.28)

可知，F_{CO} 较大时，P_Y、τ_1 较大，在阀芯开始动作以后，加速度较小，导致 W 较小，由式 (6.22) 可知，V 的增长速率较小，在相同的 D_{MAX} 下，活塞的响应时间 t_w 较大。从图 6.36 可知，F_{CO} 不同时，T 的特性曲线差别很小。由图 6.36~ 图 6.38 可知，F_{CO}=1200N 时，t_w=1.62ms；F_{CO}=1400N 时，t_w=2.99ms。

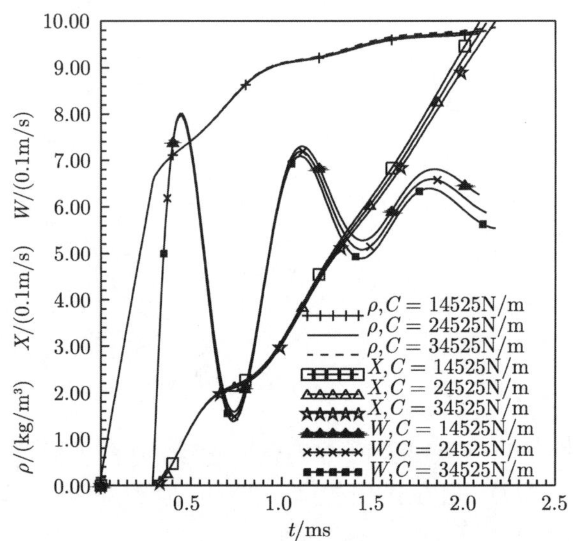

图 6.35　不同 C 下的 ρ、X、W 特性曲线

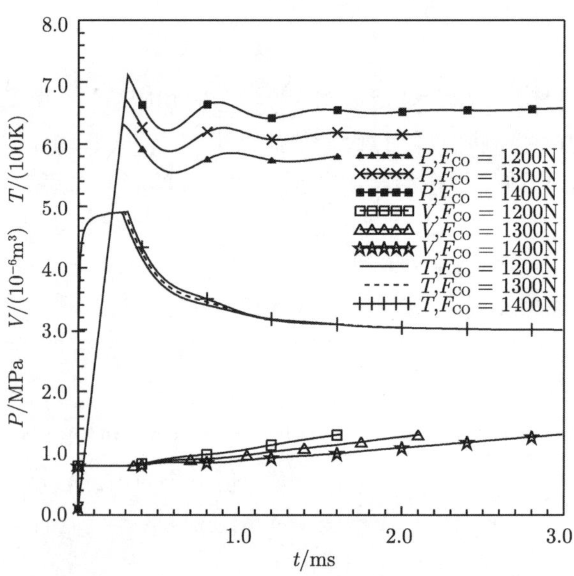

图 6.36　不同 F_{CO} 下的 P、V、T 特性曲线

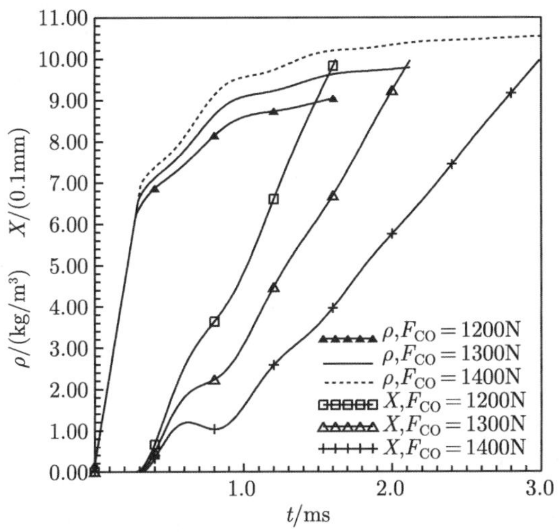

图 6.37 不同 F_{CO} 下的 ρ、X 特性曲线

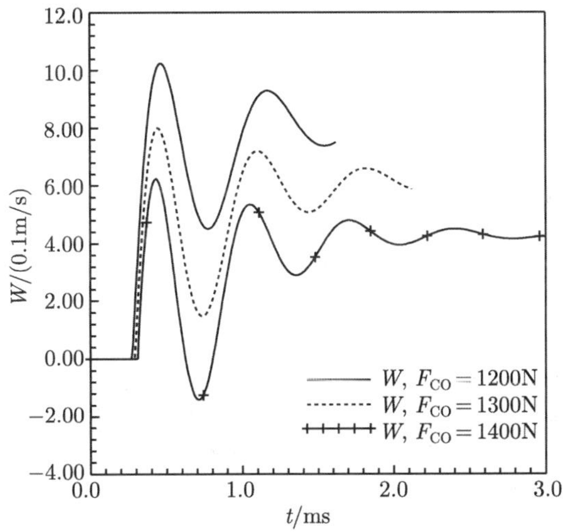

图 6.38 不同 F_{CO} 下的 W 特性曲线

3) f 的影响

f 是活塞在运动时与阀体之间的摩擦系数，它与 W 的乘积是构成反力的一部分。由图 6.39 和图 6.40 可知，在活塞运动以前，虽然 f 不同，但是图中的三条 P 的特性曲线分别按相同的线性规律增大，三条 ρ 的特性曲线分别按相同的线性规律增大。这是因为：由式 (6.27) 和式 (6.28) 可知，f 对 P_Y、τ_1 无影响。在活塞开始运动后，f 较大时，W、P、ρ 特性曲线的振幅较小，响应时间 t_{w} 较长，同一时刻的 X 较小，同一时刻的 P、ρ 较大。而三条 T 的特性曲线非常接近，三条 V 的特

性曲线也是非常接近的，这是因为：在式 (6.25) 中，fW 是一个阻尼项，f 相当于一个阻尼系数，f 较大时，由式 (6.25) 可知，W 的变化速率较小，导致 X 较小。

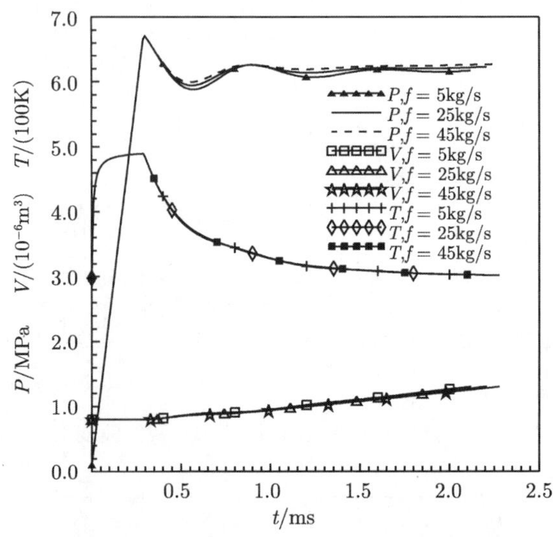

图 6.39　不同 f 下的 P、V、T 特性曲线

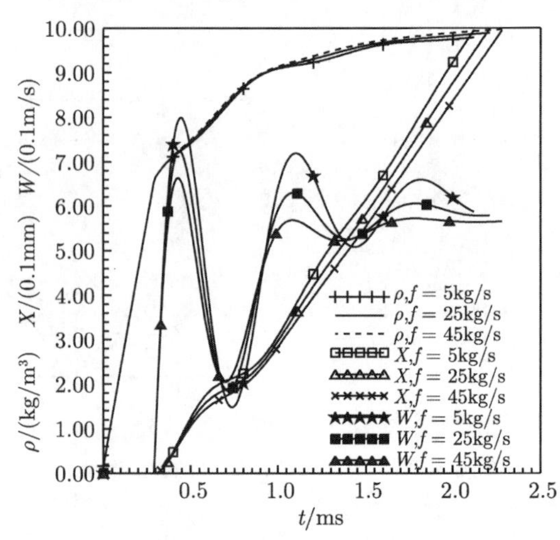

图 6.40　不同 f 下的 ρ、X、W 特性曲线

6.3.3　小结

本节建立了气动液阀开启过程的非线性数学模型并进行了数值模拟，分析了压力、尺寸参数和反力因素对此阀启动特性的影响。计算结果表明：高室压气动液阀比低室压气动液阀的响应慢，但工作寿命较长；弹簧刚度对气动液阀的影响不

大; 较大的弹簧预紧力虽然使气动液阀的响应能力变慢了，但有利于保证气动液阀的机械寿命，还能保证密封可靠; 摩擦系数的增大使气动液阀的响应变慢了，但是抑制了气体压力、活塞速度特性曲线的波动。

在保证气动液阀具有必要的工作寿命的条件下，以下措施可以提高气动液阀的响应能力: 适当地提高入口气压; 适当地增大控制腔内气孔的直径; 适当降低高室压气动液阀的进、出口压力; 减小活塞杆直径 D_n、阀芯直径 D_X、阀座直径 D_C; 适当地增大靠近控制腔的活塞端面直径 D_Y。

上述结论有待于试验验证，表 6.5 为 6.3 节主要符号表。

表 6.5 6.3 节主要符号表

符号	物理含义	单位	符号	物理含义	单位
A	面积	m^2	ρ	气体密度	kg/m^3
A_V	控制腔气孔的截面积	m^2	ρ_S	来流气体的密度	kg/m^3
D	直径	m	A_{ef}	控制腔气孔的有效流通面积	m^2
D_{MAX}	活塞的最大行程	mm	C	弹簧刚度	N/m
f	阻尼系数	kg/s	D_V	控制腔气孔直径	m
i_{in}	来流气体的焓值	J/kg	F_{CO}	气动液阀的弹簧预紧力	N
K	气体的比热比		h	时间步长	s
$\dot{m}_{ou}$	流出控制腔气孔的气体流量	kg/s	i_{ou}	流出控制腔气孔的气体焓值	J/kg
P	控制腔内气体的压力	Pa	$\dot{m}_{in}$	来流气体的流量	kg/s
P_1	推进剂在气动液阀入口的压力	Pa	m_Σ	活塞质量	kg
P_Y	气动液阀的启动压力	Pa	P_0	环境压力, 初始气压	MPa
R_S	来流气体的气体常数	$(J/kg\cdot K)$	P_2	推进剂在气动液阀出口的压力	Pa
T	控制腔内的气体温度	K	P_S	来流气体的压力	Pa
t_w	阀芯或活塞的响应时间，也就是从气体开始进入控制腔至活塞到达最大行程处所需的时间	s	T_S	来流气体温度	K
			V_C	控制腔的容积	m^3
			W_1	活塞行程末速度	m/s
V	控制腔内气体体积	m^3	μ	流量系数	
W	活塞运动速度	m/s	ρ_{st}	钢材的密度	kg/m^3
X	活塞位移	m	τ_1	活塞的启动时间	s

6.4 杠杆式气动液阀响应特性分析

本节以三组元发动机地面试验用的杠杆式气动液阀为研究对象，建立了此阀的开启和关闭过程的非线性数学模型，并对其进行了动态仿真计算。分析了控制气体压强、控制腔半径、与电动气阀之间的连接管长度、工质腔入口压强和连接杆件质量等因素对该阀的启动过程响应特性的影响。

6.4.1 阀体结构和基本假设

1. 阀体结构

该阀为一个二位四通气动液阀，其外部结构如图 6.41 所示，内部结构如图 6.42 所示。

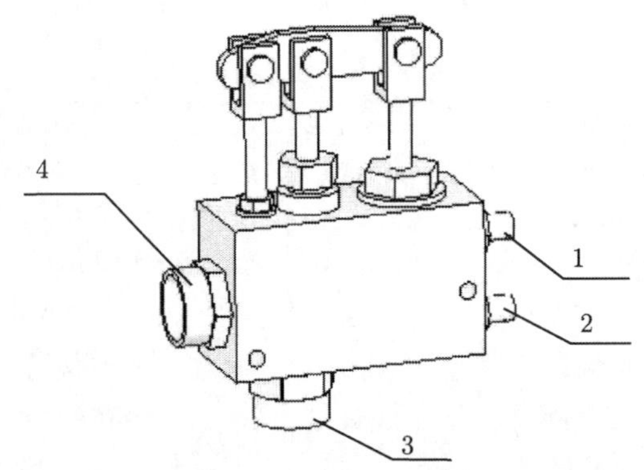

图 6.41 气动液阀外部结构示意图

1. 控制腔上腔接口；2. 控制腔下腔接口；3. 工质腔入口；4. 工质腔出口

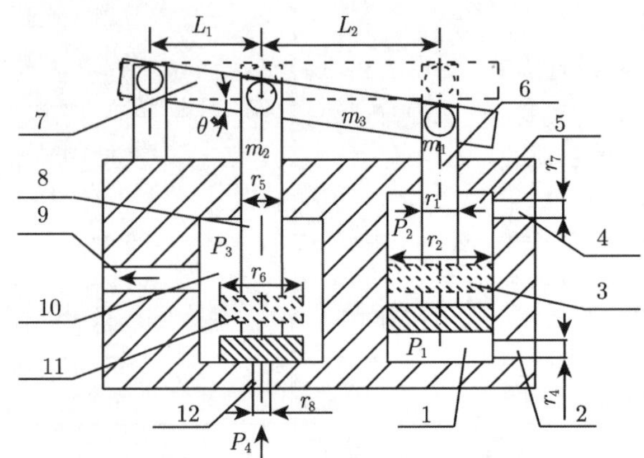

图 6.42 气动液阀内部结构示意图

1. 控制腔下腔；2. 控制腔下腔接口；3. 控制腔活塞；4. 控制腔上腔接口；5. 控制腔上腔；6. 控制腔杆件；7. 腔间连接杆件；8. 工质腔杆件；9. 工质腔出口；10. 工质腔；11. 工质腔活塞；12. 工质腔入口

2. 工作原理和基本假设

该阀开启过程为：初始状态为控制腔上腔和控制气体相通，下腔和大气相通，工质腔活塞将工质入口密封; 当上游电动气阀启动后，该阀控制上腔转为和大气相通，下腔和控制气体相通，下腔压力随着气体充填越来越大，上腔压力随着排气变得越来越小，当下腔压力大于其临界压力时，控制腔活塞开始动作，控制腔杆件带动连接杆和工质腔杆件运动，工质腔杆件带动工质腔活塞运动，直到阀门完全开启。关闭过程为：初始状态为控制腔下腔和控制气体相通，上腔和大气相通; 当上游电动气阀关闭后，该阀控制下腔转为和大气相通，上腔和控制气体相通，上腔压力随着气体充填越来越大，下腔压力随着排气变得越来越小，当上腔压力大于其临界压力时，控制腔活塞开始动作，控制腔杆件带动连接杆和工质腔杆件运动，工质腔杆件带动工质腔活塞运动，直到阀门完全关闭。

为了建立该阀的动态过程的数学模型，先作如下假设：

(1) 由于该阀的响应过程非常短，不考虑阀内的传热过程；

(2) 不考虑推进剂的可压缩性和黏性；

(3) 控制气体为理想气体；

(4) 忽略流体沿程损失；

(5) 比热比为常数；

(6) 忽略控制气体和流体工质的重力影响，忽略连接杆件重量产生的力矩；

(7) 将与电动气阀之间的连接管视为控制腔的一部分，且假设同一时刻，控制腔内气体的压力场、温度场、密度场均匀分布；

(8) 阀开启、关闭过程中，工质腔入、出口压力恒定；

(9) 假设控制腔上下腔初始压力不受电动气阀影响，在开阀时下腔初始压力为大气压，上腔初始压力为控制气源压力，在关阀时下腔初始压力为控制气源压力，上腔初始压力为大气压。

6.4.2 基本方程

先对阀门的开启过程的基本方程进行推导，同理可以得出阀门关闭过程的方程，故在此不再对关阀的基本方程进行详尽推导，只在本小节最后将其最终的微分方程组列出。数学模型中所用的变量符号及其物理含义和单位已列入表 6.5 中。

1. 流量方程

流入控制腔上腔流量：

$$\dot{m}_{2\text{in}} = 0 \tag{6.31}$$

流出控制腔下腔流量：

$$\dot{m}_{1\text{out}} = 0 \tag{6.32}$$

流入控制腔下腔的气体流量和流出控制腔上腔的气体可能是超音速或亚音速，在不同的情况下气体的流量是不一样的。

流入控制腔下腔的气体流量 [115] 为

$$\dot{m}_{1\text{in}}=\begin{cases}\mu_1\rho_\text{s}\sqrt{RT_\text{s}}\pi r_4^2\sqrt{\dfrac{2K}{(K-1)}[\sigma^{2/K}-\sigma^{K+1/K}]}, & \sigma_\text{t}<\sigma\leqslant 1\\ \mu_1\rho_\text{s}\sqrt{RT_\text{s}}\pi r_4^2\sqrt{K\left(\dfrac{2}{K+1}\right)^{K+1/(K-1)}}, & \sigma\leqslant\sigma_\text{t}\end{cases} \tag{6.33}$$

式中, $\sigma=\dfrac{P_1}{P_\text{s}}$。

流出控制腔上腔的气体流量为 [115]

$$\dot{m}_{2\text{out}}=\begin{cases}\mu_2\pi r_3^2P_2\sqrt{\dfrac{2K}{RT(K-1)}\left[\sigma^{2/K}-\sigma^{K+1/K}\right]}, & \sigma_\text{t}<\sigma\leqslant 1\\ \mu_2\pi r_3^2P_2\sqrt{\dfrac{K}{RT}\left(\dfrac{2}{K+1}\right)^{K+1/(K-1)}}, & \sigma\leqslant\sigma_\text{t}\end{cases} \tag{6.34}$$

式中, $\sigma=\dfrac{P_0}{P_2}$。

式 (6.33)、式 (6.34) 中,

$$\sigma_\text{t}=\left(\frac{2}{K+1}\right)^{(K+1)/(K-1)}$$

式中，流量系数采用 Perry 系数 [116]：

$$\begin{aligned}\mu_1=&\,0.8414-0.1002\left(\frac{P_1}{P_\text{s}}\right)+0.8415\left(\frac{P_1}{P_\text{s}}\right)^2-3.9\left(\frac{P_1}{P_\text{s}}\right)^3\\&+4.6001\left(\frac{P_1}{P_\text{s}}\right)^4-1.6827\left(\frac{P_1}{P_\text{s}}\right)^5\end{aligned}$$

$$\begin{aligned}\mu_2=&\,0.8414-0.1002\left(\frac{P_0}{P_2}\right)+0.8415\left(\frac{P_0}{P_2}\right)^2-3.9\left(\frac{P_0}{P_2}\right)^3\\&+4.6001\left(\frac{P_0}{P_2}\right)^4-1.6827\left(\frac{P_0}{P_2}\right)^5\end{aligned}$$

2. 状态方程

由假设密度场分布均匀可得上腔气体密度变化方程为

$$\frac{\mathrm{d}\rho_2}{\mathrm{d}t}=\left(\dot{m}_\text{in}-\dot{m}_\text{out}-\rho_2A_2w\right)/V_2 \tag{6.35}$$

由于气体为理想气体，由理想气体状态方程可得控制腔瞬时温度为

$$T = P_2/\rho_2/R \tag{6.36}$$

流入控制腔下腔的气体焓值为

$$i_{\mathrm{in}} = \frac{KRT_{\mathrm{s}}}{K-1} \tag{6.37}$$

流出控制腔上腔的气体焓值为

$$i_{\mathrm{out}} = \frac{KRT}{K-1} \tag{6.38}$$

3. 能量方程

1) 能量方程的推导

研究某容腔内气体的动态特性，要利用变质量工质的热力学第一定律的方程。设研究的某容腔内气体容积为 V_{i}、压力为 P_{i}、温度为 T_{i}，则该研究对象的热力学第一定律方程为

$$\mathrm{d}Q = \mathrm{d}E + \mathrm{d}L \tag{6.39}$$

式中, Q 为热量；E 为容腔内气体的内能；L 为机械功。

热量 $\mathrm{d}Q$ 由下述各项组成:

进入容积的气体 $\mathrm{d}m_{\mathrm{in}}$ 带入容积的热量 $\mathrm{d}Q_{\mathrm{in}} = i_{\mathrm{in}}\mathrm{d}m_{\mathrm{in}}$，$i_{\mathrm{in}}$ 为流入气体的焓值;

同外部介质热交换引入气体 (或导出气体) 的热量 $\mathrm{d}Q_{\mathrm{T}} = \alpha S(T_{\mathrm{W}} - T_{\mathrm{i}})\mathrm{d}t, \alpha$ 是容积内气体与表面积为 S、温度为 T_{W} 的容器壁间的换热系数;

离开容积的气体 $\mathrm{d}m_{\mathrm{out}}$ 带走的热量 $\mathrm{d}Q_{\mathrm{out}} = i_{\mathrm{out}}\mathrm{d}m_{\mathrm{out}}$，$i_{\mathrm{out}}$ 为流出气体的焓值。

则热力学第一方程为

$$\mathrm{d}Q_{\mathrm{T}} + i_{\mathrm{in}}\mathrm{d}m_{\mathrm{in}} - i_{\mathrm{out}}\mathrm{d}m_{\mathrm{out}} = \mathrm{d}E + \mathrm{d}L \tag{6.40}$$

考虑到质量流量 $\dot{m} = \dfrac{\mathrm{d}m}{\mathrm{d}t}$ 则

$$\frac{\mathrm{d}E}{\mathrm{d}t} = i_{\mathrm{in}}\dot{m}_{\mathrm{in}} - i_{\mathrm{out}}\dot{m}_{\mathrm{out}} + \frac{\mathrm{d}Q_{\mathrm{T}}}{\mathrm{d}t} - \frac{\mathrm{d}L}{\mathrm{d}t} \tag{6.41}$$

式 (6.41) 中，如果热量导入气体，那么 Q_{T} 为正值，如果热量导出气体，那么 Q_{T} 为负值。此外，当工质容积增加时 L 取正号，否则取负号。

对理想气体，当不存在分子间相互作用的势能时，可以写出 $E = \dfrac{P_{\mathrm{i}}V_{\mathrm{i}}}{K-1}$，则微分后得气体内能的变化为 [117]

$$\mathrm{d}E = \frac{1}{K-1}(P_{\mathrm{i}}\mathrm{d}V_{\mathrm{i}} + V_{\mathrm{i}}\mathrm{d}P_{\mathrm{i}}) \tag{6.42}$$

气体单位机械功的关系为

$$\mathrm{d}L = P_{\mathrm{i}}\mathrm{d}V_{\mathrm{i}} \tag{6.43}$$

式 (6.41)、式 (6.42) 代入式 (6.43)，得

$$\frac{\mathrm{d}P_{\mathrm{i}}}{\mathrm{d}t} = \frac{K-1}{V_{\mathrm{i}}}\left(i_{\mathrm{in}}\dot{m}_{\mathrm{in}} - i_{\mathrm{out}}\dot{m}_{\mathrm{out}} - \frac{KP_{\mathrm{i}}}{K-1}\frac{\mathrm{d}V_{\mathrm{i}}}{\mathrm{d}t} + \frac{\mathrm{d}Q_{\mathrm{T}}}{\mathrm{d}t}\right) \tag{6.44}$$

根据焓值与温度的关系，$i_{\mathrm{in}} = \dfrac{K}{K-1}RT_{\mathrm{in}}$，$i_{\mathrm{out}} = \dfrac{K}{K-1}RT_{\mathrm{out}}$，则式 (6.44) 可写为

$$\frac{\mathrm{d}P_{\mathrm{i}}}{\mathrm{d}t} = \frac{K}{V_{\mathrm{i}}}\left(RT_{\mathrm{in}}\dot{m}_{\mathrm{in}} - RT_{\mathrm{out}}\dot{m}_{\mathrm{out}} - P_{\mathrm{i}}\frac{\mathrm{d}V_{\mathrm{i}}}{\mathrm{d}t} + \frac{K-1}{K}\frac{\mathrm{d}Q_{\mathrm{T}}}{\mathrm{d}t}\right) \tag{6.45}$$

式 (6.45) 为能量方程。

2) 各腔能量方程

控制气体流入下腔时，根据热力学第一定律列出下腔能量方程 [118]：

$$\frac{\mathrm{d}P_1}{\mathrm{d}t} = \frac{K-1}{V_1}\left(I_{\mathrm{in}}\dot{m}_{1\mathrm{in}} - I_{\mathrm{out}}\dot{m}_{1\mathrm{out}} - \frac{K}{K-1}P_1A_1w\right) \tag{6.46}$$

上腔气体排出时，根据热力学第一定律列出上腔能量方程 [118]：

$$\frac{\mathrm{d}P_2}{\mathrm{d}t} = -\frac{KRT}{V_2}\dot{m}_{2\mathrm{out}} - \frac{KP_2}{V_2}\frac{\mathrm{d}V_2}{\mathrm{d}t} \tag{6.47}$$

4. **运动方程**

由基本的运动原理可得上下腔的体积变化方程和活塞行程微分方程：

$$\frac{\mathrm{d}V_1}{\mathrm{d}t} = A_1w \tag{6.48}$$

$$\frac{\mathrm{d}V_2}{\mathrm{d}t} = -A_2w \tag{6.49}$$

$$\frac{\mathrm{d}x}{\mathrm{d}t} = w \tag{6.50}$$

根据力矩平衡原理可得到杆件的运动方程：

$$\frac{\mathrm{d}^2\theta}{\mathrm{d}t^2} = \left[(P_1A_1 - P_2A_2 - fw - m_1g)(L_1+L_2) - (P_3(A_3-A_0) + m_2g - P_4A_4)L_1\right] \Big/ \left[\frac{m_3}{3}(L_1+L_2)^2\right] \tag{6.51}$$

$$\frac{\mathrm{d}w}{\mathrm{d}t}=\frac{\mathrm{d}^2\theta}{\mathrm{d}t^2}(L_1+L_2) \tag{6.52}$$

由式 (6.51) 可得活塞由静止到运动的下腔临界压力为

$$P_y=\frac{(P_3(A_3-A_0)-P_4A_4+m_2g)\,L_1+(P_2A_2+m_1g+F_\mathrm{f})(L_1+L_2)}{A_1(L_1+L_2)} \tag{6.53}$$

5. **非线性方程组**

为了方便求解，将上述流量方程、状态方程、能量方程和运动方程经过化简后得到阀启动的动态特性非线性方程组如下：

$$\left\{\begin{aligned}
&\frac{\mathrm{d}P_1}{\mathrm{d}t}=\frac{K-1}{V_1}\left(I_\mathrm{in}\dot{m}_{1\mathrm{in}}-I_\mathrm{out}\dot{m}_{1\mathrm{out}}-\frac{K}{K-1}P_1A_1w\right)\\
&\frac{\mathrm{d}V_1}{\mathrm{d}t}=A_1w\\
&\frac{\mathrm{d}\rho_2}{\mathrm{d}t}=(\dot{m}_{2\mathrm{in}}-\dot{m}_{2\mathrm{out}}-\rho_2A_2w)/V_2\\
&\frac{\mathrm{d}^2\theta}{\mathrm{d}t^2}=\Big[(P_1A_1-P_2A_2-fw-F_\mathrm{f}-m_1g)(L_1+L_2)\\
&\qquad -(P_3(A_3-A_0)+m_2g-P_4A_4)L_1\Big]\Big/\left[\frac{m_3}{3}(L_1+L_2)^2\right]\\
&\frac{\mathrm{d}w}{\mathrm{d}t}=(L_1+L_2)\frac{\mathrm{d}^2\theta}{\mathrm{d}t^2}\\
&\frac{\mathrm{d}P_2}{\mathrm{d}t}=-\frac{KRT}{V_2}\dot{m}_{2\mathrm{out}}-\frac{KP_2}{V_2}\frac{\mathrm{d}V_2}{\mathrm{d}t}\\
&\frac{\mathrm{d}V_2}{\mathrm{d}t}=-A_2w\\
&\frac{\mathrm{d}x}{\mathrm{d}t}=w
\end{aligned}\right. \tag{6.54}$$

式中, 当控制腔下腔压力 P_1 没有升高到 P_y 之前, $\mathrm{d}V_2/\mathrm{d}t$、$\mathrm{d}^2\theta/\mathrm{d}t^2$、$\mathrm{d}w/\mathrm{d}t$、$\mathrm{d}V_1/\mathrm{d}t$、$\mathrm{d}x/\mathrm{d}t$ 都等于零。

在 $t=0$ 时刻，$V_1=V_{1\min}, V_2=V_{2\max}, w=0, x=x_{\min}, \dfrac{\mathrm{d}\theta}{\mathrm{d}t}=\theta=0,\ P_1=P_0, P_2=P_\mathrm{s}, \rho_2=\rho_\mathrm{s}$。

同理，可以根据上述方程推导方法和思路得到关阀的动态过程非线性方程组，只需注意各变量的对应关系。

$$
\left\{
\begin{aligned}
&\frac{\mathrm{d}P_2}{\mathrm{d}t}=\frac{K-1}{V_2}\left(I_{\mathrm{in}}\dot{m}_{2\mathrm{in}}-I_{\mathrm{out}}\dot{m}_{2\mathrm{out}}-\frac{K}{K-1}P_2A_2w\right)\\
&\frac{\mathrm{d}V_2}{\mathrm{d}t}=A_2w\\
&\frac{\mathrm{d}\rho_1}{\mathrm{d}t}=(\dot{m}_{1\mathrm{in}}-\dot{m}_{1\mathrm{out}}-\rho_1A_1w)/V_1\\
&\frac{\mathrm{d}^2\theta}{\mathrm{d}t^2}=\Big[(P_2A_2-P_1A_1-fw-F_{\mathrm{f}}+m_1g)(L_1+L_2)\\
&\qquad+(P_3(A_3-A_0)+m_2g-P_4A_4)L_1\Big]\Big/\left[\frac{m_3}{3}(L_1+L_2)^2\right]\\
&\frac{\mathrm{d}w}{\mathrm{d}t}=(L_1+L_2)\frac{\mathrm{d}^2\theta}{\mathrm{d}t^2}\\
&\frac{\mathrm{d}P_1}{\mathrm{d}t}=\frac{KRT}{V_1}\dot{m}_{1\mathrm{out}}-\frac{KP_1}{V_1}\frac{\mathrm{d}V_1}{\mathrm{d}t}\\
&\frac{\mathrm{d}V_1}{\mathrm{d}t}=-A_1w\\
&\frac{\mathrm{d}x}{\mathrm{d}t}=w
\end{aligned}
\right.
\tag{6.55}
$$

式中, 当控制腔上腔压力 P_2 没有升高到 P_y 之前, $\mathrm{d}V_2/\mathrm{d}t$、$\mathrm{d}^2\theta/\mathrm{d}t^2$、$\mathrm{d}w/\mathrm{d}t$、$\mathrm{d}V_1/\mathrm{d}t$、$\mathrm{d}x/\mathrm{d}t$ 都等于零。

在 $t=0$ 时刻, $V_1=V_{1\max}$, $V_2=V_{2\min}$, $w=x=0$, $\dfrac{\mathrm{d}\theta}{\mathrm{d}t}=\theta=0$, $P_1=P_{\mathrm{s}}, P_2=P_0, \rho_1=\rho_{\mathrm{s}}$。

6.4.3 响应特性分析

1. 算例与讨论

由伯努利方程可得出阀的流量公式:

$$Q=(C_dA)\sqrt{2\rho\Delta P} \tag{6.56}$$

式中, C_d、A、ρ、ΔP 分别为流量系数、节流面积、工质流体密度和阀门压力降 P_1-P_2。

假设阀门稳定情况下流量为

$$Q_0=(C_dA_0)_0\sqrt{2\rho_0\Delta P_0} \tag{6.57}$$

式中, ΔP_0 为阀门稳定情况下的压降。

由式 (6.56) 和式 (6.57) 得 [103]

$$Q=\frac{(C_dA)}{(C_dA_0)_0}Q_0\sqrt{\frac{P_1-P_2}{\Delta P_0}} \tag{6.58}$$

即

$$Q = \tau Q_0 \sqrt{\frac{P_1 - P_2}{\Delta P_0}} \tag{6.59}$$

式中, $\tau = \dfrac{C_d A}{(C_d A)_0}$, $(C_d A)_0$ 是阀门稳定情况下流量系数和节流面积的乘积。

在除了节流面积外其他条件相同的情况下，可以认为 C_d 为一个定值，所以 τ 为阀门节流面积的线性函数，只要得到了阀门节流面积 A 随时间的变化规律，就可得到流量 Q 的变化规律。而阀门节流面积 A 和控制腔活塞的位移有如下关系式:

$$A = \begin{cases} 2\pi r_8 \cdot \dfrac{L_1}{L_1 + L_2} \cdot x, & x \leqslant 4.1\text{mm} \\ \pi r_8^2, & x > 4.1\text{mm} \end{cases} \tag{6.60}$$

故只要得到了控制腔活塞的位移随时间的变化曲线，也就可以得到流量 Q 的变化规律。为了更直观地看出阀的动作过程，直接采用 x 的变化来对阀的响应特性进行分析。

已知参数如下 (用空气作控制气体):

g=9.8m/s^2; R=287J/(kg·K); $T_0 = T_s$=300K; ρ_0=1.2495kg/m^3; P_0=101325Pa; K=1.4; P_3=3MPa; P_s=5MPa; f=5kg/s; L_1=26.5mm; L_2=46mm; $x_{\min}$=7mm; $x_{\max}$=21mm; r_1=5mm; r_2=14mm; r_3=2mm; r_4=2mm; r_5=5mm; r_6=10.75mm; r_7=2mm; r_8=3mm; m_1=0.2kg; m_2=0.2kg; m_3=0.12kg; F_f=21N; L_{link}=1.7m。

中间参数的计算:

$$\rho_s = P_s/R/T_s$$

$$A_0 = \pi(r_6^2 - r_8^2)$$

$$A_1 = \pi r_2^2$$

$$A_2 = \pi(r_2^2 - r_1^2)$$

$$A_3 = \pi(r_6^2 - r_5^2)$$

$$A_4 = \pi r_8^2$$

$$V_{1\min} = x_{\min} A_1 + \pi r_4^2 L_{\text{link}}$$

$$V_{1\max} = x_{\max} A_1 + \pi r_4^2 L_{\text{link}}$$

$$V_{2\min} = x_{\min} A_2 + \pi r_7^2 L_{\text{link}}$$

$$V_{2\max} = x_{\max} A_2 + \pi r_7^2 L_{\text{link}}$$

注: 下文中对独立的气动液阀仿真计算都是在控制腔活塞位移 x 达到行程最大值时仿真结束。

在给定的条件下，利用四阶龙格–库塔法对方程组 (6.54)、方程组 (6.55) 进行求解，所得结果分别如图 6.43、图 6.44 所示。图中给出了控制腔上下腔的压力 P、控制腔活塞速度 w 和位移 x 随时间 t 的变化曲线。从图 6.43 可以看出，当下腔的压力增加到 P_{r} 以前，活塞未动，即速度为零，活塞位置保持不变；上腔向外排气，压力 P_2 变小，下腔由于充填作用，压力 P_1 增大。当下腔压力大于临界压力 P_{r} 时，活塞开始动作，此时下腔由于体积变大，外部气体充填使腔内压力升高的趋势没有由于体积变大使得腔内压力减小的趋势快，导致压力 P_1 有所减小；而上腔则由于体积减小使得上腔压力增大的趋势比排气引起的压力变小的趋势快，导致压力 P_2

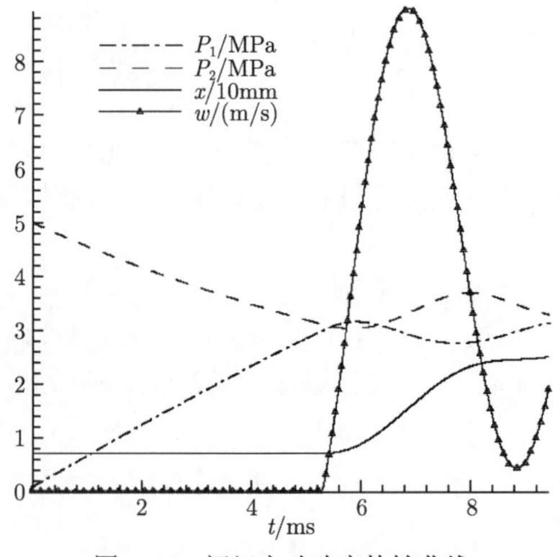

图 6.43 阀门启动响应特性曲线

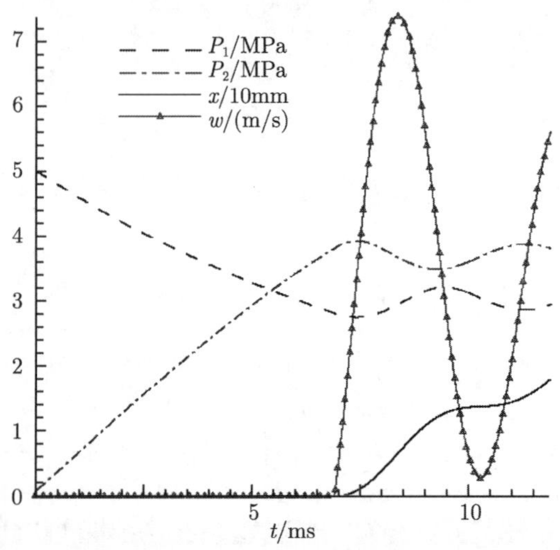

图 6.44 阀门关闭响应特性曲线

增大。活塞速度 w 还继续增大，但 P_1 减小和 P_2 增大使得活塞速度增大到一定程度后开始减小，此时，活塞速度的减小，使得由体积变化而引起的压力变化的作用减小，使得压力 P_1 又升高和 P_2 降低，而当压力 P_1 升高和 P_2 降低到一定程度时，又使活塞速度增大，如此往复，就出现如图 6.43 所示的波动情况，直至活塞行程到达最大值。

从图 6.44 可以看出, 各参数的变化趋势和图 6.43 类似，但阀开始动作的时间比开阀所需的时间稍长，这主要是由于控制腔活塞上下表面被作用的面积不同，以及工质腔入出口的压力 P_3、P_4 相差很大，此外，阀杆重力的作用具有始终向下的特点，使得阀开启和关闭的参数波动频率和幅度不同。

影响气动液阀响应特性的因素有很多，下面将要讨论控制气体压强 P_{s}、工质入口压力 P_4、控制腔半径 r_2、与电动气阀之间的连接管长度 L_{link} 和连接杆质量 m_3 对阀门启动特性的影响。

2. 控制气体压强 P_{s} 的影响

由假设可知：认为控制气体的压力 P_{s}、温度 T_{s} 为恒定值。P_{s} 是推动活塞的动力来源，若 P_{s} 太小，将使气动液阀的响应变慢，甚至推不动活塞；若 P_{s} 太大，将使活塞以较大的末速度撞击阀体，降低了阀的工作寿命。图 6.45 是不同 P_{s} 下 P_1、P_2 和 x 的特性曲线。可以看出, 当控制气体压强 P_{s} 越大时，阀门活塞开始动作的时间越早，然而阀门完全打开的时间并不是随控制气体压强的增大而越来越短，图 6.45 所示的顺序是当 P_{s}=4MPa 时费时最少，P_{s}=2.5MPa 时次之，P_{s}=5MPa 时需要的时间最长。这是因为虽然在压力比较大时能提供的动力较大，其压力升高的速度也较快，但控制腔上腔初始压力较大，而且在活塞开始动作后使得控制腔上下腔压力产生的波动比较大，使得活塞速度的波动也较大，这样导致活塞达到最终位置时所花费的时间并不是控制气压强越大就越短，而是有一个最优的控制压力值，由仿真计算可得, P_{s}=3MPa 左右时阀门响应最快。

3. 工质入口压强 P_4 的影响

阀门工质入口压强 P_4 对工质腔活塞产生的力是向上的，故工质入口压强 P_4 越大时活塞开启应该越快。图 6.46 是不同 P_4 下 P_1、P_2 和 x 的特性曲线，由图可以看出, 曲线的变化和分析的结果是一致的，且工质对阀门的响应特性的影响非常小，当工质入口压力 P_4 分别为 0.5MPa、4MPa 和 9MPa 时，其特性曲线几乎重合。这是因为阀门工质的入口孔径相对控制腔活塞来说很小，加之其作用力臂又较控制气体作用力的力臂短，故作用在阀杆上的力矩相对于控制气体作用在阀杆上的力矩来说，几乎可以忽略。

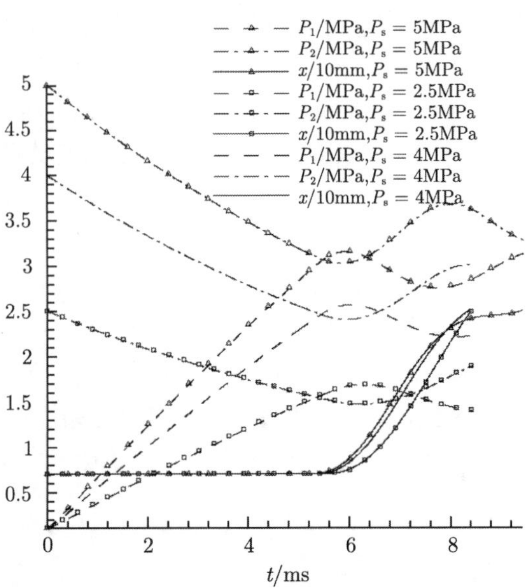

图 6.45　不同 P_s 下 P_1、P_2 和 x 的特性曲线

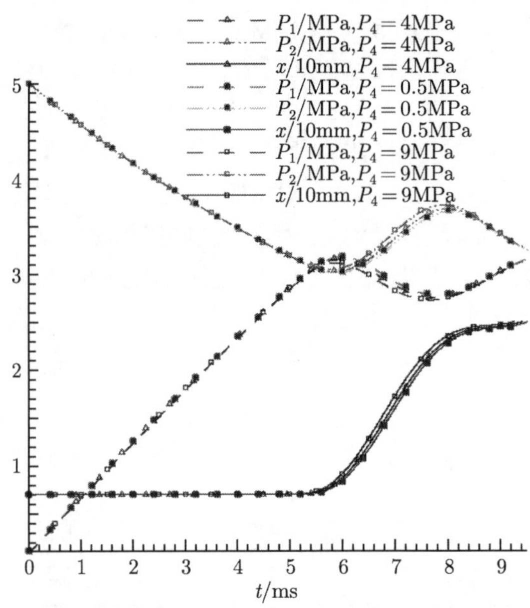

图 6.46　不同 P_4 下 P_1、P_2 和 x 的特性曲线

4. 控制腔半径 r_2 的影响

控制腔半径是气动液阀的一个比较重要的结构参数，控制腔半径越大，则控制腔活塞面积越大，导致控制腔体积增大，而控制腔体积增大时，控制腔在充填和排

气过程中所需的时间越长，即下腔压力上升得越慢，上腔压力下降得也越慢，而且当控制腔活塞面积越大时，相同压强差下能产生的压力差越大，这使得活塞速度更容易受压强变化的影响，反过来会导致腔内的压强波动变大。

图 6.47 是不同的控制腔半径 r_2 下的 P_1、P_2 和 x 的特性曲线，从图中可以看出，控制腔半径越小，活塞开始动作时间越早，整个响应时间也越短；控制腔半径越大，则活塞开始动作时间越迟，整个响应时间也越长，而且随着半径的增大，P_1、P_2 和 x 的波动幅度也增大。

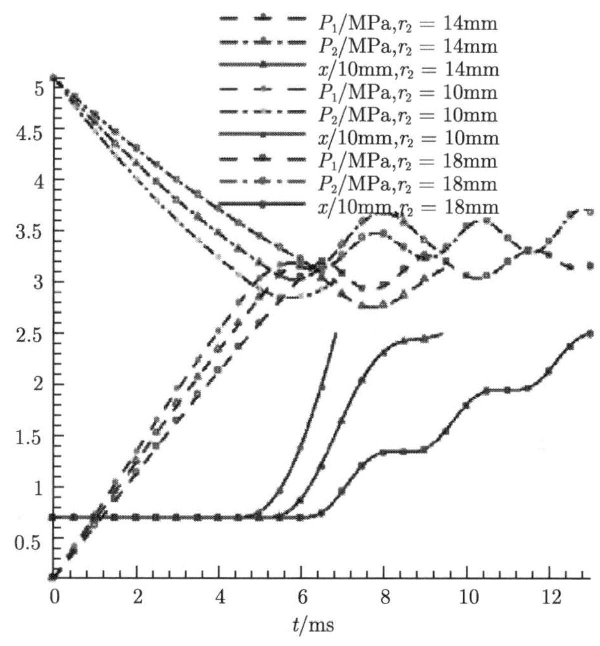

图 6.47 不同 r_2 下 P_1、P_2 和 x 的特性曲线

5. 与电动气阀之间的连接管长度 L_{link} 的影响

将与电动气阀之间的连接管作为气动液阀的控制腔的一部分，如果连接管越长，则说明控制腔的容积越大，那么在控制腔的充填和排气过程中所需的时间越长，活塞开始动作的时间也越迟。图 6.48 是在不同连接管长度 L_{link} 下 P_1、P_2 和 x 的特性曲线，从图中可以看出，连接管越短，活塞开始动作越早，整个响应时间也越短；连接管越长，活塞开始动作越迟，整个响应时间也越长，这和上述分析结果是一致的。

6. 连接杆件质量 m_3 的影响

由于连接杆件本身的质量 m_3 很小，其产生的力矩非常小，故忽略其由于自身重力所产生的力矩。由式 (6.51) 可知，连接杆件的角加速度与杆件的转动惯量以及外界力在连接杆件上所产生的力矩有关。而由上文中的分析可知，控制腔压力是有波动的，这就导致连接杆件角加速的波动，而波动频率和幅度是由控制腔压力的波动频率以及连接杆件的质量两方面因素共同决定的，且连接杆件的角加速度的波动反过来又会影响控制腔压力的波动，即二者是互相耦合的。

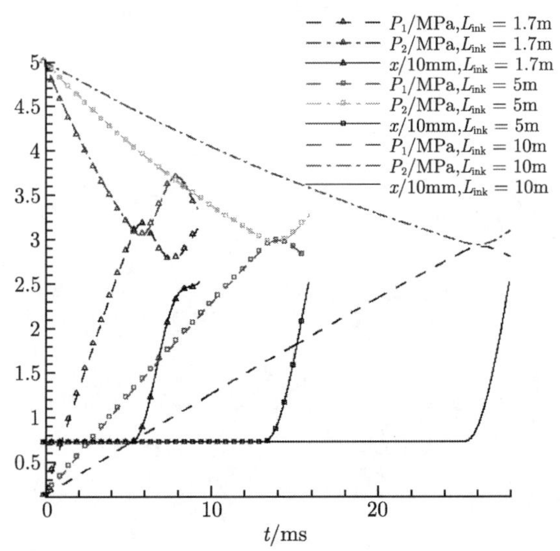

图 6.48　不同 $L_{\rm link}$ 下 P_1、P_2 和 x 的特性曲线

图 6.49 是不同的连接杆件质量 m_3 下 P_1、P_2 和 x 的特性曲线，由图可以看出，

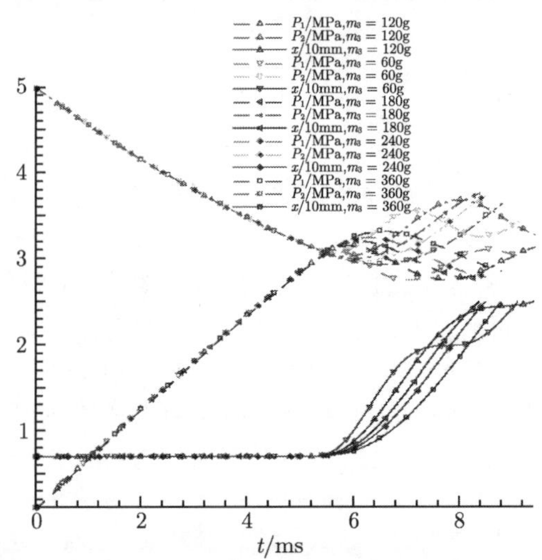

图 6.49　不同连接杆件质量 m_3 下 P_1、P_2 和 x 的特性曲线

随着连接杆件质量的增大，活塞开始动作的时间靠后，而阀门的总的响应时间没有明显的规律, 即阀门总的响应时间的长短随连接杆件质量 m_3 的变化没有规律。因为这个总的响应时间是由控制腔压力和连接杆件质量共同决定的系统的固有频率决定的，当影响控制腔压力的波动的参数, 如控制腔初始压力有改变时，所得到的阀门总的响应时间随连接杆件质量 m_3 变化的规律和图 6.49 所示的结果又会不一样。这里是一个优化问题，但是, 由于只要影响控制腔压力的波动的任何一个参数有变化，那么就会得到不同的优化的值，而实际情况中，影响控制腔压力的波动的参数是不定的，所以对连接杆件质量 m_3 进行优化计算是没有多大实际意义的，故在此也不对其进行优化计算。

6.4.4 电动气阀和气动液阀联立计算

1. 计算结果分析

在实际情况中，由电动气阀模型的分析中可知，气动液阀的仿真计算可以和电动气阀的仿真计算分开，但是气动液阀初始条件却并不是按 6.4.1 小节 2 中的假设 (9) 那样，而是应该将电动气阀整个动作的最终状态作为气动液阀计算的初始条件。当其他参数不变时，设定电动气阀动作的最终状态, 即气动液阀开阀时初始状态为下腔压力 P_1=2MPa，上腔压力 P_2=5MPa；关阀时为下腔压力 P_1=0.4MPa，下腔腔内气体密度 C_1=9.51kg/m^3, 上腔压力 P_2=101325Pa，得到的上、下腔压力和控制腔活塞位移曲线分别如图 6.50、图 6.51 所示。从图 6.50 中可以看出, 上下腔的压力在气动液阀的整个动作过程中, 仍然由于速度的影响而存在一定的波动，这也导致了

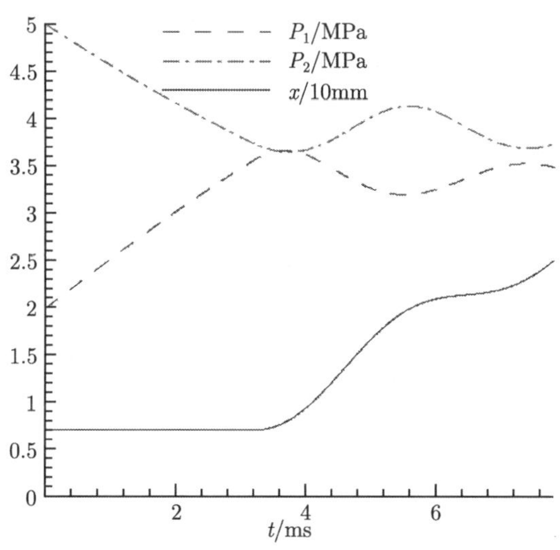

图 6.50 联立模型的阀门启动特性曲线

位移曲线的波动，也可以看出其位移曲线和图 6.43 中的位移曲线很相似，只是活塞开始启动的时间提前了，这是因为控制气下腔有了较高的初始压力。从图 6.51 可以看出，上下腔的压力波动较小，是因为腔的初始压力比较低，而上腔的压力初始时增长较快，当上下腔的压力开始有所波动的时候，活塞已经到行程终点了，其导致活塞位移曲线基本上没有波动，这一点和图 6.44 中的位移曲线是有所不同的。

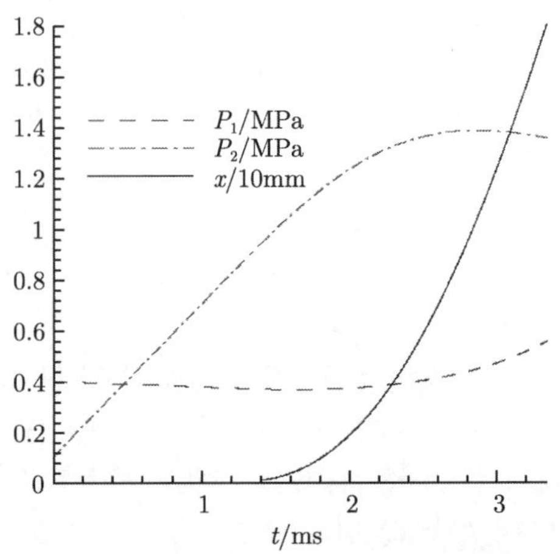

图 6.51　联立模型的阀门关闭特性曲线

2. 仿真和试验结果的比较

电动气阀和气动液阀的联试试验系统的示意图如图 6.52 所示。在电动气阀的总入口、两个出口处都装有压力传感器，用于测控制气的压力变化；在气动液阀的工质腔的入、出口处都装有压力传感器，用于测工质的压力；在气动液阀的控制腔杆件上端装有涡流位移传感器，用于测杆件的位移。

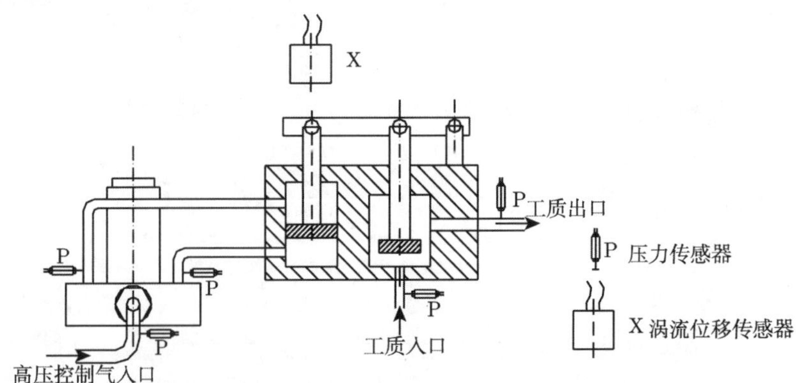

图 6.52　电动气阀和气动液阀的联试试验系统的示意图

当控制气的压力为 P_s=3.5MPa 时，据电动气阀模型计算可得，开阀时气动液阀初始参数为下腔压力 P_1=0.865MPa，上腔压力 P_2=3.5MPa；关阀时气动液阀的初始参数为下腔压力 P_1=0.268MPa，下腔腔内气体密度 C_1=6.53kg/m^3，上腔压力 P_2=101325Pa。

图 6.53 为上述条件下电动气阀出口压力变化仿真和试验的曲线，图 6.54 为气动液阀开度的仿真和试验曲线。在 0ms 时发出开阀指令，在接收到开阀指令后，电动气阀通电开始动作，在电动气阀的气动过程第二部分中，气动液阀控制腔下腔的

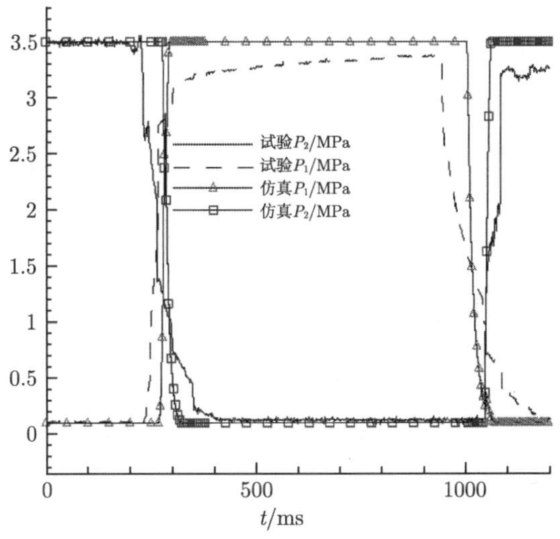

图 6.53 P_1、P_2 的仿真和试验曲线

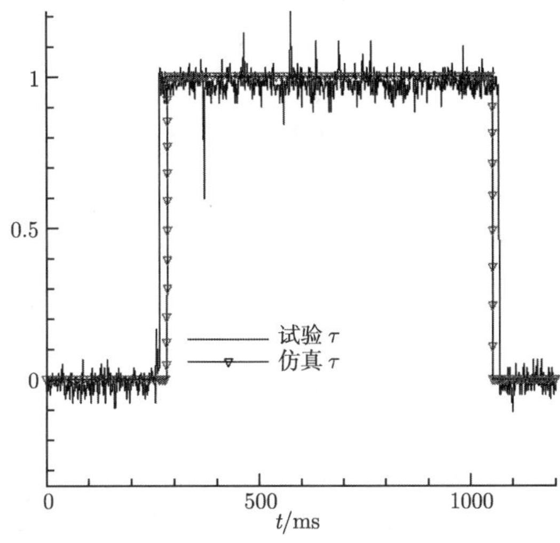

图 6.54 τ 的仿真和试验曲线

压力开始升高，在电动气阀的气动过程第二部分完成后，气动液阀控制腔的上腔压力开始下降，然后气动液阀开始动作；在 700ms 时发出关阀指令，在收到关阀指令后，电动气阀断电，在电动气阀的气动过程第二部分时，气动液阀控制腔下腔的压力开始下降，在电动气阀的气动过程第二部分完成后，气动液阀控制腔上腔的压力开始升高，然后，气动液阀开始动作，直至状态恢复到初始没有通电时的状态。从图 6.53 可以看出，电动气阀出口压力变化仿真曲线和试验的变化趋势是一致的，但是由于气源压力并不是恒定的，经过一次开阀动作后，压力较原来有所下降；在气动液阀开始动作时试验值压力波动较小，而仿真值相对试验值来说波动较大。这是因为压力测点是放在电动气阀的出口，而且在仿真中是将电动气阀和气动液阀之间的连接管作为气动液阀的控制腔的一部分来处理的，即假设连接管和控制腔中压力场、密度场等是均匀场，而实际中当气动液阀动作时控制腔内的压力产生较大的波动，由于气体的压缩性和管壁的摩擦力等原因，当到上游电动气阀出口时，波动便没有控制腔内明显了；还有，采样频率 (500Hz) 较低，这使得采样间隔和气动液阀活塞开始动作到动作完成的这段时间差不多相等，所以测量值并不能完全反映压力的波动变化。从图 6.54 中可以看出，气动液阀开度的试验曲线和仿真曲线基本上是一致的。电动气阀和气动液阀参数的测量准确度、模型建立中的简化处理以及试验中一些随机干扰因素的影响，都对试验曲线和仿真曲线的吻合程度有一定的影响。

3. 简化模型

通常在对整个火箭发动机系统的仿真中，对阀门一般采用下面的简单模型。

阀开启时：
$$\tau = \begin{cases} (t/t_0)^m, & t < t_0 \\ 1, & t \geqslant t_0 \end{cases} \tag{6.61}$$

阀关闭时：
$$\tau = \begin{cases} (1 - t/t_{\mathrm{c}})^m, & t < t_{\mathrm{c}} \\ 0, & t \geqslant t_{\mathrm{c}} \end{cases} \tag{6.62}$$

上述模型中 τ 为阀门开度；t_0、t_{c} 分别为开、关阀的时间常数；m 为常数，一般根据经验选取为 1~3。对于上述常用的简单模型，t_0、t_{c} 是包括整个电动气阀和气动液阀的动作时间的，即认为二者在接到开、关阀指令时便开始动作，开度和时间呈一定的指数关系，然而由上文中的计算分析可知，气动液阀并不是在一接收到开、关阀的指令时就开始动作，而是有一定的延迟后才开始动作，而且上面的简单模型中的常数指数是根据经验选取的，这将导致仿真结果会受到一定的主观因素的影响。

但是由上文可以看出，如果将本书中的电动气阀–气动液阀联立模型直接放入整个系统的仿真模型中，是比较复杂的，所以有必要对电动气阀–气动液阀联立模型作进一步的简化。

从图 6.55 可以看出开、关阀时电动气阀和气动液阀各动作过程的先后顺序，即已经将电动气阀的仿真计算和气动液阀的仿真计算分开；从上文中的计算和分析中可以看出，整个阀的动作响应过程中，其主要的延迟是在电动气阀中，气动液阀相对于整个动作过程来说其动作时间相当短；根据仿真计算发现，气动液阀工质入口压力 P_4 对阀的响应特性影响非常小，由于工质腔出口压力 P_3 的作用面积 A_3-A_0 相对于控制腔面积来说也很小，据前面的分析可知，P_3 作用在阀杆上的力矩也是可以忽略的，即对阀的响应特性也是可以忽略的，经过试验也说明工质工作压力对阀响应特性的影响是非常小的，故忽略工质工作压力变化对阀响应特性的影响是合理的；电动气阀的各动作过程的动作时间和控制气压力近似呈线性关系；在控制气体压力不变时，气动液阀与电动气阀联合计算和气动液阀单独计算，对气动液阀开度随时间的变化曲线有一定的影响，但是这个影响相对于整个电动气阀和气动液阀的开、关闭过程来说是比较小的；由于工质的工作压力对阀门的响应特性影响非常小，故可以认为其工作压力为一恒定值，即不受工质工作压力波动的影响。基于上述的分析，可以将电动气阀-气动液阀联立模型简化为：在接到开、关阀的指令后，经过一个电动气阀动作延迟后 (此延迟和控制气源压力呈线性关系)，气动液阀开始动作，气动液阀模型的控制腔的初始条件按 6.4.1 小节 2. 中的假设 (9) 给定。

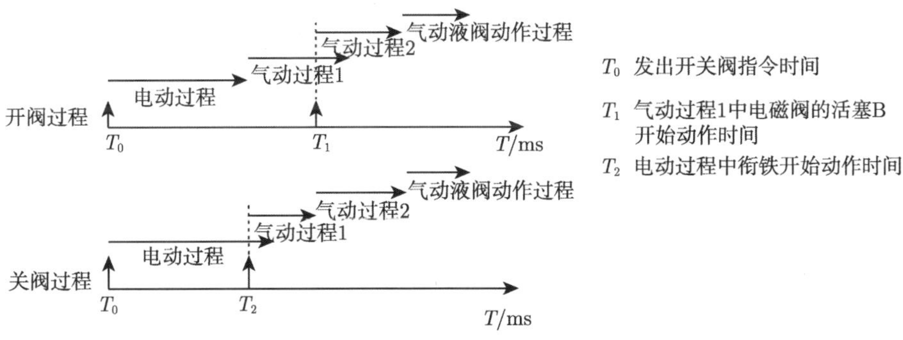

图 6.55 开、关阀时电动气阀和气动液阀各动作过程先后顺序示意图

图 6.56 是开、关阀时电动气阀各过程延迟和控制压力的近似线性关系。而从图 6.55 中可以看出，开阀时电动气阀的气动过程的两个部分时间上有重叠，关阀时电动气阀的电动过程和气动过程 1 时间上有重叠，在图 6.56 中的开阀时的气动延迟是指气动过程 1 开始到活塞 B 开始动作之间的时间加上整个气动过程 2 的时间，关阀时的电动延迟是指发出关阀指令时到衔铁开始动作这段时间，气动延迟是指整个气动过程 1 的时间加上整个气动过程 2 的时间。从图 6.56 中可以看出，控制气体的压强对电动气阀开阀时的电动过程和气动过程影响都不是很大，使得开阀时电动气阀的总延迟随控制气压力的变化很小；对电动气阀关阀时的气动过

程影响也不是很大，但是对关阀时的电动过程的影响较大，即电动延迟随着控制气体压力的增大下降较快，这导致了关阀时电动气阀的总延迟随控制气压力的变化较大。图 6.56 是在电动气阀和气动液阀之间的连接管长度为 $L_{\rm link}$=1.7m 时得到的拟合曲线。为了能够研究电动气阀和气动液阀之间长度对气动延迟的影响，在 $P_{\rm s}$=3.5MPa，$L_{\rm link}$ 分别为 0m、1.7m、6m 和 10m 时, 对电动气阀进行仿真计算, 可得连接管在这些长度下的气动延迟，气动延迟随连接管长度的变化的拟合直线如图 6.57 所示，图中三角形和矩形标记的点为所计算的点。从图中可以看出，计算点和拟合直线之间的偏差非常小，即气动延迟随连接管的长度的变化基本上是线性的。而从图 6.56 中可知，控制气体压力对电动气阀的开启和关闭的气动过程延迟影响很小，可以将控制气体压力对气动延迟的影响忽略。在这个假设条件下，当气动液阀和电动气阀之间的连接管的长度发生变化时，在简化的气动液阀–电动气阀联立模型中，电动气阀的开启和关闭的电动过程延迟按图 6.56 所示的规律变化，气动过程延迟按图 6.57 变化，气动液阀仍然和前面的处理一样，只需将连接管长度代入计算即可。

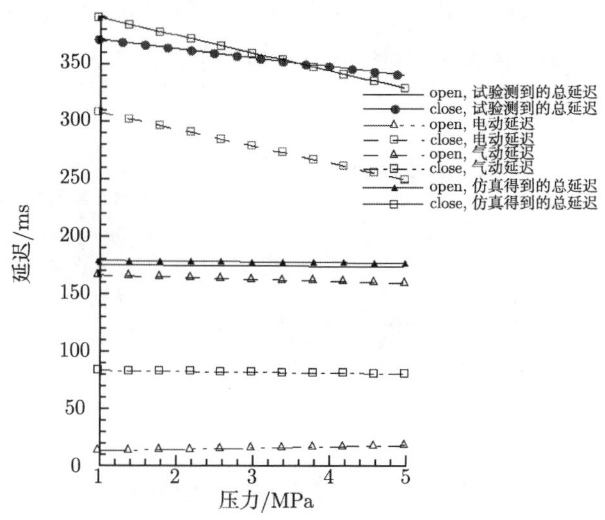

图 6.56　开、关阀时电动气阀各过程延迟和控制压力的近似线性关系

图 6.58、图 6.59 分别为 $P_{\rm s}$ = 2.35 MPa 和 $P_{\rm s}$ = 4.5 MPa 时, 简化后的电动气阀和气动液阀联立模型仿真与试验的阀门开度随时间变化的曲线。从图中可以看出, 仿真曲线和试验曲线的趋势是一致的，在阀门开启时，仿真曲线和试验曲线的差别比较小，而在阀门关闭时差别比较大，这一点从图 6.56 中可以看出，因为电动气阀的延迟模型在阀门关闭时的仿真值和试验值的差别较阀门开启时要大，而导致了电动气阀和气动液阀的联立模型在阀门关闭、阀门开启时的仿真结果相比较，前者与试验值的差别要大一些。

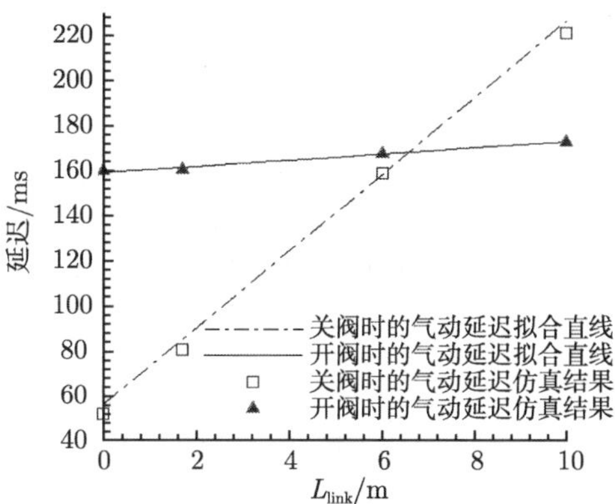

图 6.57 气动延迟随连接管长度的变化关系

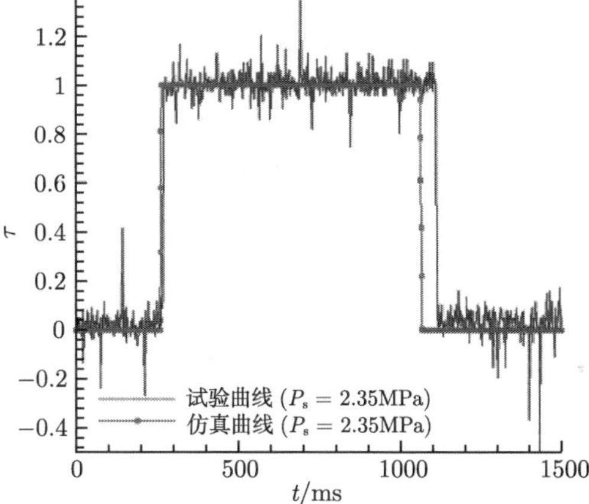

图 6.58 P_s=2.35MPa 时 τ 的仿真和试验曲线

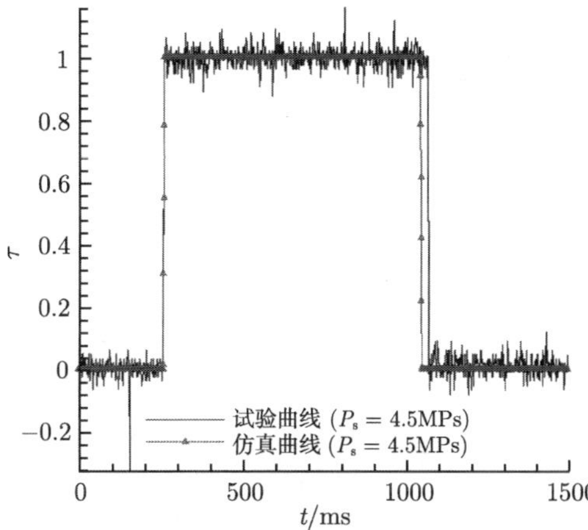

图 6.59 P_s=4.5MPa 时 τ 的仿真和试验曲线

6.4.5　小结

本节建立了杠杆式气动液阀的非线性数学模型，并进行了数值仿真，分析了控制气体压强、控制腔容腔半径、与电动气阀之间的连接管长度、工质腔入口压强和连接杆件质量等因素对此阀的启动过程响应特性的影响；与电动气阀模型进行了联立计算并且和实验结果进行了对比；最后利用电动气阀和气动液阀的工作特点，对电动气阀–气动液阀联立模型进行了简化，得到了实用可行的简化模型，并用试验对简化模型的仿真结果进行了验证。经过仿真计算和试验对比主要可得到如下结论。

(1) 控制气体压力越高，气动液阀开启和关闭过程响应越快; 反之越慢。

(2) 控制腔容腔半径越大，气动液阀开启和关闭过程响应越慢; 反之越快。

(3) 与电动气阀之间的连接管长度越长，气动液阀开启和关闭过程响应越慢; 反之越快。

(4) 工质腔入口压强越高，气动液阀开启过程响应越快，关闭过程响应越慢; 反之, 开启过程响应越慢，阀关闭过程响应越快。

(5) 连接杆件质量对阀的响应特性的影响没有明显的规律，是由给定条件下系统的频率所决定的。

(6) 电动气阀–气动液阀的联立模型可以简化为将电动气阀响应作为一个简单的延迟，即等电动气阀工作完毕后气动液阀才开始工作。在与电动气阀之间的连接管长度不变的情况下，电动气阀的开、关过程的电动过程和气动过程以及总过程的时间, 近似和控制气压力呈线性关系。

(7) 在忽略控制气对电动气阀开、关阀的气动过程影响的前提下，电动气阀和气动液阀之间的连接管长度对电动气阀开、关阀的气动过程的影响近似呈线性关系。此结论对实际的热试车时序调节有一定的指导意义，但还需试验验证。

表 6.6 为 6.4 节主要符号表。

表 6.6　6.4 节主要符号表

符号	物理含义	单位	符号	物理含义	单位
A	工质腔入口节流面积	m^2	P_2	控制腔上腔压强	Pa
A_0	工质腔活塞上表面有效面积	m^2	P_3	工质腔出口压强	Pa
A_1	控制腔下腔气体作用的活塞面积	m^2	P_4	工质腔入口压强	Pa
A_2	控制腔上腔气体作用的活塞面积	m^2	P_y	临界压强	Pa
A_3	工质腔活塞下表面与工质腔入口面积之差	m^2	Q	热量 (J) 或流量	kg/s
A_4	工质腔入口面积	m^2	r	半径	m
C_d	流量系数		R	来流气体的气体常数	J/(kg·K)
E	内能	J	T	腔内瞬时温度	K
f	阻尼系数	kg/s	T_0	环境温度	K
F_{f}	作用在活塞上的库仑摩擦力	N	T_{s}	上游控制气体温度	K

续表

符号	物理含义	单位	符号	物理含义	单位
i_{in}	流入腔内气体的焓值	J/kg	V_2	控制腔上腔等效体积	m^3
i_{out}	流出腔内气体的焓值	J/kg	w	控制腔活塞速度	m/s
K	气体比热比		x	开阀时为控制腔活塞下表面距离控制腔底部的距离，关阀时为控制腔活塞位移	m
L	机械功	J			
L_1	工质腔杆件与支点间距离	m			
L_2	工质腔杆件与控制腔杆件距离	m	μ	流量系数	
L_{link}	与电动气阀之间连接管长度	m	ρ_0	环境大气密度	$\mathrm{kg/m}^3$
m	杆件质量	kg	ρ_1	控制下腔气体密度	$\mathrm{kg/m}^3$
$\dot{m}_{\mathrm{in}}$	流入腔内气体流量	kg/s	ρ_2	控制上腔气体密度	$\mathrm{kg/m}^3$
$\dot{m}_{\mathrm{out}}$	流出腔内气体流量	kg/s	ρ_{s}	上游控制气体密度	$\mathrm{kg/m}^3$
P_1	控制腔下腔压强	Pa	θ	中间连接杆转动的角度	rad
V_1	控制腔下腔等效体积	m^3	τ	阀门开度	

第 7 章　模型发动机试验系统仿真研究

三组元发动机在火箭飞行的第一阶段采用高密度比冲的推进剂，在后一阶段采用高性能比冲的推进剂，以此来降低运载器结构质量，达到单级入轨的目的。三组元发动机可以大量继承氢氧发动机与烃类发动机的成熟技术，技术困难较小，得到了广泛的关注，是一种非常有发展前景的可用于单级入轨的发动机方案。

三组元火箭发动机，又称为双燃料火箭发动机 [94]，是指采用两种燃料与一种氧化剂协同工作以产生推进作用的火箭发动机。目前，普遍意义上的三组元发动机是指以液氧作为氧化剂, 而以某种烃类燃料和液氢同时作为燃烧剂的液体火箭发动机，煤油被认为是理想的烃类燃料。

本章介绍液氧/煤油/气氢挤压式三组元模型发动机试验系统和系统组件模型，对模型发动机试验系统进行仿真计算，通过与试验结果的对比，检验模型的准确性和仿真方法的合理性，最后分析了系统的稳定性。

7.1　试验系统介绍

三组元双工况发动机试验系统主要由试车台架、推进剂供应系统、吹除系统、冷却水供应系统、试验控制系统、数据采集及处理系统、电视监视和摄像等分系统组成。

试车台架是悬挂式结构，包括动架和定架，可以进行 50kN 以下的发动机推力室试验。

冷却水供应系统包括水的加注、增压、供应、控制、测量等装置，主要用于完成对燃烧室和喷管的可靠冷却。

吹除系统用氮气作吹除气，吹除管路入口在推进剂主阀之后，用于将残余推进剂特别是残余煤油吹除。

下面简单介绍推进剂供应系统、测控系统和推力室组件。

7.1.1　供应系统

推进剂供应系统包括三部分：液氧供应系统、氢气供应系统和煤油供应系统。如图 7.1 所示，其中液氧供应系统由液氧贮箱、流量计、主阀、预冷阀、吹除阀等组成，液氧贮箱由高压氮气增压。氢气供应系统包括氢气排、减压器、流量计和阀门等。煤油供应系统由煤油贮箱、流量计、阀门等组成，由氮气增压。

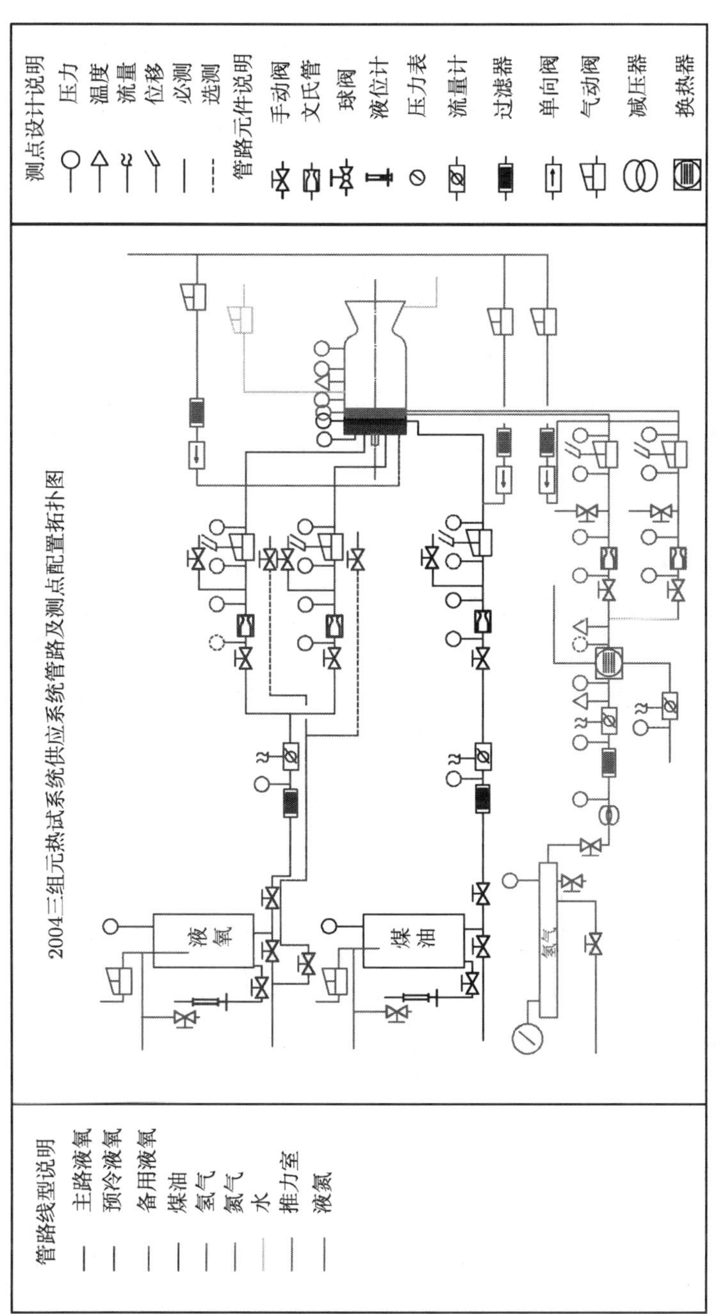

图 7.1 液氧/煤油/氢气模型发动机试验系统图(后附彩图)

为了保持液氧不吸热汽化，氧管由双层套管组成，外管为预冷管；管外还包覆了泡沫。

为了调节和控制推进剂的流量，氢采用了双路三阀，氧采用了双路双阀，煤油采用单路单阀，另外，还可以通过节流孔板和文氏管调节流量。

7.1.2 测控系统

测量系统由压强测量系统、流量测量系统、温度测量系统、激励电源单元、数字显示单元和计算机采集系统六大部分组成。重点是压强和流量的测量。

压强测量采用膜片式电阻应变传感器，传感器激励电源采用基准扩流、恒温补偿技术，使传感器的供桥电源具有极高的精度，从而保证测量精度。部分试验还应用美国 PCB 压电有限公司生产的高频压力传感器测量燃烧室压力波动，以测量燃烧不稳定性参数。

流量测量采用涡轮流量计，包括常温、低温型。

试验控制系统主要由控制信号模板、中继与显示模板、驱动模板、电源四部分组成。控制信号模板用于产生控制信号；中继模板用于进行状态指示及信号反馈，并产生驱动信号；驱动模板接受驱动信号后产生大功率驱动电激励，操纵阀门工作。三个模板采用光耦合电源隔离技术，仅由开关触点级联连接，从而使系统具有极强的抗电磁干扰能力，保证了控制的可靠性。该控制系统具有控制可靠、扩展便利的优点。

控制系统具有手动控制与自动控制两种模式。手动控制用于系统调试、气密性试验、标定和试验过程中紧急情况的处理 (如紧急关车)。试验时采用自动控制模式，控制信号及控制逻辑与时序由计算机程序设定。自控与手控信号在电路上并联连接。控制系统对供应系统的不同阀门进行控制可以实现工况转换。

7.1.3 推力室组件

推力室组件主要包括喷注器、燃烧室和喷管。图 7.2 为三组元模型发动机。

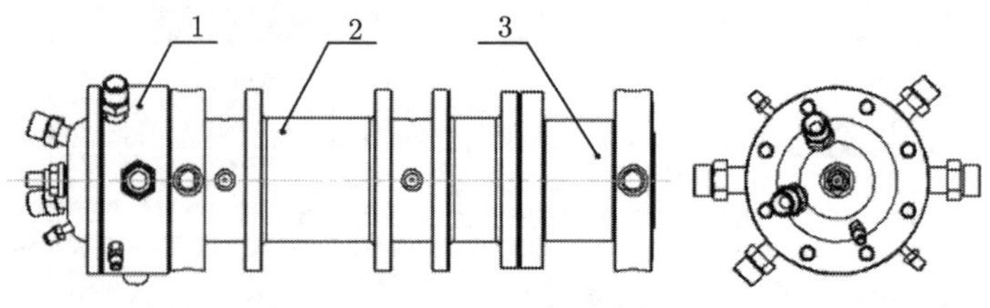

图 7.2 三组元模型发动机

1. 喷注器; 2. 燃烧室; 3. 喷管

7.2 系统模型

7.2.1 液体管路模型

对液体而言，引启动态效应的因素为压缩性、惯性和黏性。不同管路模型对这三个因素的描述不同。

1) 压缩性

液体的压缩性用等效体积模量 B(考虑了液体本身的压缩性以及管壁的变形)来处理。等效体积模量表达式为

$$B = \frac{1}{1/B_{\mathrm{L}} + W_{\mathrm{c}}} \tag{7.1}$$

式中，W_{c} 为管材杨氏模量的倒数，液体体积模量为 $B_{\mathrm{L}} = \rho\dfrac{\mathrm{d}p}{\mathrm{d}\rho}$，$\rho$ 为工质密度。

根据非稳态流动时的质量平衡方程可得到

$$\frac{\mathrm{d}p}{\mathrm{d}t} = \frac{B}{A}(q_1 - q_2) \tag{7.2}$$

式中，p 为压力，q 为液体的体积流量，A 为管路的横截面积。

2) 惯性

假定流路内充满了无黏性不可压缩的液体，在计算非稳态运动时，只考虑液体的惯性。则由运动方程可得

$$\frac{\mathrm{d}q}{\mathrm{d}t} = \frac{A}{\rho}(P_1 - P_2) - gA\sin\theta \tag{7.3}$$

式中，θ 为管路的倾角，向上流为正，向下流为负；g 为重力加速度。

3) 黏性

在发动机流路中，液体的黏性是用摩擦系数 (流阻系数) 来表达的。摩擦系数取决于流体管路的形状和尺寸、管壁的相对粗糙度、雷诺数等。在复杂模型中，黏性还与频率相关。考虑惯性和黏性的方程为

$$\frac{\mathrm{d}q}{\mathrm{d}t} = \frac{A}{\rho}(P_1 - P_2) - gA\sin\theta - \frac{ff \cdot q^2\mathrm{sgn}(q)}{2DA} \tag{7.4}$$

式中，ff 为摩擦系数，D 为管路内径。

在液体火箭发动机中，当管路具有与波长相比拟的几何尺寸时，就应当采用分布参数模型。其中，波长的表达式为 $\lambda = a/f_{\max}$，$f_{\max}$ 为最大振频下纵向声波的长度，a 为声速。

考虑分布参数特性的动态数学模型大致可分为两类：线性化网络分析模型和非线性有限差分数值计算模型。前者是将运动方程线性化，把瞬变量 (或称脉动量) 作为加在稳态流动上的一种小扰动，利用和电路理论相似的流体传输线理论来得到流体管道瞬变过程的复频域解。后者是应用特征线方法，将描述管路流体运动的一对 (拟) 双曲偏微分方程化为一组沿 (拟) 特征线上的常微分方程，然后将其进行有限差分离散化，采用时–空步进或沿特征线推进的方法求得时域解。本书采用后一种方法。

与集中参数模型一样，在分布参数模型中要考虑液体压缩性、黏性和惯性的影响。考虑压缩性的方程可写为

$$\frac{\partial P}{\partial t}=-\frac{B}{A}\frac{\partial q}{\partial x} \tag{7.5}$$

考虑惯性和黏性的分布参数方程为

$$\frac{\mathrm{d}q}{\mathrm{d}t}=-\frac{A}{\rho}\frac{\partial P}{\partial x}-gA\sin\theta-v\frac{\partial q}{\partial x}-\frac{ff\cdot q^2\mathrm{sgn}(q)}{2DA} \tag{7.6}$$

7.2.2　气体管路模型

气体作为一种流体，和液体一样，要考虑压缩性、黏性和惯性的影响。但是气体的压缩性比液体要明显得多，在处理时，不能只用等效体积模量，而要用到能量方程，考虑能量交换，更加复杂。除了将流量和压力作为变量外，还要将温度和热焓也作为变量。

气体模型的质量、动量、能量守恒方程分别为

$$\frac{\partial \rho}{\partial t}+\frac{\partial \rho v}{\partial x}=q_{\mathrm{s}} \tag{7.7}$$

$$\frac{\partial \rho v}{\partial t}+\frac{\partial \rho v^2}{\partial x}=-\frac{\partial p}{\partial x}-ff\frac{v|v|}{2d} \tag{7.8}$$

$$\frac{\mathrm{d}\rho e}{\mathrm{d}t}=-p\cdot\frac{\partial v}{\partial x}+R+\varPhi+\lambda\cdot\frac{\partial^2 T}{\partial x^2}-h_{\mathrm{T}}\cdot(T-T_{\mathrm{out}}) \tag{7.9}$$

式中，e 为内能，R 为相变的能量，$\varPhi$ 为阻力所做的功，λ 为热传导系数，h_{T} 为热交换系数，v 为工质速度。

尽管在简化处理中，可以用一个多变过程来简化能量方程，但这降低了精度，最好还是直接用热交换模型，尤其是对三组元液体火箭发动机，其管路内外温差大，热交换剧烈。热交换基本方程为

$$\frac{\mathrm{d}U}{\mathrm{d}t}=\sum\dot{m}_i h_i+\frac{\mathrm{d}Q}{\mathrm{d}t}-\frac{\mathrm{d}W}{\mathrm{d}t} \tag{7.10}$$

式中，$\frac{\mathrm{d}Q}{\mathrm{d}t}=h_{\mathrm{T}}A(T_{\mathrm{out}}-T)$ 是热交换率，$\frac{\mathrm{d}W}{\mathrm{d}t}=-p\frac{\mathrm{d}V}{\mathrm{d}t}$ 是系统对外所做功率。由于

$U = mu$, 则式 (7.10) 可以化为

$$m\frac{\mathrm{d}v}{\mathrm{d}t} + v\frac{\mathrm{d}m}{\mathrm{d}t} = \sum \dot{m}_i h_i + \frac{\mathrm{d}Q}{\mathrm{d}t} - \frac{\mathrm{d}W}{\mathrm{d}t} \tag{7.11}$$

对于理想气体, $u = C_v T$, 联立式 (7.11)，可得

$$\frac{\mathrm{d}T}{\mathrm{d}t} = \frac{1}{m}\left(\frac{1}{C_v}\sum \dot{m}_i h_i - \dot{m}_i T\right) - \frac{P}{mC_v}\frac{\mathrm{d}V}{\mathrm{d}t} + \frac{1}{mC_v}\frac{\mathrm{d}Q}{\mathrm{d}t} \tag{7.12}$$

$$V\frac{\mathrm{d}P}{\mathrm{d}t} = -P\frac{\mathrm{d}V}{\mathrm{d}t} + mR\frac{\mathrm{d}T}{\mathrm{d}t} + RT\dot{m} \tag{7.13}$$

还应当补充焓的表达式，为

$$h = \dot{m}C_p T \tag{7.14}$$

前面若干方程就代表了考虑热交换时的气体压缩性。考虑气体惯性和黏性的方程为

$$\frac{\mathrm{d}\dot{m}}{\mathrm{d}t} = -\frac{A}{L}\Delta p - \frac{\rho \cdot ff \cdot Av^2 \mathrm{sgn}(v)}{2D} \tag{7.15}$$

与液体管路的情况一样，当气体管路较长且波动影响显著时，就要用到分布参数模型。

考虑气体惯性、黏性的分布参数模型为

$$\frac{\partial \dot{m}}{\partial t} = -A\frac{\partial p}{\partial x} - \frac{\rho \cdot ff \cdot Av^2 \mathrm{sgn}(v)}{2D} - \frac{v}{\rho}\frac{\partial \dot{m}}{\partial t} \tag{7.16}$$

在具体计算时，将管路分成合适的段，段间节点处的压力、流量、温度、热焓计算都用上述方程进行计算。从本质上讲，采用分布参数模型时，通过分段，对管路的取样更精确，仿真所得到的结果也比集中参数模型更加精确。

7.2.3 阀门模型

在第 6 章中，对电动气阀和气动液阀的数学模型进行了详尽的介绍，这里需要指出的是，阀门的响应时间对系统的动态特性有较大影响，尤其是启动时序和转工况过程。根据试验和理论分析发现，电动气阀的响应时间比气动液阀的响应时间长，发动机启动以及转工况的过程对指令响应的快慢主要是受电动气阀的影响。

7.2.4 文氏管模型

在试验系统中，为了对液体流量进行精确调节，就需要用到汽蚀文氏管。当流体流经文氏管喉部时，压力减小。随着压力的减小，会达到一个临界点，在这个临界点，上游的压力头会转变为速度头和流体在工作温度下的饱和蒸气压。在入口温度、压力保持一定的情况下，继续降低下游压力也不会引起通过文氏管的流量的改变，这样就在一定的范围内隔绝了下游压力波动的影响，保证了确定的流量。

汽蚀文氏管在汽蚀和非汽蚀状态下，动力学模型是完全不同的。当文氏管处于非汽蚀状态时，整个流动过程是连续的，可以将文氏管当作一般的液体管路来处理。文氏管由收缩段、圆柱段以及扩张段组成。当文氏管处于汽蚀状态时，由于汽蚀区的存在，流动过程出现了间断区，可以将汽蚀区看作是一个容性元件，而整个流动也在汽蚀区前后分作两部分。详细的数学模型可参考文献 [118]。

7.2.5　三组元发动机燃烧室模型

三组元发动机由于存在三组元和两组元两种工况，为了便于仿真工作，需要建立统一的适用于两种工况的燃烧室模型。

$$\begin{aligned}&\frac{\mathrm{d}P_{\mathrm{C}}(t)}{\mathrm{d}t}-P_{\mathrm{C}}(t)\frac{\mathrm{d}R_{\mathrm{C}}T_{\mathrm{C}}(t)}{\mathrm{d}t}\\=&\dot{m}_{\mathrm{o}}(t-\tau_{\mathrm{o}})+\dot{m}_{\mathrm{H}}(t-\tau_{\mathrm{H}})+\dot{m}_{\mathrm{RP}}(t-\tau_{\mathrm{RP}})-\mathit{\Gamma}A_{\mathrm{t}}\frac{P_{\mathrm{C}}(t)}{\sqrt{R_{\mathrm{C}}T_{\mathrm{C}}(t)}}\end{aligned}\tag{7.17}$$

式中，

$$\frac{\mathrm{d}R_{\mathrm{C}}T_{\mathrm{C}}(t)}{\mathrm{d}t}=\frac{\partial(R_{\mathrm{C}}T_{\mathrm{C}})}{\partial k_{\mathrm{c}}}\frac{\mathrm{d}k_{\mathrm{c}}}{\mathrm{d}t}+\frac{\partial(R_{\mathrm{C}}T_{\mathrm{C}})}{\partial\alpha}\frac{\mathrm{d}\alpha}{\mathrm{d}t}\tag{7.18}$$

$\dfrac{\mathrm{d}k_{\mathrm{c}}}{\mathrm{d}t}$的推导与常规液体火箭发动机的推导完全相同，增加的主要是 $\dfrac{\mathrm{d}\alpha}{\mathrm{d}t}$ 的推导。经过详细的推导可以得到

$$\frac{\mathrm{d}k_{\mathrm{c}}(t)}{\mathrm{d}t}=\frac{10^{-6}(1+k_{\mathrm{c}})R_{\mathrm{C}}T_{\mathrm{C}}(t)}{P_{\mathrm{C}}(t)V_{\mathrm{C}}}(\dot{m}_{\mathrm{o}}-k_{\mathrm{c}}\dot{m}_{\mathrm{f}})\tag{7.19}$$

$$\frac{\mathrm{d}\alpha(t)}{\mathrm{d}t}=\frac{10^{-6}(1+k_{\mathrm{c}})R_{\mathrm{C}}T_{\mathrm{C}}(t)}{P_{\mathrm{C}}(t)V_{\mathrm{C}}}(\dot{m}_{\mathrm{H}}-\alpha\dot{m}_{\mathrm{f}})\tag{7.20}$$

为了简化，令

$$\dot{m}_{\mathrm{O}}(t-\tau_{\mathrm{O}})=\dot{m}_{\mathrm{o}},\quad \dot{m}_{\mathrm{H}}=\dot{m}_{\mathrm{H}}(t-\tau_{\mathrm{H}}),\quad \dot{m}_{\mathrm{RP}}=\dot{m}_{\mathrm{RP}}(t-\tau_{\mathrm{RP}}),\quad \dot{m}_{\mathrm{f}}=\dot{m}_{\mathrm{H}}+\dot{m}_{\mathrm{RP}}$$

将式 (7.18) ～式 (7.20) 代入式 (7.17) 可得

$$\begin{aligned}\frac{\mathrm{d}P_{\mathrm{C}}}{\mathrm{d}t}=&\frac{10^{-6}}{V_{\mathrm{C}}}(1+K_{\mathrm{c}})\left[(\dot{m}_{\mathrm{O}}-k_{\mathrm{c}}\dot{m}_{\mathrm{f}})\frac{\partial(R_{\mathrm{C}}T_{\mathrm{C}})}{\partial k_{\mathrm{c}}}+(\dot{m}_{\mathrm{H}}-\alpha\dot{m}_{\mathrm{f}})\frac{\partial(R_{\mathrm{C}}T_{\mathrm{C}})}{\partial\alpha}\right]\\&+\frac{10^{-6}}{V_{\mathrm{C}}}R_{\mathrm{C}}T_{\mathrm{C}}(\dot{m}_{\mathrm{O}}+\dot{m}_{\mathrm{f}})-\frac{\sqrt{R_{\mathrm{C}}T_{\mathrm{C}}}}{\eta_{\mathrm{C}}V_{\mathrm{C}}}\mathit{\Gamma}A_{\mathrm{t}}P\end{aligned}\tag{7.21}$$

式中, P_{C} 的单位为 MPa，$R_{\mathrm{C}}T_{\mathrm{C}}$ 的单位为 J/kg。

式 (7.18) ～式 (7.21) 就是三组元发动机的燃烧室模型，在三组元工况下，$0<\alpha<1$, $\dot{m}_{\mathrm{f}}=\dot{m}_{\mathrm{H}}+\dot{m}_{\mathrm{RP}}$; 两组元工况下, $\alpha=1, \dot{m}_{\mathrm{f}}=\dot{m}_{\mathrm{H}}$。

建立了两种工况下统一的燃烧室模型，就可以解决在转工况时燃烧室模型可能出现的不连续情况。

7.3 试验系统动态特性分析

7.3.1 仿真结构

在三组元试验系统仿真中，采用了模块化的思路。在前面介绍的各部件数学模型的基础上，对每一部件实现封装 (包括所有可选的数学模型)，部件之间只提供变量接口。

每一部件只能修改自身的参数，而不影响其他的部件。这样在仿真过程中，根据研究问题的需要，可以快捷地切换选择任一部件的数学模型，而不需要考虑其他部件数学模型的情况，可以专注地研究每一部件的变化对系统动态特性的影响，与实际的试验过程也是相符合的。比如，研究阀门的影响，只需要选择不同的阀门模型、不同的内部参数，其他的部件模型和参数保持不变即可。

在试验系统的动态特性仿真中，尽量使系统结构与试验系统相同，如图 7.3 所示，图中的各图标的定义列入表 7.1 中。从左至右依次是煤油供应系统 (或管路)，氢供应系统，液氧供应系统。在供应系统中有很多分叉，这是由试验系统对流量以及流阻的要求决定的。

表 7.1 图 7.3 中各图标的定义

图标	定义	图标	定义
	煤油组元 (图 7.3 左侧)		集液腔
	液氧组元 (图 7.3 右侧)		容积可变集液腔
	氢气组元		液体喷嘴 (节流孔)
	液体贮箱 (液压源)		液体三通
	气体贮箱 (气动压力温度源)		液体两通
	汽蚀文氏管		液体管路
	电动气阀		容积可变集气腔
	喷前阀		气体喷嘴 (节流孔)

续表

图标	定义	图标	定义
	气体三通		气体管路
	气体两通		三组元模型发动机

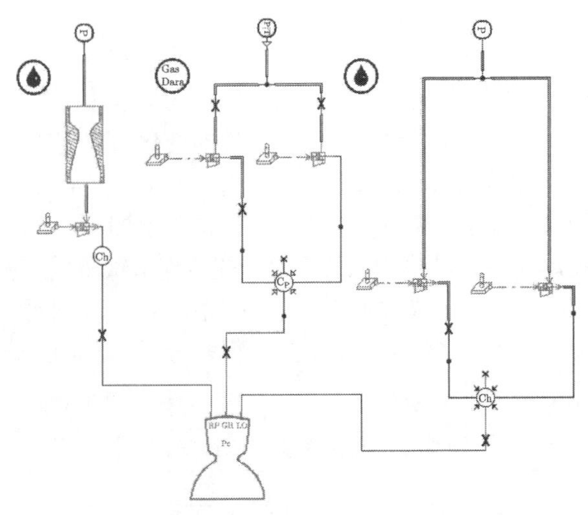

图 7.3　模型发动机试验系统仿真结构图

试验系统采用的是挤压式推进剂供应系统，从高压贮箱出来的推进剂通过汽蚀文氏管、主阀进入头部集液腔。喷注器由集液腔和喷孔组成，在仿真中，将集液腔看成是一个流容元件，喷孔则作为一个孔来处理。燃烧室模型用的是时滞模型，并设置有点火时间。各个主阀门主要用于控制时序。

与实际的试验系统相比，有几点需要说明。

(1) 液体管路中，没有考虑液体温度和密度的变化。由于低温推进剂外面有套管，所以可以忽略液体管路中温度的变化。

(2) 管路存在弯头、重力等因素，仿真中则直接用流阻代替。

(3) 为了减小计算量，没有考虑关机时序，也没有考虑泄出和吹除。

7.3.2　试验系统动态过程仿真

下面对某次试验进行仿真计算。图 7.4 是点火时序示意图，其中没有考虑吹除和冷却水。

图 7.5 是三组元发动机试验系统煤油流量试验和仿真曲线，由图可以看出，文氏管没有完全汽蚀导致流量随下游压力变化，仿真与试验曲线吻合较好，说明了

煤油路的文氏管和阀门模型等组件模型比较准确。图 7.6 是液氧流量试验和仿真曲线，由图可以看出，在启动时液氧流量有很大的超调量，这可能是利用常温阀模型

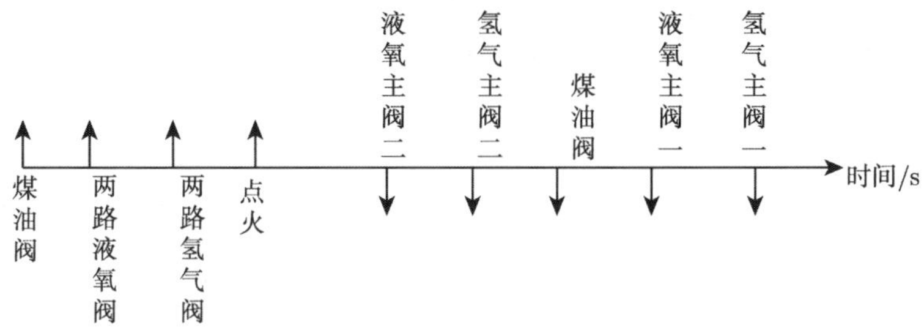

图 7.4　点火时序示意图

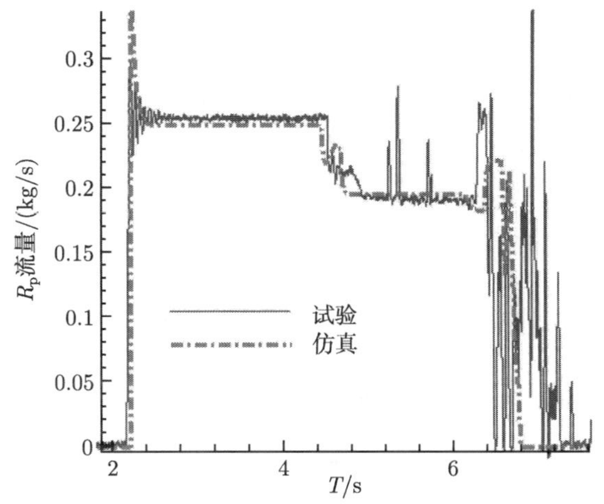

图 7.5　煤油流量试验和仿真曲线

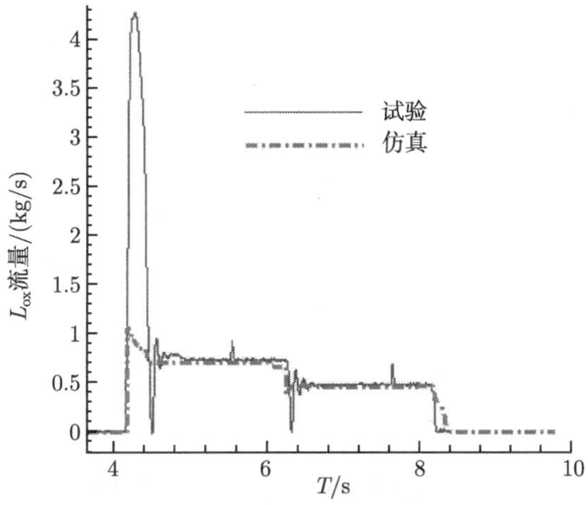

图 7.6　液氧流量试验和仿真曲线

代替低温阀模型来计算的缘故，在平稳工作段和转工况时，仿真和试验曲线基本吻合。图 7.7 是氢气流量试验和仿真曲线，从图中可见，试验时氢气流量波动很大，而仿真值只是在转工况时波动较大，这可能是为调试方便和减小计算量，而且没有分析波动，因而采用集中参数模型进行计算所导致的，但是试验曲线和仿真曲线的变化趋势是一致的。图 7.8 是燃烧室室压的试验和仿真曲线，其试验曲线和仿真曲线吻合较好，在启动时室压有很大的超调量，这是因为液氧流量在启动时超调量过大，这也说明，为了能更准确地对系统进行仿真，应该对低温阀模型做进一步研究。

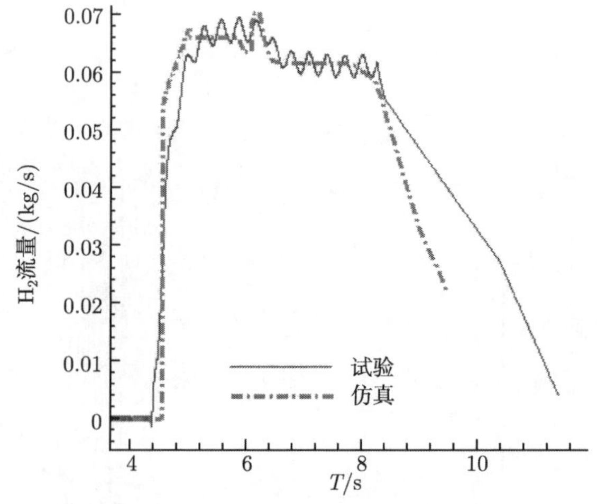

图 7.7 氢气流量试验和仿真曲线

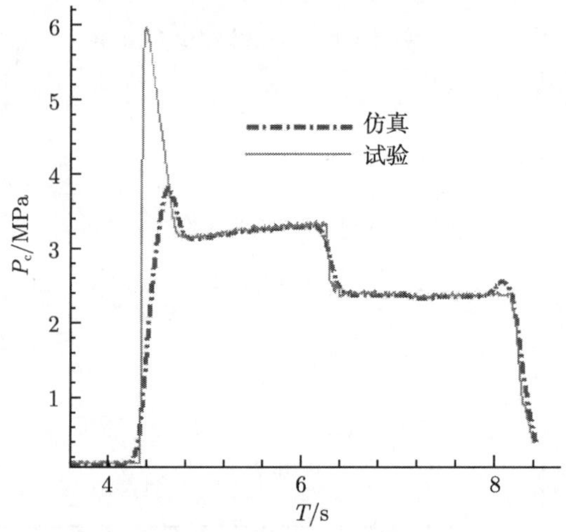

图 7.8 燃烧室室压的试验和仿真曲线

7.4 稳定性分析

稳定性是液体火箭发动机的重要性能，从系统分析的角度，本节只研究与系统有关的低频不稳定性问题。对于三组元发动机系统的仿真采用直接数值仿真方法，即直接求解复杂的非线性方程。对非线性方程的求解结果表明：试验系统是稳定的。如果要利用先进的非线性理论来对系统的稳定性进行深入细致的分析，还有一定的难度。所以本节利用线性化方法，通过特征值、波特图和奈奎斯特 (Nyquist) 曲线，再用频谱分析的方法来对试验系统的稳定性进行分析，这样能从本质和细节上分析问题。

三组元液体火箭发动机系统是很复杂的，从系统状态变量的角度来讲，状态变量的数目是十分庞大的，包括室压、混合比、氢燃料比等在内共 41 个状态变量, 所以仿真所需要的时间因为状态变量的数目大而比较长; 或者可以从雅可比矩阵的角度来讲，由于雅可比矩阵的阶次高、刚度大，从而导致了计算量的增大。

试验系统启动、转工况这两个瞬态过程所对应的雅可比矩阵的奇异性比较大，所以在分析系统的稳定性时，有必要对这两个过程的雅可比矩阵的特征值以及频率特性进行分析。

7.4.1 特征值分析

首先对启动过程的雅可比矩阵进行特征值分析，选取点火时刻求解相应的特征值。表 7.2 显示的是点火时刻的所有状态变量对应的特征值，可以看出, 特征值为复数，实部均为负值。表中序号 1 的内容表示室压所对应的雅可比矩阵中的系数，可以说明试验系统是稳定的。

对转工况过程的雅可比矩阵进行特征值分析，如表 7.2 序号 2 给出的内容。从表中可以看出, 在瞬态过程中，由于其特征值对应的实部均为负值，所以试验系统是稳定的。在这些瞬态过程中，对应的雅可比矩阵刚度都很大，这与实际情况相符。当仿真进行到这些瞬态过程的时候，计算需要的时间明显增加了。

表 7.2 不同时刻的雅可比矩阵的特征值

序号	时刻/s	频率/Hz	实部	虚部	备注
1	2.3	90.9526	−18.2625	−571.1816	点火时刻
2	3.5	2.6862	−6.2393	−15.6821	转工况过程

7.4.2 波特图、奈奎斯特曲线

与特征值分析相对应，首先做出点火时刻的波特图和奈奎斯特曲线，这里只给出将液氧流量作为控制变量，室压作为输出变量 (观察值) 的波特图和奈奎斯特曲

线，而将煤油或者氢气流量作为控制变量的情况与将液氧流量作为控制变量的情况相同，可以作同样的分析。图 7.9 是点火时刻的波特图，图 (a) 是幅值变化曲线，图 (b) 是相位变化曲线。图 7.10 是点火时刻的奈奎斯特曲线。图 7.11 是转工况时的波特图，图 7.12 是转工况时的奈奎斯特曲线。由奈奎斯特稳定性判据和频响法 [119]，可以判断试验系统是稳定的。

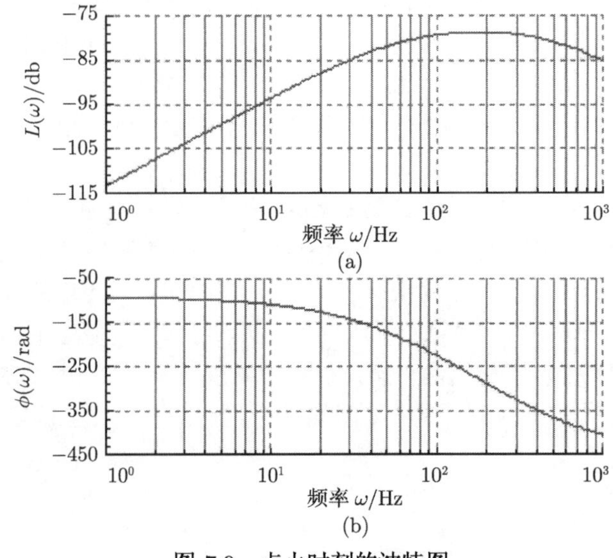

图 7.9　点火时刻的波特图

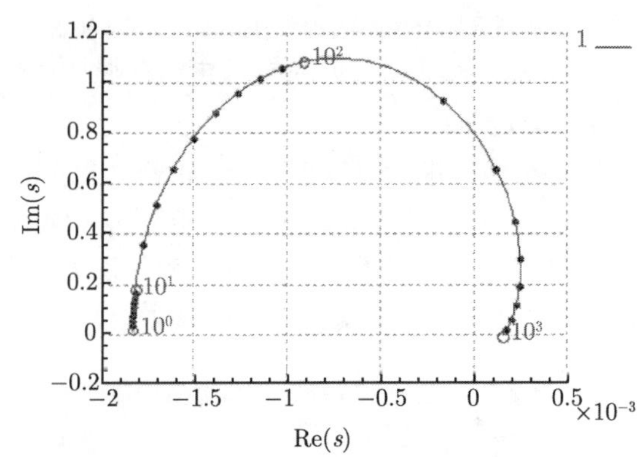

图 7.10　点火时刻的奈奎斯特曲线

通过以上分析，如果在系统进行热试之前，要通过系统分析给出一个合理的试验条件，也即初值，就必须首先改变不同的参数进行仿真，比如时序设置、喷注器压降、推进剂流量等，对仿真的结果再进行稳定性分析，当然包括复杂的非线性分析，最终就可以确定试验的初值。这也是对系统进行动态特性分析的主要目的。

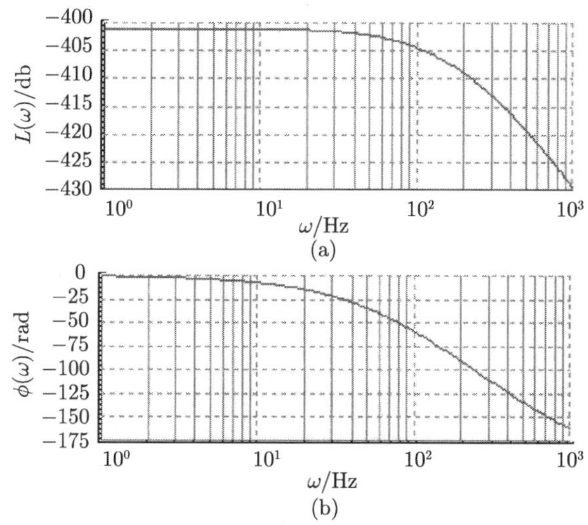

图 7.11　转工况时的波特图

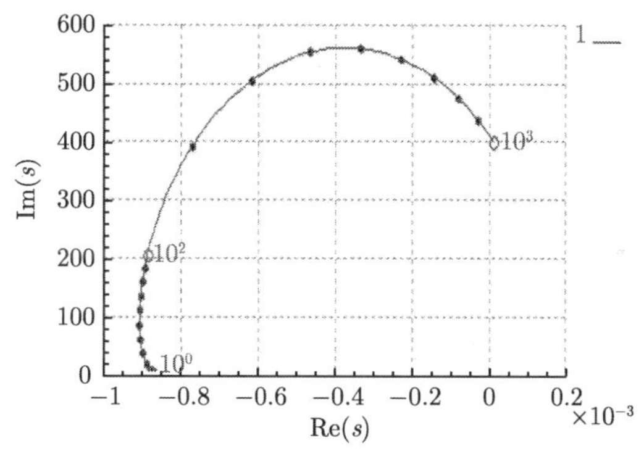

图 7.12　转工况时的奈奎斯特曲线

7.5 结　论

本章介绍了模型发动机试验系统及其系统组件模型，组建了整个系统的仿真结构，完成了仿真计算，并和试验结果进行比较，最后对试验系统进行了稳定性分析。主要结论如下：

(1) 在给定的时序下对试验系统进行仿真计算，仿真结果和试验结果吻合较好，说明仿真方法的合理性，也从整个系统的高度验证了第 6 章建立的电动气阀和气动液阀模型的准确性;

(2) 由启动、转工况过程的雅可比矩阵的特征值以及其波特图和奈奎斯特曲线可以说明, 试验系统是稳定的。

参 考 文 献

[1] 刘国球，任汉芬，朱宁昌，等. 液体火箭发动机原理. 北京：宇航出版社，1993

[2] Алемасов В Е, Дрегалин А Ф, Тищин А П，等. 火箭发动机原理. 张中钦，庄逢辰，郁明桂, 等译. 北京：宇航出版社，1993

[3] 王克昌，吕志信. 液体火箭发动机系统原理 (内部讲义). 长沙：国防科技大学，1992

[4] 朱宁昌，刘国球, 等. 液体火箭发动机设计 (上). 北京：宇航出版社，1994

[5] 吴建军，张育林，陈启智. 液体火箭发动机稳态故障仿真及分析. 推进技术，1994，15(3): 6-13

[6] 格列克曼 Б Φ. 液体火箭发动机自动调节. 顾明初，郁明桂，邱明煜, 译. 北京：宇航出版社，1995

[7] 孙承淩. 美国 SDI 计划红外导引头技术发展状况. 863 先进防御技术通讯 (A 类)，1994，(2): 1-25

[8] 温德义. 美国正在发展机载助推段防御武器. 863 先进防御技术通讯 (A 类)，1994，(1): 15-30

[9] Ge G H，Huang R S. Research of the light-weight engine technology. AAS Paper 95-583. Proceedings of the 6th International Space Conference of Pacific Basin Societies, 1995

[10] Santi L M. Integrated model development for liquid fueled rocket propulsion systems. Nasa Stilrecon Technical ReportN, Report, N94-27166, 1993

[11] Santi L M. Integrated model development for liquid fueled rocket propulsion systems. Interim Report, 1992

[12] Santi L M. Validation of the space shuttle main engine steady state performance model. N91-19008

[13] Binder M. An RL10A-3-3A rocket engine model using the rocket engine transient simulator (ROCETS) software. AIAA-93-2357. AIAA/SAE/ASME/ASEE 29th Joint Propulsion Conference and Exhibit, 1993

[14] Binder M. A transient model of the RL10A-3-3A rocket engine. N95-29114, 1995

[15] Nguyen D，Martinez A. Versatile engine design software. AIAA-93-2164. AIAA/SAE/ASME /ASEE 29th Joint Propulsion Conference and Exhibit, 1993

[16] Kanmuri A，Kanda T，Wakamatsu Y，et al. Transient analysis of LOX/LH2 rocket engine (LE-7). AIAA-89-2736. AIAA/SAE/ASME/ASEE 25th Joint Propulsion Conference, 1989

[17] Kuo F Y. Space shuttle main engine real-time stability analysis. AIAA-93-2078. AIAA/SAE/ASME/ASEE 29th Joint Propulsion Conference and Exhibit, 1993

[18] Mason J R, Southhwick R D. Large liquid rocket engine transient performance simulation system (Final Report). NASA CR-184099, 1990

[19] 郭克芳. 液体火箭发动机静态仿真的探讨. 推进技术，1987，8(3): 41-46

[20] 郭克芳，李志. 液体火箭发动机静态特性的非线性分析. 宇航学报，1988，9(4): 47-52

[21] 谭松林，刘红军. 大型液体火箭发动机静态特性仿真研究. 火箭推进, 1991，(4): 1-9

[22] 沈赤兵，吴建军，陈启智. 干扰因素对液体火箭发动机性能的影响. 中国空间科学技术，1997，17(2): 16-24

[23] 沈赤兵，吴建军，陈启智. 内外干扰因素对液体火箭发动机的影响分析. 国防科技大学学报，1997，19(3): 92-96

[24] 吴建军，张育林，陈启智. 液体火箭发动机故障特性动态模拟. 航空动力学报，1994，9(4): 361-365

[25] 吴建军. 液体火箭发动机故障检测与诊断研究. 长沙：国防科技大学研究生院，1995

[26] 吴建军，张育林，陈启智. 液体火箭发动机实时故障仿真系统实现. 推进技术，1997，18(1): 26-30

[27] 陆曙军，张育林. 液体火箭发动机故障实时仿真模型. 推进技术，1996，17(5): 14-17

[28] 吴建军，张育林，陈启智. 液体火箭发动机故障综合分析. 导弹与航天运载技术,1996，(2): 10-36

[29] 郑敦兵，张永敬，肖刚. 液体火箭发动机性能参数的数字仿真. 推进技术，1996，17(3): 16-20

[30] 罗吉庭，肖刚，郑敦兵. 液体火箭发动机性能参数的 Monte-Carlo 随机模拟. 西安：第五届全国蒙特卡洛方法学术交流会，1993

[31] Christoph Goertz. A modular method for the analysis of liquid rocket engine cycles. AIAA-95-2966. AIAA/SAE/ASME/ASEE 31st Joint Propulsion Conference and Exhibit, 1995

[32] 陈杰. 航天运载器液体推进剂火箭发动机构型研究. 长沙：国防科技大学研究生院，1991

[33] 许琨，张宝炯. 液体火箭发动机运动循环参数通用计算方法的研究. 宇航学报,1996,17(4): 26-33

[34] 黄卫东，朱恒伟，王克昌，等. 液体火箭发动机分级燃烧循环最高室压通用模块化计算方法. 上海航天，1997，14(2): 11-15

[35] Haeseler D, Immich H. HERMES propulsion system design and modelization. AIAA-88-2820. AIAA/SAE/ASME/ASEE 24th Joint Propulsion Conference, 1988

[36] Yaggy K L. Analysis of propellant flow into evacuated and pressurized lines. AIAA-84-1346. AIAA/SAE/ASME 20th Joint Propulsion Conference, 1984

[37] Prickett R P, Mayer E, Hermel J. Water hammer in a spacecraft propellant feed system. Journal of Propulsion and Power, 1992, 8(3): 592-597

[38] Lin T Y, Baker D. Analysis and testing of propellant feed system priming process. Journal of Propulsion and Power, 1995，11(3): 505-512

[39] 肖明杰. 姿控发动机稳态故障效应分析. 推进技术，1997，18(1): 79-83

[40] 肖明杰. 姿态控制发动机系统调整计算通用软件和系统动态性能仿真. 西安：陕西动力机械设计研究所，1995

[41] 彭建国. 姿控发动机恒压式系统静态性能分析方法. 西安：航天科技工业总公司，1995

[42] 王克昌. 液体火箭发动机启动过程和关机过程的计算. 国防科技大学学报，1979，(4): 172-197

[43] 王克昌. 数值计算方法在液体火箭发动机瞬变过程计算的若干问题应用. 国防科技大学学报，1979，(4): 268-299

[44] 杨本濂，陈国太. 液体火箭发动机热启动及关机过程的计算机计算. 国防科技大学学报，1979，(4): 66-97

[45] 王齐安. 变推力火箭发动机动态响应特性的研究. 国防科技大学学报，1984，(2): 54-74

[46] 陈启智. 液体火箭发动机控制与动态特性理论. 长沙：国防科技大学出版社，1993

[47] 黎勤武，张为华，王振国，等. 空间姿控、末修级发动机系统动态特性分析. 推进技术，1997，18(3): 20-23

[48] Fritz D E，Dressler G A，Mayer N L, et al. Development and flight qualification of the propulsion and reaction control system for ERIS. AIAA-92-3663. AIAA/SAE/ASME /ASEE 28th Joint Propulsion Conference and Exhibit, 1992

[49] Manski D，Hagemann G. Influence of rocket design parameters on engine nozzle efficiencies. AIAA-94-2756. AIAA/SAE/ASME/ASEE 30th Joint Propulsion Conference, 1994

[50] Hodge K F，Allen K A，Hemmings B. Development and test of the ASAT bipropellant attitude control system(ACS) engine. AIAA-93-2587. AIAA/SAE/ASME/ASEE 29th Joint Propulsion Conference and Exhibit, 1993

[51] Harmon T J，Pauckert R P. Integrated modular engine for upper stage propulsion. AIAA-92-3693. AIAA/SAE/ASME/ASEE 28th Joint Propulsion Conference and Exhibit, 1992

[52] Cramer J M. Application of the integrated modular engine(IME) to space vehicle concepts. AIAA-92-3692. AIAA/SAE/ASME/ASEE 28th Joint Propulsion Conference and Exhibit, 1992

[53] Burkhardt W M. Integrated modular engine concepts for space and upper stage applications. AIAA-92-3694. AIAA/SAE/ASME/ASEE 28th Joint Propulsion Conference and Exhibit, 1992

[54] Purohit G P，Nordeng H O，Ellison J R . Loading operations for spacecraft propulsion subsystems. AIAA-92-3065. AIAA/SAE/ASME/ASEE 28th Joint Propulsion Conference and Exhibit, 1992

[55] 沈赤兵，王克昌，陈启智. 国外小推力液体火箭发动机的最新进展. 上海航天，1996，13(3): 41-45

[56] 陈新华，沈赤兵. 空间拦截器动力系统小推力高压燃烧室特性研究. 指挥技术学院学报，1997，8(1): 13-20

[57] Veys R B，Cederberg A R，Schimenti J D. Design and analysis techniques for composite pressurant tankage with plastically operating aluminum liners. AIAA-90-2345. AIAA/SAE /ASME/ASEE 26th Joint Propulsion Conference and Exhibit, 1990

[58] Mathieu A，Monteuuis B，Gounot V. Ceramic matrix composite materials for a low thrust bipropellant rocket engine. AIAA-90-2054. AIAA/SAE/ASME/ASEE 26th Joint Propulsion Conference and Exhibit, 1990

[59] Haddock R C，Darms F J. Space system applications of advanced composite fiber/metal pressure vessels.AIAA-90-2227.AIAA/SAE/ASME/ASEE 26th Joint Propulsion Conference and Exhibit, 1990

[60] Charpertier P，Zorzetto D. High performance titanium/carbon composite gas storage pressure vessel for space use. AIAA-90-2223. AIAA/SAE/ASME/ASEE 26th Joint Propulsion Conference and Exhibit, 1990

[61] Melchior A. A new bipropellant rocket engine for orbital maneuvering. AIAA-90-2052. AIAA/ SAE/ASME/ASEE 26th Joint Propulsion Conference and Exhibit, 1990

[62] Chazen M L，Sicher D，Huang D，et al. High pressure earth storable rocket technology program HIPES-basic program final report. N95-26390, 1995

[63] Ruttle D，Fitzsimmons M. Development of miniature 35 LBF fast response bipropellant divert thruster. AIAA-93-2585. AIAA/SAE/ASME/ASEE 29th Joint Propulsion Conference and Exhibit, 1993

[64] Campbell J G. Miniature propulsion systems. AIAA-92-3252. AIAA/SAE/ASME /ASEE 28th Joint Propulsion Conference and Exhibit, 1992

[65] Acampora K J，Wichmann H. Component development for micropropulsion systems. AIAA-92-3255. AIAA/SAE/ASME/ASEE 28th Joint Propulsion Conference and Exhibit, 1992

[66] 周军，王衍方. 燃烧室压力对 440N 空间发动机性能的影响. 火箭推进，1997，(2): 9-19

[67] Barrett M J，Aber G S，Reith T W. Space shuttle simplified LO2 check valve development tests. Journal of Propulsion and Power, 1995，11(2): 435-442

[68] Pyotsia J. A mathematical model of a control valve. PB92-141951, Helsinki University of Technology, Espoo, Finland，1991

[69] Chazen M L. Long life 5 LBF bipropellant engine. AIAA-85-1378. AIAA/SAE /ASME /ASEE 21st Joint Propulsion Conference, 1985

[70] Schindler R C，Schoenman L. Development of a five-pound thrust bipropellant engine. Journal of Spacecraft and Rocket, 1976，13(7): 435-442

[71] 陈友明. 国外力矩马达电动气阀在航天技术中的应用. 火箭推进，1992，(1): 1-9

[72] 陈友明. 双组元力矩马达推进剂阀静动态特性分析. 火箭推进，1992，(5): 1-16

[73] 陈金娥. 阀门开度引起瞬变流动的非线性分析. 第四届全国阀门与管道学术会议,1994

[74] 袁蕴华. 柱塞式减压器特性计算与试验研究. 航天与导弹动力装置联合会议，1988

[75] Schoenman L, Friedman R L. Low-thrust bipropellant engine technology. Aerojet Liquid Rocket Company, Air Force Rocket Propulsion Laboratory, F04611-77-C-0053, AD/A091078. 1980

[76] Rosenberg S D，Schoenman L. New generation of high-performance engines for spacecraft propulsion. Journal of Propulsion and Power, 1994，10(1): 40-46

[77] Schoenman L, Schindler R C. Five-pound bipropellant engine final report. Aerojet Liquid Rocket Company, Air Force Rocket Propulsion Laboratory, F04611-73-C-0061, AD/A-000449, 1974

[78] Makhin V A, Prisnyakov V F, Belik N P. Dynamics of liquid rocket engines. Dinamika Zhidkostnykh Raketnykh Dvigateley, FTD-HC-23-18-70，AD719774, 1969

[79] Huzel D K，Huang D H. Modern engineering for design of liquid-propellant rocket engines. The American Institute of Aeronautics and Astronautics, 1992

[80] 张圣华. C 语言数值算法. 北京：海洋出版社，1993

[81] 薛履中. 工程最优化技术. 天津：天津大学出版社，1989

[82] 陈家鼎，孙山泽，李东风. 数理统计学讲义. 北京：高等教育出版社，1993

[83] 方开泰，许建伦. 统计分布. 北京：科学出版社，1987

[84] 浙江大学数学系高等数学教研组. 工程数学概率论与数理统计. 北京：高等教育出版社，1979

[85] 朱宁昌，刘国球. 液体火箭发动机设计 (下). 北京：宇航出版社，1994

[86] 马欣 B A，米连柯 H II，普罗尼 Л B . 液体火箭发动机试验研制的理论基础. 王迺琦, 译. 北京：国防工业出版社，1978

[87] 安伟光，周源泉. 液体火箭发动机失效的 Weibull 分布环境因子. 推进技术，1997，18(3): 10-14

[88] 何光渝. FORTRAN 77 算法手册. 北京：科学出版社，1993

[89] 冯康. 数值计算方法. 北京：国防工业出版社，1978

[90] 王国彪. 机械优化设计方法微机程序与应用. 北京：机械工业出版社，1994

[91] 沈赤兵，吴建军，王克昌，等. 内部干扰因素对液体火箭发动机性能影响的仿真. 中国空间科学技术,1999,19(1)：38-44

[92] 加洪 Г Г, 沃洛金 B A, 特罗菲莫夫 B ф, 等. 液体火箭发动机结构设计. 任汉芬、颜子初, 等译. 北京：宇航出版社，1992

[93] 米申 B II . 航天飞行器设计基础. 纪绍钧, 等译. 北京：航空工业出版社，1989

[94] 朱森元. 氢氧火箭发动机及其低温技术. 北京：国防工业出版社，1995

[95] 李玲玲. 氢氧发动机上阶跃式混合比调节 —— 新型液体推进技术. 中国宇航学会固体火箭推进专委会/中国航空学会动力分会/航天第三 (动力装置) 情报网 96′ 联合推进会议, 1996

[96] 沈赤兵，吴建军，陈启智. 推进剂利用系统对液体火箭发动机性能的影响分析. 推进技术，1997，18(6): 14-18

[97] 沈赤兵. 溅板式喷嘴雾化特性的试验研究. 中国空间科学技术，1994，14(5): 10-16

[98] 沈赤兵，陆政林. 相似理论在层板式喷注器试验研究中的应用. 推进技术，1995，16(1): 58-62

[99] Shen C B，Lu Z X，Chen Q Z. Comparative analysis for the response characteristics of low-thrust engine with high and low chamber pressures. AIAA-96-3230. AIAA/SAE /ASME/ASEE 32nd Joint Propulsion Conference and Exhibit, 1996

[100] 沈赤兵，陈启智. 小推力推进系统启动过程的分析. 宇航学报，1997，18(3): 33-39

[101] 沈赤兵，吕志信，陈启智. 燃烧时滞对小推力高室压动力系统响应特性的影响. 航空动力学报，1997，12(1): 61-65

[102] Sabnick H D，Krulle G. Numerical simulation of transients in feed systems for cryogenic rocket engines. AIAA-95-2967. AIAA/SAE/ASME/ASEE 31st Joint Propulsion Conference and Exhibit, 1995

[103] Wylie E B，Streeter V L. 瞬变流. 清华大学流体传动与控制教研组, 译. 北京：水利电力出版社，1983

[104] 国防科技大学一系一 O 三教研室. 液体火箭发动机系统分析 (一)：流体瞬变过程及其在火箭发动机中的应用. 长沙：国防科技大学，1981

[105] 沈赤兵，陈新华，陈启智. 电动气阀动态特性及反力因素的影响. 推进技术，1996，17(6): 64-68

[106] Bzibziak R. Miniature cold gas thrusters. AIAA-92-3256. AIAA/SAE/ASME/ASEE 28th Joint Propulsion Conference and Exhibit, 1992

[107] 长沙工学院一 O 三教研室. 液体火箭发动机电动气阀设计. 长沙: 长沙工学院, 1977

[108] 费鸿俊，张冠生. 电磁机构动态分析与计算 (高等学校教材). 北京：机械工业出版社，1993

[109] 贺湘琰. 电器学. 北京：机械工业出版社，1985

[110] 张冠生，陆俭国. 电磁铁与自动电磁元件. 北京：机械工业出版社，1982

[111] 沈赤兵，陈启智. 尺寸参数对气动液阀启动特性的影响. 上海航天，1996，13(6): 8-13

[112] 沈赤兵，陈启智. 用非线性模型分析气动液阀的启动特性. 推进技术，1997，18(3):73-78

[113] 邢耀国. 推进剂组元比调节器动态特性的理论分析与实验研究. 推进技术，1995, 16(1): 52-57

[114] “阀门管件设计” 编译组编译. 美国阀门管件设计手册. 北京：机械工业出版社,1987

[115] 徐华舫. 空气动力学基础. 北京：北京航空学院出版社，1987

[116] Mccloy D, Matin H R. Control of Fluid Power Analysis and Design. Chichester: Ellis Horwood, 1980

[117] 邢耀国. 火箭发动机控制工程. 烟台: 海军航空工程学院，1997

[118] 曹泰岳. 火箭发动机动力学. 长沙：国防科技大学出版社，2004

[119] R C Dorf, R H Bishop. 现代控制系统. 8 版. 谢红卫, 等译. 北京：高等教育出版社，2001

附录 小推力推进系统数学模型的求解

A.1 特征线法求解

以下未作说明的变量符号的含义及其单位均可从第 5 章中查到。

正文中的式 (5.1)、式 (5.2) 是一对偏微分方程，虽然其一般解不存在，但可用特征线法把偏微分方程变成特殊的常微分方程，然后对常微分方程积分而得到便于数值处理的有限差分方程。用特征线法将正文中的式 (5.1)、式 (5.2) 转变成两对常微分方程组 C^+ 和 C^-。

$$\mathrm{C}^+\begin{cases}(g/a)\cdot \mathrm{d}H/\mathrm{d}t+\mathrm{d}V/\mathrm{d}t+fV|V/(2D)=0 & \text{(A1)}\\ \mathrm{d}x/\mathrm{d}t=+a & \text{(A2)}\end{cases}$$

$$\mathrm{C}^-\begin{cases}-(g/a)\cdot \mathrm{d}H/\mathrm{d}t+\mathrm{d}V/\mathrm{d}t+fV\left|V\right|/(2D)=0 & \text{(A3)}\\ \mathrm{d}x/\mathrm{d}t=-a & \text{(A4)}\end{cases}$$

式 (A2)、式 (A4) 是特征线方程 (图 A1)，分别是式 (A1)、式 (A3) 的约束，沿这些特征线，式 (A1)、式 (A3) 才成立，式 (A1)、式 (A3) 称为相容性方程。C^+ 和 C^- 是两对常微分方程组，可以进行有限差分，当式 (A1)、式 (A3) 中的摩擦项所占比例不大时，V 与 x 的关系可采用一阶近似。从而得到描述管道内推进剂压头与流量瞬变传播的两个代数方程。

$$\mathrm{C}^+: H_P=H_A-B(Q_P-Q_A)-RQ_A\left|Q_A\right|=C_P-BQ_{Pi} \tag{A5}$$

$$\mathrm{C}^-: H_P=H_B+B(Q_P-Q_B)+RQ_B\left|Q_B\right|=C_P+BQ_{Pi} \tag{A6}$$

式中, $B=a/(gA)$, $R=f\cdot\Delta x/(2gDA^2)$, $A=\pi\cdot D^2/4$ 即管道内的流通面积 (m^2)。

$$C_P=H_{i-1}+BQ_{i-1}-RQ_{i-1}\left|Q_{i-1}\right| \tag{A7}$$

$$C_M=H_{i+1}-BQ_{i+1}+RQ_{i+1}\left|Q_{i+1}\right| \tag{A8}$$

解方程可得

$$H_{\mathrm{P}i}=(C_P+C_M)/2$$

上述各式的下标 P、A、B、i 均表示在图 A1 中，下标 P 为当前计算点。

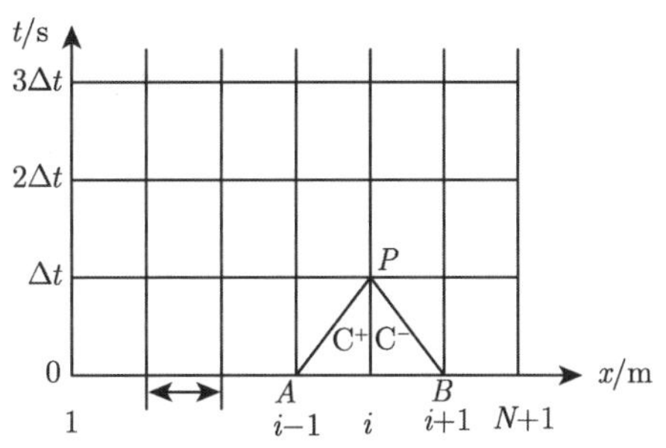

图 A1 单根管道的 x-t 网络图

各管道中间点的压头和流量可以用式 (A5)、(A6) 求得，对管道两端分别只能用到一个方程，即式 (A5) 或式 (A6)，为了求解，必须补充两个边界方程。以下为各管道的边界方程，下标 (Pi,j) 表示第 i 根管道的第 j 点，下标 (Pi,NS) 表示第 i 根管道的最后一点。

$H_{P1,1}=H_{\mathrm{T}}=$ 常数, H_{T} 是贮箱压头

第 1 根管道的最后一点是一个六通接头，如图 A2 所示，其边界方程是

$$H_{P1,\mathrm{NS}}=H_{P2,1}=H_{P3,1}=H_{P4,1}=H_{P5,1}=H_{P6,1}=H_P$$

$$Q_{P1,\mathrm{NS}}=\sum_{i=2}^{6}Q_{Pi,1},\quad Q_{P1,\mathrm{NS}}=-\frac{H_P}{B_1}+\frac{C_P(P1,\mathrm{NS})}{B_1}$$

$$-Q_{Pi,1}=-\frac{H_P}{B_i}+\frac{C_M(Pi,1)}{B_i}\quad (i=2,3,4,5,6)$$

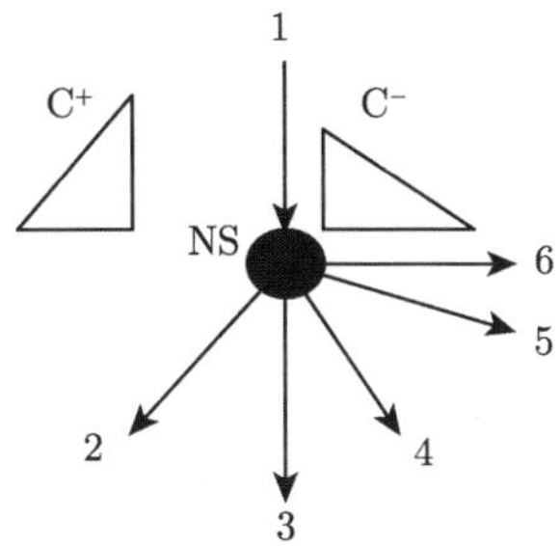

图 A2 六通接头示意图

由以上各式可知

$$H_P=\frac{\dfrac{C_P(P1,\mathrm{NS})}{B_1}+\displaystyle\sum_{i=2}^{6}\frac{C_M(Pi,1)}{B_i}}{\displaystyle\sum_{i=1}^{6}\frac{1}{B_i}}$$

将 H_P 代入计算流量的各式中，就可求出 $Q_{P1,\mathrm{NS}}$、$Q_{P2,1} \sim Q_{P6,1}$。

第 6 根管道的最后一点是五通接头，如图 A3 所示，其边界方程是

$$H_{P6,\mathrm{NS}} = H_{P7,1} = H_{P8,1} = H_{P9,1} = H_{P10,1} = H'_P$$

$$Q_{P6,\mathrm{NS}} = \sum_{i=7}^{10} Q_{Pi,1}, \quad Q_{P6,\mathrm{NS}} = -\frac{H'_P}{B_6} + \frac{C_P(P6,\mathrm{NS})}{B_6}$$

$$-Q_{Pi,1} = -\frac{H'_P}{B_i} + \frac{C_M(Pi,1)}{B_i} \quad (i = 7,8,9,10)$$

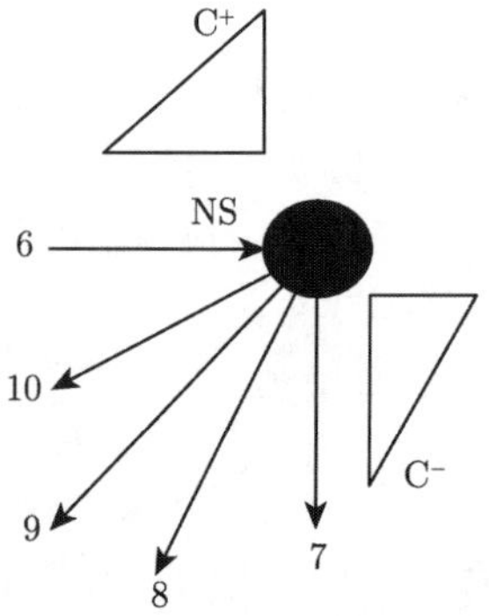

图 A3　五通接头示意图

由上式各式可知

$$H'_P = \frac{\dfrac{C_P(\mathrm{P6,NS})}{B_6} + \displaystyle\sum_{i=7}^{10} \frac{C_M(Pi,1)}{B_i}}{\displaystyle\sum_{i=6}^{10} \frac{1}{B_i}}$$

将 H'_p 代入计算流量的各式中，就可求出 $Q_{P6,\mathrm{NS}}$、$Q_{P7,1} \sim Q_{P10,1}$。

第 2~5 号的最后一点均紧挨电动气阀，第 7~10 号管道的最后一点均紧挨电动气阀，如图 5.2 所示。设 i=2，3，4，5，7，8，9，10。由式 (5.3)~ 式 (5.5) 可知，

$$\begin{aligned} Q_{Pi,\mathrm{NS}} &= \tau(i) Q_{\mathrm{O}}(i) \sqrt{[H_{Pi,\mathrm{NS}} - H_{j,\mathrm{inj}}(i)]/H_{\mathrm{O}}(i)} \\ &= Q_{\mathrm{O}}(i) \sqrt{[H_{j,\mathrm{inj}}(i) - H_{\mathrm{C}}(i)]/H^*_{\mathrm{O}}(i)} \end{aligned} \tag{A9}$$

上式仅对于管道内的正向流动成立，所谓正向流动是指推进剂从管道流向燃烧室。由于瞬变过程中可能会出现燃烧室压力突增，使推进剂反向流动，因此，下面给出了反向流动的方程：

$$\begin{aligned} Q_{Pi,\mathrm{NS}} &= -\tau(i) Q_{\mathrm{O}}(i) \sqrt{[H_{i,\mathrm{inj}}(i) - H_{Pi,\mathrm{NS}}]/H_{\mathrm{O}}(i)} \\ &= -Q_{\mathrm{O}}(i) \sqrt{[H_{\mathrm{C}}(i) - H_{j,\mathrm{inj}}(i)]/H^*_{\mathrm{O}}(i)} \end{aligned} \tag{A10}$$

式 (A9)、式 (A10) 中，τ、$Q_{\rm O}$、$H_{\rm O}$、$H_{\rm O}^*$ 均为已知量，将管道参数与燃烧室入口压力联系起来，以便于进行数值计算，因此，要获得 $Q_{Pi,\rm NS}$ 与 $H_{Pi,\rm NS}$、$H_{\rm C}(i)$ 的关系式，就必须消去 $H_{i,\rm inj}(i)$, 同时，引入特征线方程

$$\mathrm{C}^+ : H_{Pi,\rm NS} = C_P(Pi,\mathrm{NS}) - B_i Q_{Pi,\rm NS} \tag{A11}$$

将式 (A9) 与式 (A11) 联立，消去 $H_{j,\rm inj}(i)$ 可得正向流动的方程:

$$Q_{Pi,\rm NS} = -C_{\rm v}(i)B_i + \sqrt{[C_{\rm v}(i)B_i]^2 + 2C_{\rm v}(i)[C_p(Pi,\mathrm{NS}) - H_{\rm C}(i)]} \geqslant 0 \tag{A12}$$

$$C_{\rm v}(i) = Q_{\rm O}^2(i)\tau^2(i)/[2H_{\rm O}(i) + 2\tau^2(i)H_{\rm O}^*(i)] \tag{A13}$$

$$C_p(Pi,\mathrm{NS}) = H_{Pi,\rm NS-1} + B_i Q_{Pi,\rm NS-1} - R_i Q_{Pi,\rm NS-1}|Q_{Pi,\rm NS-1}| \tag{A14}$$

$H_{\rm C}(i)$ 可由燃烧室模型的数值解法求出来，$H_{Pi,\rm NS}$ 可由式 (A12) 代入式 (A11) 求解出来。若反向流动，则将式 (A10) 与式 (A11) 联立并消去 $H_{j,\rm inj}(i)$ 而得

$$Q_{Pi,\rm NS} = C_{\rm v}(i)B_i + \sqrt{[C_{\rm v}(i)B_i]^2 + 2C_{\rm v}(i)[H_{\rm C}(i) - C_{\rm p}(Pi,\mathrm{NS})]} \leqslant 0 \tag{A15}$$

$C_{\rm v}(i)$、$C_{\rm p}(Pi,\mathrm{NS})$ 分别与式 (A13)、式 (A14) 相同。在式 (A13) 中含有开度 $\tau(i)$，其值可从式 (5.4)、式 (5.5) 中解出。

至此，管道中各点的压头、流量均已求出，利用式 (A9)、式 (A10) 同样可以求出电动气阀、喷注器、燃烧室入口的流量和压头。

由特征线法求出的喷注器出口流量将影响燃烧室模型的数值解，而燃烧室模型的数值解 $P_{\rm C}$(可转换成 $H_{\rm C}$) 又将影响管道系统中的流量和压头。下面介绍燃烧室模型的数值计算方法。

A.2　定步长四阶龙格–库塔积分法

式 (5.8)、式 (5.9) 是一组非线性变系数常微分方程，数值解法很多，本书采用定步长四阶龙格–库塔积分法，方程阶数不高，但 “刚性” 较大，特别在发动机的启动和关机过程。为了便于用定步长四阶龙格–库塔积分法求解，式 (5.8) 应转换为

$$\begin{aligned}\frac{\mathrm{d}P_{\rm C}}{\mathrm{d}t} &= \frac{R_{\rm C}T_{\rm C}}{V_{\rm C}}[\dot m_{\rm co}(t-\tau_{\rm C}) + \dot m_{\rm cf}(t-\tau_{\rm C})] - \frac{\sqrt{R_{\rm C}T_{\rm C}}\cdot\varGamma\cdot A_{\rm T}\cdot P_{\rm C}}{V_{\rm C}}\\ &\quad + \frac{(2A_1K_{\rm C}+A_2)(1+K_{\rm C})R_{\rm C}T_{\rm C}}{V_{\rm C}}[\dot m_{\rm co}(t-\tau_{\rm C}) - K_{\rm C}\dot m_{\rm cf}(t-\tau_{\rm C})]\end{aligned} \tag{A16}$$

式 (A16) 与式 (5.9) 为一阶常微分方程，将式 (5.10) 代入式 (A16) 与式 (5.9) 中，再用定步长四阶龙格–库塔积分法即可求解。

对于一阶常微分方程组的初值问题：

$$\begin{cases} Y_i' = f_i(t, Y_1, Y_2) \quad (i = 1, 2) \\ Y_i'(t_0) = Y_{i0} \end{cases}$$

由 $t_m, Y_{i,m}$ 以及步长 h，求 $Y_{i,m+1}$ 的四阶龙格–库塔公式如下：

$$Y_{i,m+1} = Y_{i,m} + h(K_{i1} + 2K_{i2} + 2K_{i3} + K_{i4})/6 \quad (i = 1, 2)$$

式中，

$$\begin{aligned} K_{i1} &= f_i(t_m, Y_{1,m}, Y_{2,m}) \\ K_{i2} &= f_i(t_m + 0.5h, Y_{1,m} + 0.5hK_{11}, Y_{2,m} + 0.5hK_{21}) \\ K_{i3} &= f_i(t_m + 0.5h, Y_{2,m} + 0.5hK_{12}, Y_{2,m} + 0.5hK_{22}) \\ K_{i4} &= f_i(t_m + h, Y_{1,m} + hK_{13}, Y_{2,m} + hK_{23}) \end{aligned}$$

设 $Y_1 = P_{\rm C}, Y_2 = K_{\rm C}, f_1$、$f_2$ 分别为式 (A16) 的右端项、式 (5.9) 的右端项。

启动时的初值为 $t_0 = 0; Y_1(0) = P_0$(环境气体压力)；$Y_2(0) = MR_0$(稳态时的混合比)；$\dot{m}_0 = \dot{m}_{\rm f} = 0$。

关机时的初值为 $t_0 = t_{\rm w}$(发动机工作时间的最后一点)；$Y_1(t_0) = P_{\rm CO}$(发动机的燃烧室稳态压力)；$Y_2(t_0) = MR_0$(稳态时的混合比)；$\dot{m}_{\rm o}$、$\dot{m}_f$ 取稳态值。

A.3 求解过程

为了计算从启动至关机过程的燃烧室压力和喷注器出口流量，按以下步骤进行计算，在计算中，步长 $\Delta t = 5 \times 10^{-5}$s。

(1) 输入启动时的初值，计算出各管道上各点的压头；

(2) 用特征线法从零时刻开始，积分一个步长至 Δt 时刻，求出各管道各点的压头和流量；

(3) 与第 2~5、7~10 号管道末端紧挨的发动机的燃烧室数学模型，分别用定步长四阶龙格–库塔积分法积分 10 个步长，每个步长 $h = 0.1\Delta t$；

(4) 将上一步计算出的 $P_{\rm C}$ 转换为 $H_{\rm C}$，并以 $H_{\rm C}$ 为初始条件，用特征线法积分一个步长至 $2\Delta t$ 时刻, 求出各管道各点的压头和流量；

(5) 以上一步得到的流量为初始条件，对与第 2~5、7~10 号管道末端紧挨的发动机的燃烧室数学模型，分别用定步长四阶龙格–库塔积分法积分 10 个步长，每个步长 $h = 0.1\Delta t$；

(6) 重复上述过程，直至关机 (图 A4)。

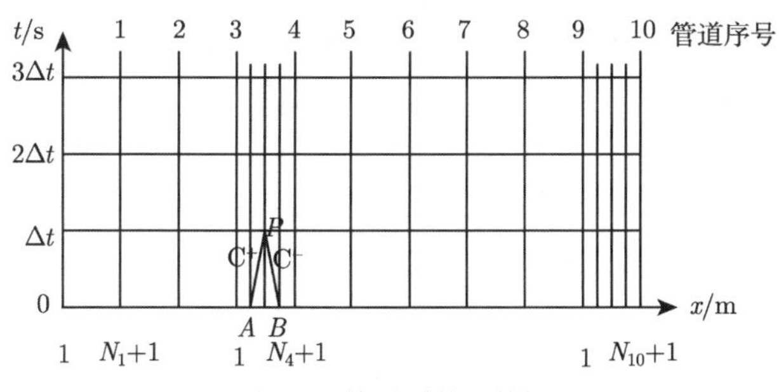

图 A4　管道系统网格图

图 A4 中的 N_i 是指将第 i 根管道分成的段数, i 是管道序号。图 A5 是上述各步骤的程序框图。主程序以及图 A5 中的子程序的用途如下所述。

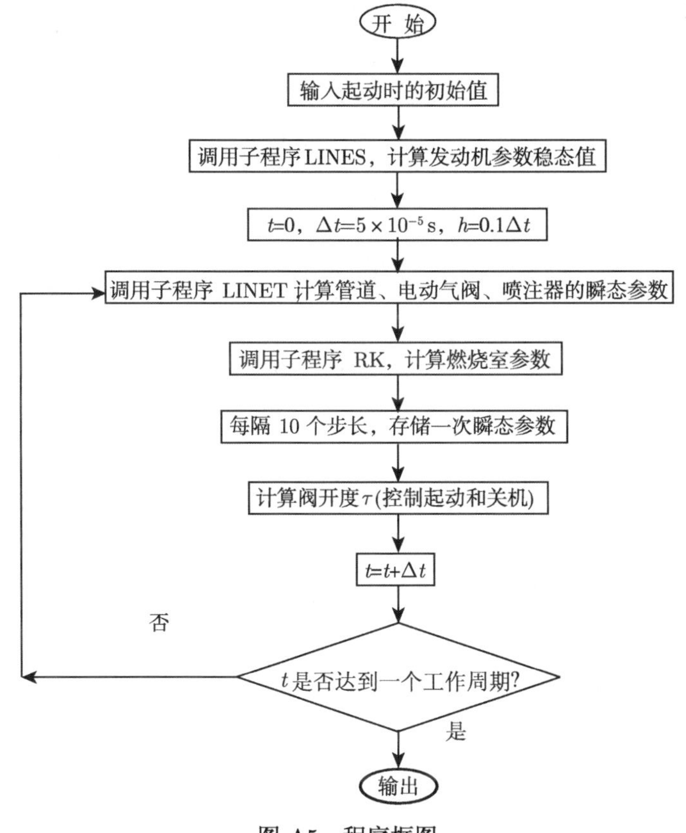

图 A5　程序框图

(1) 主程序：用于控制输入、输出、调用子程序、进行数据传递、运行程序。

(2) 系统参数设计值及稳态值计算子程序 LINES：用于计算系统各点的压头与流量的稳态值。计算模型是各部件的静特性数学模型。

(3) 管道参数瞬态值计算子程序 LINET：用于计算管道系统中各点的压头、流量的瞬态值，还可用于计算电动气阀、喷注器、燃烧室入口的流量和压头的瞬态值。该程序中含特征线数值解法。

(4) 常微分方程积分子程序 RK：考虑了燃烧时滞对发动机响应特性的影响，可以计算燃烧室压力及燃气混合比。

彩 图

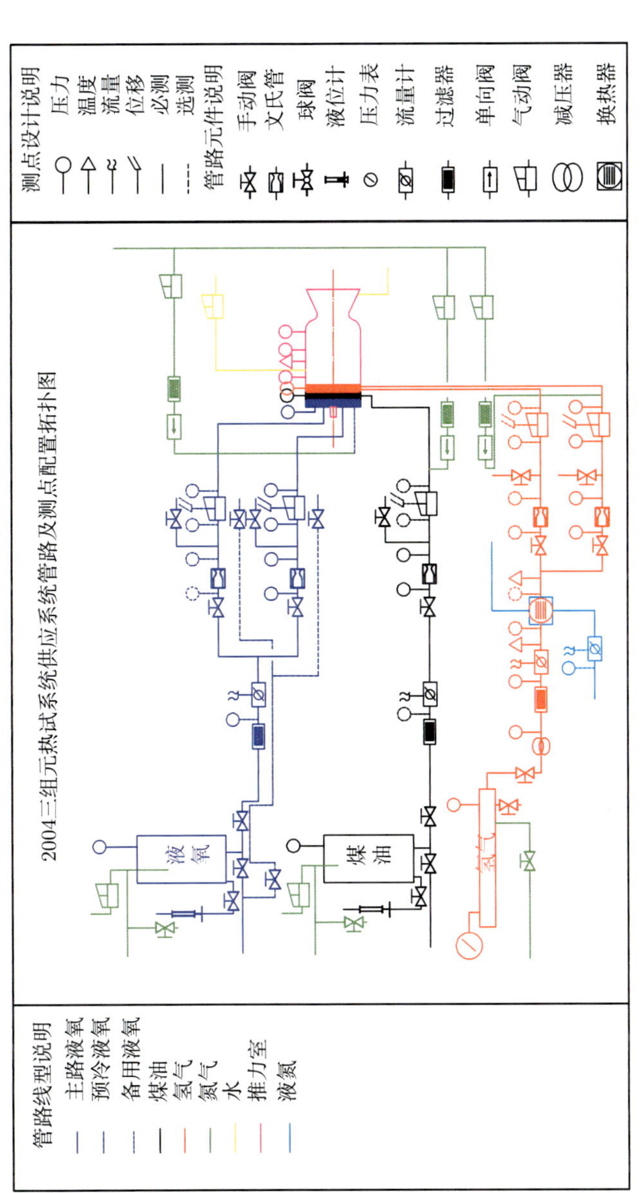

图 7.1 液氧/煤油/氢气模型发动机试验系统图